普通高等教育"十二五"规划教材·数字媒体技术

游戏程序设计基础

杨长强　高　莹　编

电子工业出版社
Publishing House of Electronics Industry
北京·BEIJING

内 容 简 介

本书系统介绍了 Windows API 二维开发、Direct 3D 三维游戏开发和 Unity 游戏开发相关概念及实现技术。本书由浅入深地介绍了各部分的环境搭建和开发方法；涵盖内容全面，完整地讲解了二维游戏、Direct 3D 游戏和利用 Unity 开发游戏的相关内容；同时注重理论与实践的结合，对于每一章讲解的技术环节都有对应的实现示例。本书配套有 PPT、源代码等。

本书在内容安排上非常适合于本科教学，对游戏开发感兴趣的初学者自学时也可以使用本书。

未经许可，不得以任何方式复制或抄袭本书之部分或全部内容。
版权所有，侵权必究。

图书在版编目（CIP）数据

游戏程序设计基础/杨长强，高莹编. —北京：电子工业出版社，2015.12
ISBN 978-7-121-27425-1

Ⅰ. ①游⋯　Ⅱ. ①杨⋯　②高⋯　Ⅲ. ①游戏－程序设计－高等学校－教材　Ⅳ. ①TS952.83

中国版本图书馆 CIP 数据核字（2015）第 246571 号

策划编辑：任欢欢
责任编辑：任欢欢
印　　刷：北京七彩京通数码快印有限公司
装　　订：北京七彩京通数码快印有限公司
出版发行：电子工业出版社
　　　　　北京市海淀区万寿路 173 信箱　邮编　100036
开　　本：787×1 092　1/16　印张：17　字数：435.2 千字
版　　次：2015 年 12 月第 1 版
印　　次：2019 年 2 月第 2 次印刷
定　　价：39.00 元

凡所购买电子工业出版社图书有缺损问题，请向购买书店调换。若书店售缺，请与本社发行部联系，联系及邮购电话：（010）88254888。
质量投诉请发邮件至 zlts@phei.com.cn，盗版侵权举报请发邮件至 dbqq@phei.com.cn。
服务热线：（010）88258888。

前 言

计算机相关专业的学生在学习游戏程序开发前，一般已经学习过数据结构、操作系统和面向对象程序开发等专业课程，有些学生还学过计算机图形学等课程，但没有游戏程序开发系统方面的知识。目前市场上适合本科教学的游戏开发教材匮乏。

本书从游戏开发的角度，以理论和实践相结合的方式，系统介绍了计算机游戏开发方法。目前市场上的计算机游戏主要分为二维游戏和三维游戏，针对这样的情况，教材内容安排如下：

第 1 章介绍了计算机游戏的相关概念和分类。

第 2 章~第 7 章讲解利用 Windows API 函数完成二维游戏制作，内容包括 Windows 程序窗口生成和消息机制，贴图，交互，碰撞等内容。

第 8 章~第 13 章讲解利用 Direct 3D 进行三维游戏的制作，内容包括三维游戏的基本原理，Direct 3D 的安装和初始化过程，Direct 3D 图形绘制基础、变换、光照和纹理映射等。

第 14 章~第 19 章讲解 Unity 进行游戏开发的方法。内容主要从初学者入门的角度去讲解 Unity 游戏开发，无论有无编程经验都可以阅读本部分，从而快速掌握如何使用 Unity 引擎制作 3D 游戏。内容包括 Unity 安装方法，Unity 程序开发框架和编辑器的使用，资源和游戏对象，脚本程序和用户界面以及动画系统等。

本书有如下几个鲜明特点：

1. 由浅入深

一般本科生在刚刚完成一、二年级的相关课程学习后，实际动手进行程序开发的能力还未形成，本教材充分考虑到这种普遍存在的情况，在二维游戏、Direct 3D 游戏开发和 Unity 游戏开发前，细致地进行了环境搭建的讲解。

2. 内容全面

本教材全面介绍了 Windows 二维游戏和三维游戏的开发方法，既讲解了利用 Windows API 开发二维游戏，Direct 3D 开发三维游戏这些底层游戏开发方法，也详细讲解了利用目前最流行的一款游戏引擎 Unity 开发游戏的方法。

3. 提供框架程序

在讲解二维游戏、Direct 3D 游戏和 Unity 游戏开发时，对于每一部分内容，首先详细介绍了框架程序的构建过程，以后的内容在框架程序的基础上完成，降低了学生的学习和开发难度。

4. 理论讲解与实践密切结合

在每一章的讲解中，首先对相关理论进行介绍，然后详细讲解相关函数，最后在对应的程序框架内，利用本章学到的函数完成相关功能的演示。

由于本课程的独特的特点，教材没有安排课后习题，学生只需在程序框架内独立完成教材相关代码的演示，就能掌握相关章节内容。

本教材的教学讲义已在教学实践中使用，所有教学内容、案例均在教学实践中使用。全部内容的课堂教学54学时，实验20学时，综合实训24学时。

本教材根据教学讲义改编而成，教学讲义编写过程中参考了大量游戏开发的书籍和资料，包括荣钦科技出版的《Visual C++游戏编程》教材，毛星云编写的《Windows游戏编程之从零开始》,《Unity 4.X从入门到精通》和《Unity开发网站》等，在此表示衷心感谢。

目 录

第1章 游戏程序设计概述	1

1.1 计算机游戏的概念 ... 1
1.2 计算机游戏的分类 ... 2
 1.2.1 角色扮演游戏 ... 2
 1.2.2 动作类游戏 ... 3
 1.2.3 实时策略游戏 ... 3
 1.2.4 第一视觉射击游戏 ... 3
 1.2.5 模拟游戏 ... 4
 1.2.6 体育类游戏 ... 4
1.3 设计游戏的要素 ... 4
 1.3.1 策划 ... 5
 1.3.2 程序 ... 5
 1.3.3 美术 ... 5
 1.3.4 音乐 ... 6
1.4 计算机游戏的发展趋势 ... 6
 1.4.1 沉浸感 ... 6
 1.4.2 交互性 ... 6
 1.4.3 国际化 ... 7
思考题 ... 7

第2章 Win32 应用程序 ... 8

2.1 Visual Studio 2010 中 Win32 应用程序创建过程 ... 8
2.2 Windows 主函数 ... 11
2.3 窗口建立过程 ... 12
2.4 Windows 消息循环 ... 14
2.5 窗口过程函数 ... 15
2.6 Win32 应用程序示例 ... 16
2.7 游戏程序框架 ... 18
思考题 ... 21

第3章 Windows 绘图函数 ... 22

3.1 屏幕绘图的相关概念 ... 22
 3.1.1 窗口和视口 ... 22

3.1.2 GDI 坐标系 ··· 23
3.2 画笔、画刷与文字 ·· 25
　　3.2.1 GDI 对象的建立 ··· 25
　　3.2.2 GDI 对象的选用与删除 ·· 27
　　3.2.3 GDI 示例 ··· 27
3.3 GDI 绘图函数 ·· 31
　　3.3.1 点线函数 ··· 31
　　3.3.2 形状函数 ··· 32
　　3.3.3 填充函数 ··· 33
思考题 ·· 33

第 4 章 游戏中的角色与场景 ·· 34

4.1 位图显示 ·· 34
4.2 镂空贴图 ·· 37
　　4.2.1 使用 BitBlt()中的参数 Raster 完成镂空贴图 ······························ 38
　　4.2.2 使用 TransparentBlt()函数完成镂空贴图 ·································· 39
4.3 地图显示 ·· 40
　　4.3.1 平面拼接地图 ·· 40
　　4.3.2 斜角拼接地图 ·· 43
思考题 ·· 47

第 5 章 动画 ··· 48

5.1 使用定时器完成游戏动画 ·· 48
　　5.1.1 建立定时器 ·· 48
　　5.1.2 删除定时器 ·· 49
　　5.1.3 示例 ··· 49
5.2 利用消息循环完成游戏动画 ·· 51
　　5.2.1 利用消息循环完成动画原理 ·· 51
　　5.2.2 示例 ··· 52
思考题 ·· 54

第 6 章 键盘与鼠标交互 ·· 55

6.1 Windows 键盘消息处理 ··· 55
　　6.1.1 Windows 键盘概述 ··· 55
　　6.1.2 键盘消息处理 ·· 56
　　6.1.3 键盘交互程序示例 ·· 57
6.2 Windows 鼠标消息处理 ··· 61
　　6.2.1 鼠标消息的处理方式 ··· 61
　　6.2.2 示例 ··· 63
　　6.2.3 相关函数的讲解 ·· 69

思考题 ··· 70

第7章　运动与碰撞检测 ··· 71
7.1　运动 ··· 71
7.1.1　匀速直线运动 ··· 71
7.1.2　变速运动 ··· 75
7.2　碰撞检测 ··· 77
7.2.1　以物体框架来检测碰撞 ··· 77
7.2.2　用颜色来检测碰撞 ··· 79
7.3　粒子系统 ··· 83
　　思考题 ··· 83

第8章　3D游戏概述 ·· 84
8.1　3D坐标系及转换 ··· 84
8.2　模型对象的建立 ··· 85
8.3　视图变换 ··· 85
8.3.1　平移变换 ··· 86
8.3.2　旋转变换 ··· 86
8.3.3　缩放变换 ··· 87
8.4　投影变换 ··· 87
8.5　3D游戏的开发手段 ··· 88
　　思考题 ··· 89

第9章　Direct 3D 简介 ·· 90
9.1　Direct 3D 的体系结构 ··· 90
9.1.1　Direct 3D 的绘制流程 ·· 90
9.1.2　Direct 3D 绘制程序框架图 ··· 91
9.2　Direct 3D 开发环境配置 ··· 92
9.3　Direct 3D 初始化 ·· 94
9.3.1　创建 Direct 3D 接口对象 ·· 95
9.3.2　获取设备的硬件信息 ··· 95
9.3.3　填充 D3DPRESENT_PARAMETERS 结构体 ··································· 96
9.3.4　IDirect 3D 设备接口的创建 ··· 98
9.4　Direct 3D 渲染 ·· 99
9.4.1　清屏操作 ··· 99
9.4.2　绘制 ··· 100
9.4.3　翻转显示 ··· 100
9.4.4　Direct 3D 的渲染过程 ·· 101
9.5　Direct 3D 中二维文本的绘制 ·· 102
9.6　Direct 3D 框架程序 ··· 104

思考题 110

第 10 章　Direct 3D 图形绘制基础 111
10.1 以顶点缓存为数据源的图形绘制 112
　　10.1.1 基础知识 112
　　10.1.2 在 Direct 3D 编程中使用顶点缓存的四个步骤 113
10.2 顶点缓存程序示例 120
10.3 以索引缓存为数据源的图形绘制 123
10.4 索引缓存程序示例 128
10.5 Direct 3D 内置几何体概述 132
　　10.5.1 立方体的创建 132
　　10.5.2 圆柱体的创建 133
　　10.5.3 2D 多边形的创建 134
　　10.5.4 球体创建 134
　　10.5.5 圆环的创建 135
　　10.5.6 茶壶的创建 135
　　思考题 136

第 11 章　Direct 3D 变换 137
11.1 视图变换 137
11.2 投影变换 141
11.3 视口变换 142
11.4 Direct 3D 变换示例 143
11.5 Direct 3D 固定功能渲染流水线概述 148
　　思考题 149

第 12 章　Direct 3D 光照与材质 150
12.1 光照类型 150
　　12.1.1 环境光 150
　　12.1.2 漫反射光 151
　　12.1.3 镜面反射光 151
　　12.1.4 自发光 152
12.2 光源类型 152
　　12.2.1 点光源 154
　　12.2.2 方向光源 154
　　12.2.3 聚光灯光源 155
12.3 材质 155
12.4 灯光与材质示例 157
　　思考题 162

第 13 章 Direct 3D 纹理映射 163

13.1 纹理映射的概念 163
13.2 Direct 3D 中纹理映射的实现方法 163
13.2.1 纹理坐标的定义 163
13.2.2 顶点坐标与纹理坐标的对应 164
13.2.3 纹理的创建 165
13.2.4 纹理的启用 166
13.3 纹理绘制示例 168
思考题 173

第 14 章 游戏引擎 174

14.1 什么是游戏引擎 174
14.2 目前比较流行的几款主流引擎 175
14.3 Unity 游戏引擎简介 176
14.4 Unity 下载与安装 178
思考题 180

第 15 章 Unity 程序开发框架和编辑器使用 181

15.1 Unity 程序开发框架、工程和应用以及场景的关系 181
15.2 工程的创建和导入 182
15.3 Unity 编辑器介绍 184
15.3.1 官方资源导入方法 184
15.3.2 场景中的 6 个视图 185
15.3.3 编辑器界面设置 186
15.3.4 Unity 编辑器——Project（项目视图） 186
15.3.5 Unity 编辑器——Hierarchy（层次视图） 188
15.3.6 Unity 编辑器——Inspector（检视视图） 190
15.3.7 Unity 编辑器——Scene（场景视图） 192
15.3.8 Unity 编辑器——Game（游戏视图） 194
15.3.9 Unity 编辑器——Console（控制台视图） 195
思考题 195

第 16 章 资源和游戏对象 196

16.1 Unity 资源 196
16.1.1 场景、资源、游戏对象、组件间的关系 196
16.1.2 内部资源创建 198
16.1.3 外部资源导入 199
16.1.4 Unity 中预设的创建 200
16.1.5 Unity 中图片、模型和音频、视频的支持 200

16.2 Unity 常用组件介绍 ... 202
16.2.1 Transform（变换组件）... 202
16.2.2 Camera（摄像机组件）... 203
16.2.3 Lights（光源）... 205
16.3 常用物理引擎组件 ... 206
16.3.1 Rigidbody（刚体组件）... 206
16.3.2 Collider（碰撞器组件）... 207
思考题 ... 208

第 17 章 Unity 脚本程序基础 ... 209
17.1 什么是脚本程序 ... 209
17.2 Unity 脚本编辑器 ... 210
17.3 Unity 脚本的创建与编辑 ... 211
17.3.1 Script（脚本）创建 ... 211
17.3.2 编辑脚本程序 ... 212
17.3.3 常用事件函数 ... 214
17.3.4 游戏对象和组件访问 ... 215
思考题 ... 217

第 18 章 Unity GUI 图形用户界面 ... 218
18.1 UGUI 的基本介绍 ... 218
18.2 UGUI 的创建和基本操作 ... 219
18.3 UGUI 实例演示 ... 220
18.3.1 GUI 之 Button 和 Text ... 221
18.3.2 GUI 之 Toggle 应用 ... 222
18.3.3 GUI 的 Image 和 Scrollbar 应用 ... 224
18.3.4 通过 Button 调用其他场景 ... 225
18.3.5 Slider 与游戏对象 ... 226
18.4 打包与发布 ... 227
思考题 ... 228

第 19 章 Mecanim 动画系统 ... 229
19.1 Mecanim 动画系统及其优势 ... 229
19.2 Mecanim 工作流程 ... 230
19.3 人形角色动画讲解 ... 230
思考题 ... 238

第 20 章 游戏开发实例——奔跑的轮胎 ... 239
思考题 ... 260

参考文献 ... 261

第 1 章
游戏程序设计概述

> **本章学习要求：**
> 了解计算机游戏的相关概念、分类，游戏设计的要素及发展趋势。

1.1 计算机游戏的概念

游戏在英文中的单词是 Game，意译为"比赛、竞争、游戏"，通过非对抗性的、友好的体力与技巧比赛，使得游戏参与者在体力上得到锻炼，同时在精神上也得到了乐趣。因此游戏可以如下定义：游戏是具有特定行为模式、规则条件、身心娱乐和胜负判定的一种行为表示。

在游戏的定义中，行为模式表示游戏特定的流程模式，这种流程模式是贯穿整个游戏的行为，例如，猜拳游戏中包括剪刀、石头、布三种行为模式。规则条件是游戏参与者必须遵守的规则。身心娱乐是游戏所带来的娱乐性，是游戏的精华所在。一个没有输赢胜负的游戏，仿佛少了它存在的意义，因此可以说，胜负是所有游戏的最终目的。

随着计算机技术的发展，计算机参与进原本人与人之间的游戏，以计算机来代替原来必须由人来承担的角色，这样的游戏称为**计算机游戏**。可以从游戏技术，游戏内容和玩家角度三个方面体会计算机游戏的本质。

从游戏技术上看，计算机游戏是"以计算机系统为平台，通过人机互动形式实现的，能够体现当前计算机技术较高水平的一种新形式的娱乐方式"。计算机游戏的实现技术基础是计算机技术。

从游戏内容看，计算机游戏是一个让玩家追求某种目标，并且让玩家可以获得某种"胜利"体验的娱乐性文化产品。计算机游戏具有丰富而独特的表现力，能表现出许多鲜明生动的艺术形象，从这个意义上说，计算机游戏和戏剧、电影一样，是一种综合性艺术，并且是融合了技术的、更高层次的综合艺术。有人把计算机游戏称为继绘画、雕刻、建筑、音乐、诗歌（文学）、舞蹈、戏剧、电影（影视艺术）之后的人类历史上的第 9 种艺术。计算机游戏的艺术性体现在世界观、剧情、人物、规则上，再加上表现这些的媒体（音乐和画面）。计算机游戏建构了一个虚拟的世界，游戏的创作人员要使得这个虚拟的世界具有"价值"，才能被玩家接受，因此要创作出这个世界中的历史、各种力量和它们的均衡、善恶准则，甚至要创作出具有特定人文特色的风俗习惯等，然后再在这个虚拟世界中加入玩家的角色，制定好相关的游戏规则。

从玩家角度看，计算机游戏能够提供其他艺术形式无法提供或无法满足的内容。例如，可以为玩家提供挑战的机会和场所；由于计算机游戏具有虚拟的社会性，可以给玩家提供与朋友进行交流的机会；提供玩家独处的经历；提供满足感；提供情感的体验；提供幻想等。

1.2 计算机游戏的分类

1.2.1 角色扮演游戏

RPG（Role-Playing Game，角色扮演游戏）通常以科幻故事或历史题材为背景来构造完整的故事情节，玩家在游戏中扮演一个或多个人物，通过练级或发展剧情来完成游戏。目前流行的 RPG 分为回合制和即时制，回合制游戏注意剧情推动游戏进程，强调故事性，代表作有《仙剑奇侠传》、《最终幻想》等；即时制游戏的规则性强，故事会带有奇幻色彩，代表作有《暗黑破坏神》。

RPG 强调对人生的模拟，如果说飞行模拟类、体育类、动作类等类型的游戏都是对现有的某项人类活动的再现与模拟的话，那么 RPG 体现的则是对整个人生的模拟，因此 RPG 所构造的情感世界是所有类型的游戏中最为强大的，能带给我们深刻的体验感，这种体验感来源于每个人内心深处对人生的感悟和迷茫、无奈与苛求、失意与希望，这些体验可以在 RPG 所构造的虚拟人生的情感世界中得到共鸣。

RPG 可以用一个三维坐标系统来定位，如图 1-1 所示。构成 RPG 的艺术性、故事性和交互性三大特性分别构成该坐标系的三个轴，若把每个坐标轴的最大坐标值定为 1，那么坐标点（0,0,1）代表纯粹的艺术作品，如视觉艺术和音乐作品等；（1,0,0）点代表完全的操作性活动，如体育运动；（0,1,0）点则代表故事情节及其纯线性的展现和播放，如电影剧本、VCD 和录像带。而 RPG 则位于点（x, y, z），其中 $0<x<1$, $0<y<1$, $0<z<1$。而不同类型的 RPG，在这个三维空间所处坐标不同。偏重交互性的，其 x 值较大；偏重故事性的，其 y 值较大。需要指出的是：x, y, z 的值都不能为 0，因为构成 RPG 的三大特性缺一不可。

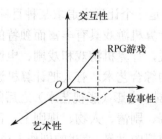

图 1-1　RPG 游戏定位

在艺术性方面，RPG 借助于多媒体视听技术，综合利用了美术、动画、音乐、音效、文学、戏剧等多种艺术娱乐表达形式。在故事性方面，RPG 和电影的关系密切，其"情节"是由"剧本"严格限定的，也就是单线发展的。与被动欣赏的电影不同的是 RPG 给游戏者提供了与游戏交互的能力，玩家在游戏中有一定的主动性，但这种主动性改变不了原本设定的故事情节，RPG 模型一般由各个事件顺序链接而成，在每个事件中玩家具有交互能力。

1.2.2 动作类游戏

ACT（Action Game，动作类游戏）最初是家用游戏机上最流行的游戏类型，游戏画面以横卷轴方式展开，玩家要从左向右一关一关地闯过去，最终打倒大魔头。

目前流行的动作游戏通常为第一视角类游戏，该类游戏中，角色对手都被武装起来，游戏通过角色视觉变化发展。动作游戏通常有多个玩家同时在线，游戏对手往往是人控制，而不是计算机操作的，想在游戏中获胜需要快速的反应、良好的手眼协调能力，并且要熟悉游戏中的武器装备。也有一些动作游戏是按照第三视角完成的，玩家可以看到自己的游戏角色以及游戏角色所处的虚拟世界。

ACT 的代表作包括《超级玛丽》，目前三维 ACT 游戏典型的例子为《古墓丽影》系列。

1.2.3 实时策略游戏

在 RTS（Real-Time Strategy Game，实时策略游戏）中，游戏双方往往都是人，实时是指游戏一方在生产、制造和布阵的同时，另一方也在进行各种操作。当一方停下来的时候，敌方不会停下来，这样双方时刻在进行生产和制造的竞争，使得游戏更加紧张刺激。策略从广义角度讲是通过资源采集、生产、后勤、开拓和战争来振兴本种族或国家，战胜其他种族或国家；从狭义角度讲是指用来击败敌人的各种军事指挥手段。许多计算机技术的出现是从 RTS 中提出来的，比如寻径算法、人工智能、指令序列等，这些技术后来又被应用到其他类型的游戏中。

大多数 RTS 的游戏规则都遵循"采集—生产—进攻"三部曲原则。即通过对几种资源的采集和利用，来构建基地或城市，生产武器，组建军队，然后向敌方发起进攻。RTS 最重要的两个要素是资源管理和狭义的战争策略。

RTS 代表作包括"星际争霸"（Starcraft），"魔兽争霸"（Warcraft）和"帝国时代"（Age of Empires）。

1.2.4 第一视觉射击游戏

FPS（First-Person Shooter，第一视觉射击游戏）起源于早期苹果机上的迷宫游戏和游戏机上的 ACT，通过引入第一视角和三维图形使得游戏的表现力得到极大提高。首先是置入感的提高：三维世界和第一视角的应用使得玩家第一次能够感到他们"面对"着一个真实的三维世界。其次是交互性的提高：三维地图使得玩家们摆脱了 ACT 由一个路线前进的限制，玩家可以沿多种路径到达终点，更增加了搜索前行的乐趣和不确定性。NPC（Non-Player Character）概念的提出使得玩家所要面对的对手有了一定的智能和适应性，不再是像 ACT 中的敌人那样定点定时出现。

FPS 的要素有以下三点：

（1）三维关卡（3D Level）：关卡这个要素是从 ACT 游戏中继承的。整个游戏由一系列关卡组成。每个关卡有自己独特的三维场景。

（2）任务（Mission）：任务就是玩家在一个关卡里要完成的使命和要达到的目的。不管是夺取旗子也好，还是安置炸弹也好，达到这个目的才能通过这一关，进入下一关。任务可以是相互嵌套的，比如一个主任务的完成需要先完成几个子任务。

（3）NPC：NPC 是具有一定智能和适应性的，不是由玩家来控制的敌方或者友方。游戏业人工智能技术的应用最初就是从 NPC 上发展起来的。NPC 要阻碍（敌方）或者帮助（友方）玩家完成任务。

《Quake》（雷神之锤）系列和《Unreal》（虚幻）系列是 FPS 的代表作，《Half-Life》被认为是 FPS 的突破性作品。

目前 FPS 的发展趋势是：第一，提高 NPC 的人工智能，引入小组机制，使得 FPS 不仅仅是疯狂扫射和冲锋，而有了战术配合。第二，被 FPS 长期忽视的故事性也越来越得到强化。第三，联网对战使得 FPS 更加刺激。受到空前好评的《 Half-life》（半条命）就代表了这三种趋势。

1.2.5　模拟游戏

SIM（Simulation Game，模拟游戏）包括策略模拟类游戏，如《三国志》系列，恋爱模拟类游戏，如《心跳回忆》系列。模拟类游戏的共有特征是复杂的数字式管理，如在《三国志》中的各城市各武将的数值，在《心跳回忆》中有各种各样表达人物状态的数字，因此模拟游戏实际上是用一个非常粗糙的数学模型和数字式管理来实现的。

1.2.6　体育类游戏

SRT（Sports Game，体育类游戏）涵盖三个层次：管理、战术、技能。技能方面指单纯的模拟某项运动，比如赛车游戏；战术是指足球的团队配合和排兵布阵等；管理，包括俱乐部的管理和球员的培训。这类游戏有《FIFA》系列足球游戏。

以上介绍的几种游戏类型的划分并不严格，因为游戏制作时会根据实际需求运用各种技术，游戏类型的分类是一种习惯和约定俗成，其实用性大于理论性，游戏类型的主要作用是有利于业界人士之间和业界和玩家之间的沟通。

1.3　设计游戏的要素

游戏设计包括四个要素，即策划、程序、美术和音乐。

1.3.1 策划

游戏策划制定出整个游戏的规划、流程与系统。策划人员必须编写出一系列的策划书供其他游戏参与人员阅读。通常，策划人员所要做的工作可以归纳为下列几点：

(1) 游戏规划：游戏制作前的资料收集与环境规划。
(2) 架构设计：设计游戏的主要架构、系统与主题定义。
(3) 流程控制：绘制游戏流程与控制进度规划。
(4) 脚本制作：编写故事脚本。
(5) 人物设置：设置人物属性及特性。
(6) 剧情导入：把故事剧情导入引擎中。
(7) 场景分配：场景规划与分配。

1.3.2 程序

程序是实现游戏的载体，在策划书中的内容必须利用程序来加以组合成形。程序由框架师和程序员完成，框架师必须了解策划人员的构想计划，根据他们的想法与理念，将设计转化成实际游戏，框架师还要具备拆解策划书的能力，将分解出来的游戏功能分配给程序员编写，在程序员完成相关代码后，将各个代码正确应用到系统中，以达到策划人员所要求的画面或功能。

程序设计人员所要做的工作，可以归纳为下列几点：

(1) 编写游戏功能：编写策划书上的各类游戏功能，包括编写各种编辑器工具。
(2) 游戏引擎制作：制作游戏核心，而核心程序足以应付游戏中发生的所有事件及图形管理。
(3) 合并程序代码：将分散编写的程序代码加以结合。
(4) 程序代码除错：在游戏的制作后期，程序人员可以开始处理错误程序代码，及重复进行侦错的动作。

1.3.3 美术

对于玩家而言，最直接接触他们的就是游戏中的画面，在玩家尚未真正操作游戏的时候，可能会先被游戏中的绚丽画面所吸引，进而去玩这款游戏，因此优秀的美术人员是非常重要的。美术人员所要做的工作，我们可以将它归纳为下列几点：

(1) 人物设计：不论是 2D 还是 3D 的游戏，美术人员必须根据策划人员所规划的设置，设计与绘制游戏中所有需要的登场人物。
(2) 场景绘制：在 2D 游戏中，美术人员要一张张地画出游戏所需要的场景图案；在 3D 游戏中，美术人员必须绘制出场景中所有必须要使用到的场景对象，以提供给地图编辑人员使用。
(3) 界面绘制：除了游戏场景与人物之外，还有一种经常在游戏中所看见的画面，那就是使用界面。这种用户界面就是让玩家可以与游戏引擎做直接沟通的画面。美术人员要把亲和性与方便性作为设计用户界面的原则。

（4）动画制作：游戏中少不了会有几个串场的动画，美术人员会根据策划书的需求制作出音效十足的动画。

1.3.4 音乐

音乐的衬托能够增强游戏的娱乐性，音乐制作人员需要根据具体的场景和情节做出游戏中所需要用到的音效与相关的背景音乐。

1.4 计算机游戏的发展趋势

计算机游戏的发展与计算机技术的发展密不可分，主要依托虚拟现实、人工智能、计算机图形学、计算机视觉和交互技术等学科的发展。

从玩家的角度来看，计算机游戏的发展主要归纳为以下三个方面。

1.4.1 沉浸感

所谓沉浸感，就是沉浸在计算机构建的虚拟环境中。为了使玩家获得这种感觉，首先要在计算机中构建并渲染出与现实世界尽可能相同的环境，另外尽量减少现实世界对玩家的干扰。

1.4.2 交互性

游戏作为一种娱乐形式，第一要实现置入感，构建一个虚拟的游戏世界；第二要提供交互性，使得玩家可以和这个虚拟的游戏世界进行交流。交互性体现在两方面：交互手段、交互的可能反应。我们用一个简单的例子来说明这两个概念。

假定在一个游戏中，游戏人物需要从山崖上摘一朵花献给自己的女友。首先我们遇到的问题是如何让玩家操纵游戏人物去摘花。可以有以下4种设计方案。

最简单的一种设计：当玩家操纵游戏人物走到距花朵的一段距离内时，弹出一个窗口，显示提示"花朵在附近，是否摘下？"，提示下方有"是"和"否"两个按钮。玩家可以在"是"的按钮上点一下以摘下花朵。

复杂一点的设计，可以让玩家操纵游戏人物移动到花的旁边，然后改变屏幕光标的形状，改成手的形状，同时显示一个信息条："在花朵上按鼠标按钮即可将其摘下！"这时候，玩家按一下鼠标，花朵被摘下来了。

更复杂的设计，是类似于《黑与白》中的姿势识别与控制系统：玩家所控制的人物走到花朵的旁边，玩家移动鼠标使得屏幕光标位于花朵上方，这时屏幕光标改变成一只张开的手的形状，当玩家在花朵上按下鼠标按键后，屏幕光标显示一只收拢的手的形状，玩家必须按住鼠标按键不松开,拖动光标到主角的身上,然后松开。这样,屏幕上才会显示信息:"花朵被摘下。"同时,屏幕光标的形状恢复到张开手的形状。

最复杂的设计,从玩家角度讲又是最简单的设计,是采用 VR 系统:玩家头戴头盔式显示器,手戴触感手套,眼前是一个全三维的虚拟世界,当他"走"到花朵旁边时,他向花朵伸出了手,握住了花枝,将其拔起。

上面所列举的四种设计方案,实际上是四种不同的交互手段。第一种是标准的菜单选择式的交互,简单而又乏味;第二种是使用图标和对图标的直接操纵进行交互,有了一定的变化(时态性);第三种是在第二种基础上引入连续时间的概念,使得操作更复杂,含义更丰富;而第四种则是使用 VR 系统来最大限度地模拟我们在真实世界中的交互,对玩家来说最直观简单。

当玩家在使用一定的交互手段进行输入时限制越少,效果越真,则交互性越强。仍以摘花为例:

在玩家摘花之前,对可摘之花有何限制?是否只有那样特定的一朵花是可以摘的?还是游戏中所有的花都可以摘?显然后者给玩家的自由度更大,更近似于真实世界,需要构建的游戏世界也更宏大,游戏世界的驱动规则也更复杂。

当玩家摘花之后,以何种形态去反映摘花这个事件的效果,早期二维 RPG 游戏中,屏幕上不能做出复杂的变化,最多就是在物品菜单里面显示一下。三维游戏中,可以用三维动画显示花朵被摘下的过程;而使用 VR 系统,则可以从玩家的视角显示花朵被摘下的过程,更为真切;而更登峰造极的,是可以利用电子香味发生器,当玩家把花摘下移近鼻子的时候,散发出更浓烈的香味。显然上面所列举的几种效果一种比一种更真实生动。

1.4.3 国际化

沉浸感和交互性讲的是技术方面的趋势,而国际化讲的是游戏开发中文化方面的内容。近几年来,可以明显感受到的一个趋势是游戏设计更趋国际化了,在游戏设计时往往需要对相关国家的历史传统和文化习俗做深入的了解。

思考题

1. 计算机游戏的分类有哪几种?
2. 试举例说明计算机游戏交互设计的方法。

第 2 章

Win32 应用程序

> **本章学习要求：**
> 掌握 Win32 应用程序的建立过程，重点和难点是窗口建立过程和消息机制的原理。另外需要对框架程序充分熟悉，以利于以后各章的学习。

计算机游戏虽然是计算机应用程序的一种，但与编写其他软件有很大的区别，更加强调计算机图形学的知识和计算机资源的高效利用。在 Windows 平台上进行游戏开发（包含利用游戏引擎），通常采用 C++编程语言结合 Windows API 函数和图形开发库完成。这是因为一款成功的游戏必须具有流畅的用户体验，游戏程序需要进行大量的图形绘制，所以开发游戏程序时，最需要关注的地方就是程序的执行效率。C++执行效率高，在 Windows 系统中能够利用 Windows API 函数，再配上能直接与显卡打交道的图形库（Direct X 和 OpenGL），所以 C++是 Windows 游戏程序的最佳选择。

本教材选用的 C++编译环境是 Visual Studio 2010，其创建 Windows 应用程序的方式有 3 中，分别为使用 Windows API 的方式、MFC 方式和 Windows Forms 方式。其中 MFC 方式和 Windows Forms 方式已构建出相应 Windows 程序框架，这些框架中包括了我们游戏程序用不到的一些资源，必然影响游戏程序的运行效率。另外，直接使用这些框架也不利于教学中对 Windows 程序运行机制的理解，所以本教材利用 Windows API 方式进行游戏开发。

Windows API 就是 Windows 应用程序接口（Windows Application Interface），是针对 Windows 操作系统家族的系统编程接口，其中 32 位 Windows 操作系统的编程接口称为 Win32 API，这些函数是 Windows 提供给应用程序与操作系统的接口，利用这些接口函数可以构建出界面丰富、功能灵活的应用程序。API 函数是构筑整个 Windows 框架的基石，API 函数下面是 Windows 的操作系统核心，上面则是 Windows 应用程序。

2.1 Visual Studio 2010 中 Win32 应用程序创建过程

本教材游戏程序框架为 Win32 应用程序，其创建过程如下：

首先启动 Visual Studio 2010，得到如图 2-1 所示的 Visual Studio 启动界面，在图 2-1 中

单击【New Project】选项，即可进入如图 2-2 所示界面。

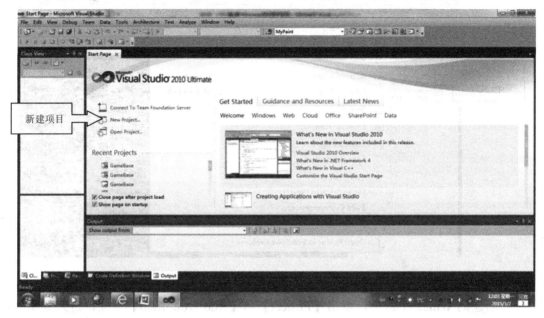

图 2-1　Visual Studio 启动界面

在图 2-2 中单击【Empty Project】选项，并在 Name 栏输入项目名称，单击确定即可进入如图 2-3 所示界面，即 Win32 工程界面。

图 2-2　创建空的 Win32 项目

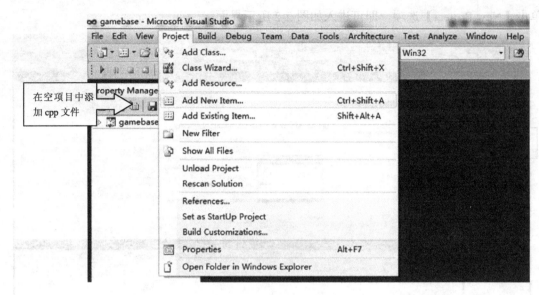

图 2-3　Win32 工程界面

在创建的 Win32 工程中，单击【Project】→【Add New Item】选项，进入如图 2-4 所示对话框。

图 2-4　向工程添加项目对话框

在图 2-4 中选择 C++文件，并输入文件名称，然后将该文件加入到工程中。在创建的 C++文件中输入框架代码，并运行，即得到如图 2-5 与图 2-6 所示的结果。

第 2 章 Win32 应用程序

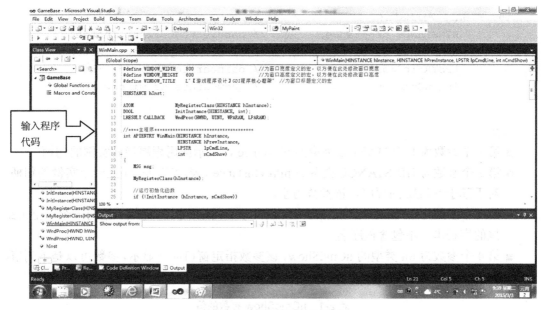

图 2-5 游戏框架代码

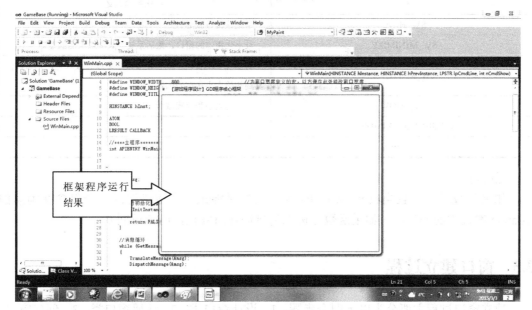

图 2-6 游戏框架运行结果

2.2 Windows 主函数

基于 Win32 的 Windows 应用程序默认入口函数是 WinMain()，在该函数中主要完成两项工作：一项是设计并创建窗口，另一项工作是建立消息循环。这两项工作分别在 2.3 与 2.4 节详细介绍，WinMain() 的函数原型为：

```
int WINAPI WinMain(
        HINSTANCE hInstance,            // handle to current instance
        HINSTANCE hPrevInstance,        // handle to previous instance
        LPSTR lpCmdLine,                // pointer to command line
        int nCmdShow                    // show state of window
    );
```

参数:
- 第 1 个参数为 HINSTANCE 类型的 hInstance，表示应用程序当前实例的句柄。
- 第 2 个参数为 HINSTANCE 类型的 hPrevInstance，表示应用程序上一个实例的句柄，对于基于 Win32 的程序，该参数为空。
- 第 3 个参数为 LPSTR 类型的 lpCmdLine，在命令行程序中使用，指向一个以空来结尾的字符串，不包含程序名。
- 第 4 个参数为 int 类型的 nCmdShow，该参数指定窗口如何显示，参数可以是下列值，见表 2-1。

表 2-1 nCmdShow 参数的值

值	所代表的意义
SW_HIDE	隐藏该窗口激活另外一个窗口
SW_MINIMIZE	最小化指定的窗口，激活系统列表中最上面的窗口
SW_RESTORE	激活并显示窗口。如果窗口最小化或者最大化，把窗口恢复到初始大小和初始位置
SW_SHOW	以当前大小和位置激活窗口
SW_SHOWMAXIMIZED	
……	

返回值:

如果函数成功，且当收到 WM_PAINT 消息时终止，它应该返回一个包含在消息的 wParam 参数中的 exit 值。如果函数在进入消息循环前终止，应该返回 0。

2.3 窗口建立过程

建立窗口过程主要分为以下四个步骤：1. 设计窗口类，2. 注册窗口类，3. 创建窗口，4. 显示及刷新窗口。

1. 设计窗口类

设计窗口类的过程即定义一个 WNDCLASS 对象，该对象是一个结构体，其中各个成员表示出要设计窗口的属性，WNDCLASS 具体结构及成员变量的含义如下:

```
typedef struct _WNDCLASS {
UINT      style;                    //指定类的风格类型.可以使用|连接几个风格
WNDPROC   lpfnWndProc;              //Windows 进程指针,用来处理该窗口产生的消息
```

```
    int      cbClsExtra;        //指定该 Window 类后面跟着的分配的额外的字节数
    int      cbWndExtra;        //指定 Window 实例后面分配的额外的字节数
    HANDLE   hInstance;         //该类所在的 Window 程序的实例句柄
    HICON    hIcon;             //该类的图标,须为图标资源句柄
    HCURSOR  hCursor;           //光标
    HBRUSH   hbrBackground;     //背景句柄
    LPCTSTR  lpszMenuName;      //指向一个类的菜单的资源名的字符串的指针
    LPCTSTR  lpszClassName;     //指向一个字符串,表示该窗口类的名称
} WNDCLASS;
```

2. 注册窗口类

在定义了一个 WNDCLASS 对象并给其成员赋值后,使用 RegisterClass 函数来注册,注册的目的是使系统获得设计好的窗口类的信息,以便由 CreateWindow 使用。RegisterClass 函数的原型为:

```
ATOM RegisterClass(CONST WNDCLASS *lpWndClass);
```

参数:lpWndClass 为 WNDCLASS 结构的指针,在导入前必须已赋值。

返回值:如果函数成功,返回值为一个原子值,该值唯一地标志注册的类,原子值 ATOM 其实就是一个 Word,有一个 ATOM 表指向一个该表中一个字符串的引用。如果失败,返回 0。可以调用 GetLastError 值看错误信息。

(注:现在常用 WNDCLASSEX 结构和 RegisterClassEx 来设计和注册窗口类。)

3. 创建窗口

创建窗口的函数为 CreateWindow(),该函数原型如下:

```
HWND CreateWindow(
    LPCTSTR lpClassName,        // pointer to registered class name
    LPCTSTR lpWindowName,       // pointer to window name
    DWORD dwStyle,              // window style
    int x,                      // horizontal position of window
    int y,                      // vertical position of window
    int nWidth,                 // window width
    int nHeight,                // window height
    HWND hWndParent,            // handle to parent or owner window
    HMENU hMenu,                // handle to menu or child-window identifier
    HANDLE hInstance,           // handle to application instance
    LPVOID lpParam              // pointer to window-creation data
);
```

CreateWindow()的部分参数说明如下:

- 第 1 个参数为 LPCTSTR 类型的 lpClassName,指向已注册的窗口类名。
- 第 2 个参数为 LPCTSTR 类型的 lpWindowName,为指向窗口名字的指针。
- 第 3 个参数为 DWORD 类型的 dwStyle,给定了创建的窗口风格,具体参数选择参考 MSDN。

- 第 8 个参数为 HWND 类型的 hWndParent，给出了该窗口父窗口的句柄。
- 第 9 个参数为指向 Menu 的指针 hMenu，或者指定一个子窗口标志的标志。
- 第 10 个参数为 HANDLE 类型的 hInstance，为和窗口相关的模块实例的句柄。
- 第 11 个参数为 lpParam，该参数在 WM_CREAT 消息中传递，通过 CREATSTRUCT 结构传给窗口的值的指针。

返回值：如果成功，返回一个新窗口的句柄。如果失败，返回 NULL。在返回之前，该函数发送一个 WM_CREATE 消息给 Windows 进程。

4．显示及刷新窗口

窗口对象创建完成后，需要调用 ShowWindow()将窗口从屏幕上显示出来，该函数原型为：

```
ShowWindow(HWND hwnd, int nCmdShow);
```

参数：
- 第 1 个参数为 HWND 类型，为窗口句柄。
- 第 2 个参数指明窗口的显示风格。

UpdateWindow（HWND hwnd）可以给系统发送 WM_PAINT 消息，从而完成窗口用户区的刷新。

2.4 Windows 消息循环

在显示窗口以后，要对该窗口内的消息进行分发和处理，消息 MSG 为一个结构体，包含了来自一个进程的消息队列中的消息，该数据类型如下所示：

```
typedef struct tagMSG {
    HWND      hwnd;           //接收消息的串口句柄
    UINT      message;        //消息序列号
    WPARAM    wParam;         //指定消息的额外信息,精确的意思取决于 message 成员
    LPARAM    lParam;         //也是指定消息的额外信息,同上
    DWORD     time;           //消息发出的时间
    POINT     pt;             //指针位置,以屏幕坐标系表达
} MSG;
```

GetMessage()从调用线程消息队列中读取消息，并把它放在指定的消息结构体中，其函数原型为：

```
BOOL GetMessage(
    LPMSG lpMsg,
    HWND hWnd,
    UINT wMsgFilterMin,
    UINT wMsgFilterMax
);
```

GetMessage()的部分参数说明如下:
- 第1个参数为 LPMSG 类型,指向消息结构体。
- 第2个参数为窗口句柄,消息即从该窗口中获取。其中 NULL 表示从属于该进程的所有窗口中和通过调用 PostThreadMessage 传递给的进程中获取消息。
- 第3个参数为最小的消息。
- 第4个参数为最大的消息。

返回值:如果函数得到一个非 WM_QUIT 消息,返回值非 0;如果是 WM_PAINT,返回 0;如果出错,返回-1。

TranslateMessage()函数用来翻译消息,其原型如下:

```
BOOL TranslateMessage(
    CONST MSG *lpMsg          //address of structure with message
);
```

参数 lpMsg 为一个 MSG 指针。

该函数把虚键值翻译成字符消息,字符消息被发送给调用进程的消息队列,当进程下一次调用 GetMessage 或者 PeekMessage 函数时被读出。

返回值:如果消息被翻译(即字符消息被传给进程消息队列),返回非 0;或者如果消息是 WM_KEYDOWN,WM_KEYUP,WM_SYSKEYDOWN,WM_SYSKEYUP 时,不管翻译情况,都返回非 0;如果没有翻译,返回 0。

DispatchMessage()函数把消息分发给窗口进程,其函数原型如下:

```
LONG DispatchMessage(
    CONST MSG *lpmsg          //pointer to structure with message
);
```

参数为指向 MSG 结构的指针。
返回值为窗口进程返回的值,经常被忽略。

2.5 窗口过程函数

窗口消息处理函数是回调函数,被 Windows 系统所调用的,函数的名称在设计窗口类时指定,对应的语言为:wndClass.lpfnWndProc = WndProc;其函数形式如下:

```
LRESULT CALLBACK WindowProc(
    HWND hwnd,
    UINT uMsg,
    WPARAM wParam,
    LPARAM lParam
);
```

参数说明如下:
- 第1个参数 HWND 类型的为窗口句柄。

- 第 2 个参数指定消息。
- 第 3 个参数为 WPARAM 类型的 wParam,指定消息的内容。
- 第 4 个参数为 LPARAM 类型的 lParam,指定消息的内容。

返回值:消息处理的结果,取决于所发送的消息。

消息处理函数的最后必须调用 DefWindowProc,这是 Windows 内部默认的消息处理函数。另外要有 WM_DESTROY 消息的处理过程。

2.6 Win32 应用程序示例

```
//-------------------------【程序说明】-------------------------
// 程序名称:gamebase
// 描述:游戏开发的程序框架
//--------------------------------------------------------------

//-------------------------【头文件包含部分】-------------------------
//描述:包含程序所依赖的头文件
//--------------------------------------------------------------
#include <windows.h>

//-------------------------【宏定义部分】-------------------------
//描述:定义一些辅助宏
//--------------------------------------------------------------
#define WINDOW_WIDTH    800         //为窗口宽度定义的宏,以方便在此处修改窗口宽度
#define WINDOW_HEIGHT   600         //为窗口高度定义的宏,以方便在此处修改窗口高度
#define WINDOW_TITLE    L"【游戏程序设计】程序框架" //为窗口标题定义的宏


//-------------------------【全局函数声明部分】-------------------------
//描述:全局函数声明,防止"未声明的标识"系列错误
//--------------------------------------------------------------
LRESULT CALLBACK   WndProc( HWND hwnd, UINT message, WPARAM wParam, LPARAM lParam );            //窗口过程函数


//-------------------------【WinMain( )函数】-------------------------
//描述:Windows 应用程序的入口函数
//--------------------------------------------------------------
int WINAPI WinMain(HINSTANCE hInstance, HINSTANCE hPrevInstance,LPSTR lpCmdLine, int nShowCmd)
{
    //窗口创建步骤一:设计一个完整的窗口类
    WNDCLASSEX wndClass = { 0 };                //用 WINDCLASSEX 定义了一个窗口类
    wndClass.cbSize = sizeof( WNDCLASSEX ) ;    //设置结构体的字节数大小
    wndClass.style = CS_HREDRAW | CS_VREDRAW;   //设置窗口的样式
    wndClass.lpfnWndProc = WndProc;             //设置指向窗口过程函数的指针
    wndClass.cbClsExtra   = 0;                  //窗口类的附加内存,取 0 即可
    wndClass.cbWndExtra = 0;                    //窗口的附加内存,依然取 0
```

```cpp
    wndClass.hInstance = hInstance;              //指定包含窗口过程的程序的实例句柄
    wndClass.hIcon=(HICON)::LoadImage(NULL,L"icon.ico",IMAGE_ICON,0,0,LR
_DEFAULTSIZE
      |LR_LOADFROMFILE);                          //本地加载自定义ico图标
    wndClass.hCursor = LoadCursor( NULL, IDC_ARROW );
                                                 //指定窗口类的光标句柄
    wndClass.hbrBackground=(HBRUSH)GetStockObject GRAY_BRUSH);
                                                 //指定一个灰色画刷句柄
    wndClass.lpszMenuName = NULL;    //用一个以空终止的字符串,指定菜单资源的名字
    wndClass.lpszClassName = L"GameBase";        //指定窗口类的名字

    //窗口创建步骤二:注册窗口类
       if( !RegisterClassEx( &wndClass ) )       //设计完窗口后,需要对窗口类进行注
册,这样才能创建该类型的窗口
           return -1;

    //窗口创建步骤三:正式创建窗口
    HWND hwnd = CreateWindow( L"GameBase",WINDOW_TITLE,WS_OVERLAPPEDWINDOW,
CW_USEDEFAULT, CW_USEDEFAULT,
      WINDOW_WIDTH,WINDOW_HEIGHT, NULL, NULL, hInstance, NULL );

    //窗口创建步骤四:窗口的移动、显示与更新
    MoveWindow(hwnd,300,100,WINDOW_WIDTH,WINDOW_HEIGHT,true);
                                                 //调整窗口显示位置
    ShowWindow( hwnd, nShowCmd );
                                                 //调用ShowWindow函数来显示窗口
    UpdateWindow(hwnd);                          //对窗口进行更新

    //消息循环过程
    MSG msg = { 0 };                             //定义并初始化msg
    while( msg.message != WM_QUIT )       //使用while循环,如果消息不是WM_QUIT
消息,就继续循环
    {
        if( GetMessage( &msg, 0, 0, 0 ) )  //查看应用程序消息队列,有消息时将队
列中的消息派发出去
        {
            TranslateMessage( &msg );            //将虚拟键消息转换为字符消息
            DispatchMessage( &msg );             //分发一个消息给窗口程序
        }
    }
    //窗口类的注销
    UnregisterClass(L"ForTheDreamOfGameDevelop", wndClass.hInstance);  //
程序准备结束
    return 0;
}
```

```
//------------------------【WndProc()函数】------------------------
//描述：窗口过程函数 WndProc,对窗口消息进行处理
//--------------------------------------------------------------
LRESULT CALLBACK WndProc( HWND hwnd, UINT message, WPARAM wParam, LPARAM lParam )
{
    switch( message )
    {
    case WM_PAINT:                          //客户区重绘消息
        ValidateRect(hwnd, NULL);           //更新客户区的显示
        break;                              //跳出该switch语句
    case WM_DESTROY:                        //窗口销毁消息
        PostQuitMessage( 0 );               //向系统表明有个线程有终止请求
        break;
    default:                                //若上述case条件都不符合,则执行该default语句
        return DefWindowProc( hwnd, message, wParam, lParam );
                                            //调用默认的窗口过程
    }
    return 0;                               //正常退出
}
```

2.7 游戏程序框架

为了更简洁地展示程序框架，并且更好地进行相关学习，本节将对 Win32 应用程序重新组织，主要改变如下方面：

（1）将窗口形式定义和窗口注册的相关代码放到 MyWindowsClass() 函数中。
（2）将窗口的产生和显示的相关代码放到 InitInstance() 函数中。
（3）将窗口内容的绘制放到 MyDraw() 函数中。
（4）增加了播放音乐的相关代码。音乐的播放利用 PlaySound() 函数完成。

具体代码如下，与本书配套的程序集中也有该程序。

```
#include <windows.h>
#pragma comment(lib,"winmm.lib")            //调用PlaySound函数所需库文件t

#define WINDOW_WIDTH    1000
#define WINDOW_HEIGHT   800
#define WINDOW_TITLE    L"【游戏程序设计】GDI程序核心框架"
HINSTANCE hInst;

int             MyWindowsClass(HINSTANCE hInstance);
BOOL            InitInstance(HINSTANCE, int);
LRESULT CALLBACK WndProc(HWND, UINT, WPARAM, LPARAM);
```

```
void                MyDraw(HDC hdc);
/*********************************************************************
在不同的应用程序中,在此处添加相关的全局变量
*********************************************************************/
int APIENTRY WinMain(HINSTANCE hInstance,
                HINSTANCE hPrevInstance,
                LPSTR     lpCmdLine,
                int       nCmdShow)
{
    MSG msg;
    MyWindowsClass(hInstance);
    PlaySound(L"sound.wav", NULL, SND_FILENAME | SND_ASYNC|SND_LOOP);
            //循环播放背景音乐

    if (!InitInstance (hInstance, nCmdShow))
    {
        return FALSE;
    }
    while (GetMessage(&msg, NULL, 0, 0))
    {
        TranslateMessage(&msg);
        DispatchMessage(&msg);
    }
    return msg.wParam;
}

int MyWindowsClass(HINSTANCE hInstance)
{
    WNDCLASSEX wcex;
    wcex.cbSize = sizeof(WNDCLASSEX);
    wcex.style          = CS_HREDRAW | CS_VREDRAW;
    wcex.lpfnWndProc    = (WNDPROC)WndProc;
    wcex.cbClsExtra     = 0;
    wcex.cbWndExtra     = 0;
    wcex.hInstance      = hInstance;
    wcex.hIcon          = NULL;
    wcex.hCursor        = NULL;
    wcex.hCursor        = LoadCursor(NULL, IDC_ARROW);
    wcex.hbrBackground  = (HBRUSH)(COLOR_WINDOW+1);
    wcex.lpszMenuName   = NULL;
    wcex.lpszClassName  = L"gamebase";
    wcex.hIconSm        = NULL;

    return RegisterClassEx(&wcex);
}
```

```
BOOL InitInstance(HINSTANCE hInstance, int nCmdShow)
{
    HWND hWnd;
    HDC hdc;
    int i;
    hInst = hInstance;

    hWnd = CreateWindow(L"gamebase",WINDOW_TITLE,
        WS_OVERLAPPEDWINDOW, CW_USEDEFAULT, CW_USEDEFAULT, WINDOW_WIDTH,
        WINDOW_HEIGHT, NULL, NULL, hInstance, NULL );
    if (!hWnd)
    {
        return FALSE;
    }
    MoveWindow(hWnd,10,10,600,450,true);
    ShowWindow(hWnd, nCmdShow);
    UpdateWindow(hWnd);

    hdc = GetDC(hWnd);
    MyDraw(hdc);
    ReleaseDC(hWnd,hdc);

    return TRUE;
}

LRESULT CALLBACK WndProc(HWND hWnd, UINT message, WPARAM wParam, LPARAM lParam)
{
    PAINTSTRUCT ps;
    HDC hdc;
    int i;

    switch (message)
    {
        case WM_PAINT:
            hdc = BeginPaint(hWnd, &ps);
            MyDraw(hdc);
            EndPaint(hWnd, &ps);
            break;
/******************************************************************
在退出程序前,往往在此处删除创建的相关资源
******************************************************************/
        case WM_DESTROY:
            PostQuitMessage(0);
```

```
            break;
        default:
            return DefWindowProc(hWnd, message, wParam, lParam);
    }
    return 0;
}
/*****************************************************************
在函数 MyDraw()中进行相关绘制工作
*****************************************************************/
void MyDraw(HDC hdc)
{
}
```

思考题

1. 试举例说明 Windows 程序窗口的建立过程。
2. 试举例说明 Windows 程序消息机制和消息相应函数的建立过程。

第 3 章
Windows 绘图函数

本章学习要求：
　　本章介绍了 GDI 绘图的相关概念，重点是画笔、画刷和文字等 GDI 绘图对象和相关的绘图函数。本章的难点是 GDI 坐标系的相关概念及坐标系间的映射。

3.1 屏幕绘图的相关概念

　　GDI（Graphic Device Interface）意为"图形设备接口"。Windows 的架构不允许使用者直接存取 VGA 显卡上的内存，所以在 MFC 中提供了图形设备接口类，用来让使用者显示数据。GDI 中包含了 CBitmap、CBrush、CFont、CPallete、CPen、CRgn 等绘图类，并提供了这些类的绘图函数。GDI 中各种绘图类是从 CGdiObject 继承而来的，而这些类必须配合设备上下文 DC（Device Context）来使用。可以将 DC 想象成一个图形绘制的区域。当要在屏幕上绘图时，应用程序就必须先取得"屏幕的 DC"才可以进行绘图，当使用者要操作其窗口绘图时，就必须先取得"操作窗口的 DC"，接着再把要绘制的图形放到各个 DC 中，这时在该 DC 所代表的区域中，就会显示所绘制的图形了。在 Windows 应用程序中，每个窗口都关联有 DC，只要获取到窗口的设备上下文，就可以在窗口中绘制各种图形图像等信息。

3.1.1 窗口和视口

　　窗口指的是 DC 中用于绘图的矩形区域，而视口指的是在屏幕上看到的视图客户区域。在 Windows 中绘制图形时，并不是把图形直接绘制到屏幕上，而是首先在 DC 中建立逻辑坐标系，将图形绘制到逻辑坐标系的窗口中，然后再将这个窗口中的内容映像到绘图设备对应的视口中。如果是映像到屏幕上就实现了图形的显示，如果是映像到打印机等输出设备上就实现了图形的打印输出。
　　窗口原点、视口原点和坐标系中的原点三者的概念是不同的。窗口原点和视口原点指的是同一点在窗口逻辑坐标和视口设备坐标系的坐标值，它决定了图形由窗口映射到视口时的相对位置。

3.1.2 GDI 坐标系

1．逻辑坐标系和设备坐标系

Windows 坐标系分为逻辑坐标系和设备坐标系两种，GDI 支持这两种坐标系。逻辑坐标系是面向 DC 的坐标系，它不考虑具体的设备类型，在绘图时，Windows 会根据当前设置的映射模式将逻辑坐标转换为设备坐标。设备坐标系是面向物理设备的坐标系，坐标以像素或设备所能表示的最小长度单位为单位，X 轴方向向右，Y 轴方向向下。设备坐标系可以改变其设置方式，所以原点位置(0, 0)不限定在设备显示区域的左上角。

一般而言，GDI 的文本和图形输出函数使用逻辑坐标，而在客户区移动或按下鼠标的鼠标位置是采用设备坐标。设备坐标系分为屏幕坐标系、窗口坐标系和客户区坐标系三种相互独立的坐标系。

屏幕坐标系以屏幕左上角为原点，一些与整个屏幕有关的函数均采用屏幕坐标，如：GetCursorPos()、SetCursorPos()、CreateWindow()、MoveWindow()。弹出式菜单使用的也是屏幕坐标。

窗口坐标系以窗口左上角为坐标原点，它包括窗口标题栏、菜单栏和工具栏等范围。（注意：这里的窗口坐标系指的是一个应用程序对应的窗口，而不是用户坐标系中用来显示时对应的矩形窗口。）

客户区坐标系以窗口客户区左上角为原点，主要用于客户区的绘图输出和窗口消息的处理。鼠标消息的坐标参数使用客户区坐标，CDC 类绘图成员函数使用与客户区坐标对应的逻辑坐标。

2．逻辑坐标向设备坐标的映射

映射方式定义了 Windows 如何将 GDI 函数中指定的逻辑坐标映射为设备坐标。习惯上将逻辑坐标所在的坐标系称为窗口，将设备坐标所在的坐标系称为视口。"窗口"使用逻辑坐标，单位可以是像素、毫米等，视口使用设备坐标，单位是像素。

CDC 中 SetMapMode()函数设置设备环境的映射方式，映射方式定义了将逻辑单位转换为设备单位的度量单位，并定义了设备的 X、Y 轴的方向。该函数的原型为：

```
virtual int SetMapMode( int nMapMode );
```

参数 nMapMode 指定映射方式，可以取下面列出的一个值：

- MM_ANISOTROPIC：逻辑单位转换成具有任意比例轴的任意单位，用 SetWindowExtEx 和 SetViewportExtEx 函数可指定单位、方向和比例。
- MM_HIENGLISH：每个逻辑单位转换为 0.001 英寸，X 的正方面向右，Y 的正方向向上。
- MM_HIMETRIC：每个逻辑单位转换为 0.01 毫米，X 的正方向向右，Y 的正方向向上。
- MM_ISOTROPIC：逻辑单位转换成具有均等比例轴的任意单位，即沿 X 轴的一个单位等于沿 Y 轴的一个单位，用和函数可以指定该轴的单位和方向。图形设备界面（GDI）需要进行调整，以保证 X 和 Y 的单位保持相同大小（当设置窗口范围时，视口将被调整以达到单位大小相同）。

- MM_LOENGLISH：每个逻辑单位转换为 0.1 英寸，X 正方向向右，Y 正方向向上。
- MM_LOMETRIC：每个逻辑单位转换为 0.1 毫米，X 正方向向右，Y 正方向向上。
- MM_TEXT：每个逻辑单位转换为一个图素，X 正方向向右，Y 正方向向下。
- MM_TWIPS：每个逻辑单位转换为打印点的 1/20（即 1/1400 英寸），X 正方向向右，Y 方向向上。
- MM_TEXT 是默认的映射方式，这时应用程序以设备像素为单位来工作，像素的大小根据设备不同而不同。MM_HIENLISH、MM_HIMETRIC、MM_LOENGLISH、MM_LOMETRIC 和 MM_TWIPS 方式对必须用物理意义单位（如英寸或毫米）制图的应用程序是非常有用的。MM_ISOTROPIC 方式保证了 1:1 的纵横比。MM_ANISOTROPIC 方式允许对 X 和 Y 坐标分别进行调整。

3. 自定义坐标原点

在 DC 中设定窗口坐标系原点的函数为 SetWindowOrg()，其原型为：

```
CPoint SetWindowOrg(int x, int y );
CPoint SetWindowOrg(POINT point )
```

参数 x, y, point 指定窗口中坐标系原点的位置，这些参数取值在逻辑坐标系内，且必须在设备坐标系范围内。

返回值为 CPoint 对象，是窗口初始位置的前一次取值（逻辑单位）。

在设备坐标系中也可以调整坐标原点的位置，对应的函数为：

```
virtual CPoint SetViewportOrg( int x, int y );
virtual CPoint SetViewportOrg( POINT point );
```

参数 x, y, point 指定视口中坐标系原点的位置，这些参数取值在设备坐标系内，且必须在设备坐标系范围内。

4. 自定义坐标轴方向和单位

当映射方式为 MM_ANISOTROPIC 或者 MM_ISOTROPIC 时，可以改变坐标轴的方向和比例，具体的方法如下：

- SetWindowExt（int Lwidth, int Lheight）的参数的单位为逻辑单位（Logical），SetViewportExt（int Pwidth, int Pheight）的参数的单位为像素（Pixel）。
- 将 Pwidth/Lwidth 就可以得到绘图时 x 方向一个逻辑单位对应的像素数，同理 Pheight/Lheight 可以得到绘图时 y 方向一个逻辑单位对应的像素数。
- 当 Pwidth/Lwidth 为负数时，表示逻辑坐标系与设备坐标系 x 方向相反；当 Pheight/Lheight 为负数时，表示逻辑坐标系与设备坐标系 y 方向相反。

示例：

```
CRect rectClient;
HWND hwnd = WindowFromDC(hdc);
GetClientRect(hwnd,&rectClient);        //获取物理设备大小
SetMapMode(hdc,MM_ANISOTROPIC);         //设置映射模式
```

```
SetWindowExtEx(hdc,2000,2000,NULL);  //设置逻辑窗口大小（可能与物理窗口大小不一样）
SetViewportExtEx(hdc,rectClient.right,-rectClient.bottom,NULL);
                                    //设置物理设备范围,为设定圆点作准备
SetViewportOrgEx(hdc,rectClient.right/2,rectClient.bottom/2,NULL);
                                    //设置物理设备坐标原点
Ellipse(hdc,-500,-500,500,500);     //以物理设置坐标原点为基础,以逻辑为单位,画圆
```

5．坐标转换函数

MFC 提供了两个函数 CWnd::ScreenToClient()和 CWnd::ClientToScreen()用于屏幕坐标与客户区坐标的相互转换。MFC 还提供了两个函数 CDC::DPtoLP()和 CDC:: LPtoDP()用于设备坐标与逻辑坐标之间的相互转换。

3.2 画笔、画刷与文字

画笔、画刷与文字是常用的 GDI 对象，画笔是线条的样式，画刷定义了封闭图形内部的填充样式。在 Windows 绘图中，画笔、画刷和文字使用的基本过程是建立、选用和删除。

3.2.1 GDI 对象的建立

1．画笔的建立

利用函数 CreatePen()创建和定义画笔对象，该函数指定了画笔的样式、宽度和颜色，其原型为：

```
HPEN CreatePen(int nPenStyle, int nWidth, COLORREF crColor);
```

参数说明：

- 第一个参数为 int 类型的 nPenStyle,该参数指定画笔样式,可以是 PS_SOLID（实线）, PS_DASH（虚线，其中第二个参数 nWidth 必须不大于 1），PS_DASHDOT（点画线，其中第二个参数 nWidth 必须不大于 1），PS_DASHDOTDOT（点—点—画线，其中第二个参数 nWidth 必须不大于 1），PS_NULL（画笔不能画图），PS_INSIDEFRAME（由椭圆、矩形、圆角矩形、饼图以及弦等生成封闭对象框时，画线宽度向内扩展。如指定的准确 RGB 颜色不存在，就进行抖动处理）。
- 第二个参数为 int 类型的 nWidth，是以逻辑单位表示的画笔的宽度
- 第三个参数为 COLORREF 类型的 crColor，表示画笔的 RGB 颜色。

返回值：如果函数执行成功，就返回指向新画笔的一个句柄；否则返回零。

2．画刷的建立

利用函数 CreateHatchBrush()创建和定义画刷对象，该函数指定了画刷的阴影模式和颜色，原型为：

```
HBRUSH CreateHatchBrush(int fnStyle, COLORREF clrref);
```

参数说明：

- 第一个参数为 int 类型的 fnStyle：指定刷子的阴影样式。该参数可以取下列值，这些值的含义为：

HS_BDIAGONAL：表示 45°向上，从左至右的阴影(//////)；

HS_CROSS：水平和垂直交叉阴影(+++++)；

HS_DIAGCROSS：45°交叉阴影(XXXXX)；

HS_FDIAGONAL：45°向下，自左至右阴影(\\\\\\)；

HS_HORIZONTAL：水平阴影(-----)；

HS_VERTICAL：垂直阴影(|||||)。

- 第二个参数为 COLORREF 类型的 clrref，指定用于阴影的刷子的前景色。

返回值：如果函数执行成功，那么返回值标识为逻辑刷子；如果函数执行失败，那么返回值为 NULL。

利用函数 CreateSolidBrush()创建指定颜色的画刷，其原型为：

```
HBRUSH CreateSolidBrush (COLORREF color);
```

其参数 color 指定了画刷的颜色，如果该函数执行成功，那么返回值标识一个逻辑实心刷子；如果函数失败，那么返回值为 NULL。

3. 字体的建立与文字显示

对于字体显示来说，没有进行字体设置时显示的字体为 Windows 系统提供的默认字体，创建自定义字体的函数为 CreateFont()，其函数原型为：

```
HFONT CreateFont(
  int nHeight,                    //字符高度
  int nWidth,                     //字符宽度
  int nEscapement,                //字符串走向
  int nOrientation,               //每个字符的旋转角度
  int fnWeight,                   //字体的磅重
  DWORD fdwItalic,                //字体是否为斜体,0 表示斜体
  DWORD fdwUnderline,             //是否为字体添加下画线,非 0 表示添加
  DWORD fdwStrikeOut,             //是否为字体添加删除线,非 0 表示添加
  DWORD fdwCharSet,               //指定产生的字符集
  DWORD fdwOutputPrecision,       //指定输出精度
  DWORD fdwClipPrecision,         //指定裁剪精度
  DWORD fdwQuality,               //指定逻辑字体与实际字体之间的精度
  DWORD fdwPitchAndFamily,        //指定字间距和族
  LPCTSTR lpszFace                //指定字体名称
);
```

文本的显示函数一般用 TextOut()和 DrawText()，函数 TextOut()可以在指定位置显示文本，其原型如下：

```
BOOL TextOut(
```

```
    HDC hdc,                //handle to DC
    int nXStart,            //x-coordinate of starting position
    int nYStart,            //y-coordinate of starting position
    LPCTSTR lpString,       //character string
    int cbString            //number of characters
);
```

函数 DrawText()函数用于在指定的区域中格式化文本,其原型如下:

```
int DrawText(
    HDC hDC,                //handle to DC
    LPCTSTR lpString,       //text to draw
    int nCount,             //text length
    LPRECT lpRect,          //formatting dimensions
    UINT uFormat            //text-drawing options
);
```

3.2.2　GDI 对象的选用与删除

建立新画笔与新画刷之后,必须在所要进行绘图的 DC 中选择它们,才会产生预期的画笔与画刷效果,Windows 利用函数 SelectObject()将 GDI 对象选入 DC,其原型为:

```
HGDIOBJ SelectObject( HDC hdc, HGDIOBJ hgdiobj );
```

- 第一个参数为 HDC 类型的 hdc,表示要载入的设备描述表句柄。
- 第二个参数为 HGDIOBJ 类型的 hgdiobj,表示要载入的对象的句柄。但该对象的句柄必须是如下的 GDI 对象句柄:Bitmap(位图)、Brush(画刷)、Font(字体)、Pen(画笔)、Region(区域)、CombineRgn、CreateEllipticRgn。

返回值:如果选择对象成功,那么返回值是被取代的对象的句柄。

GDI 对象一旦建立就会占用部分内存,如果不使用就应该用函数 DeleteObject 将它们删除,该函数用于删除画笔、画刷、字体、位图、区域等对象,释放与该 GDI 对象有关的系统资源,在对象被删除之后,指定的句柄也就失效了。其原型为:

```
BOOL DeleteObject(HGDIOBJ hObject);
```

该函数参数为 HGDIOBJ 类型的 hObject,表示逻辑笔、画笔、字体、位图、区域或者调色板的句柄。

返回值:删除成功则返回非零值;如果指定的句柄无效或者它已被选入设备上下文环境,则返回值为零。

3.2.3　GDI 示例

GDI 示例程序建立七种系统提供的画笔及画刷样式,并提供了自定义的文字样式,运行结果如图 3-1 所示。

```
#include <windows.h>
       ……  ……                    /*与框架程序内容相同*/
HINSTANCE hInst;
/****************************************************************
声明画笔 hPen[7],画刷 hBrush[7]和 hFont,并分别将 7 种画笔形式,6 种画刷形式存入
sPen[7],sBrush[6]t 中
****************************************************************/
HPEN hPen[7];
HBRUSH hBrush[7];
HFONT hFont;
int sPen[7] = {PS_SOLID,PS_DASH,PS_DOT,PS_DASHDOT,PS_DASHDOTDOT,PS_NULL,PS_INSIDEFRAME};
int sBrush[6] ={HS_VERTICAL,HS_HORIZONTAL,HS_CROSS,HS_DIAGCROSS,HS_FDIAGONAL,
               HS_BDIAGONAL};
       ……  ……                    /*与框架程序内容相同*/
int APIENTRY WinMain(…)
{
       ……  ……                    /*与框架程序内容相同*/
}

int MyWindowsClass(HINSTANCE hInstance)
{
       ……  ……                    /*与框架程序内容相同*/
}

BOOL InitInstance(HINSTANCE hInstance, int nCmdShow)
{
       ……  ……                    /*与框架程序内容相同*/
    UpdateWindow(hWnd);
/****************************************************************
利用 for 循环分别产生 7 种画笔对象和 6 种画刷对象
****************************************************************/
    for(i=0;i<=6;i++)
    {
        hPen[i] = CreatePen(sPen[i],1,RGB(255,0,0));
        if(i==6)
            hBrush[i] = CreateSolidBrush(RGB(0,255,0));
        else
            hBrush[i] = CreateHatchBrush(sBrush[i],RGB(0,255,0));
    }
    hFont=CreateFont(
        60,                              //字符高度为 60
        20,                              //字符宽度为 20
        20,                              //字符倾斜度 20
```

```
                0,                                      //字体旋转角度为0
                FW_THIN,                                //字体磅重为100
                0,                                      //非斜体
                1,                                      //有下画线
                1,                                      //有删除线
                DEFAULT_CHARSET,
                OUT_STROKE_PRECIS,
                CLIP_STROKE_PRECIS,
                DRAFT_QUALITY,
                FIXED_PITCH|FF_MODERN,
                L"FONT");                               //自定义字体名称为"FONT"


        …… ……                                           /*与框架程序内容相同*/
    }

    LRESULT CALLBACK WndProc(HWND hWnd, UINT message, WPARAM wParam, LPARAM lParam)
    {
        …… ……                                           /*与框架程序内容相同*/
        switch (message)
        {
            case WM_PAINT:
                …… ……                                   /*与框架程序内容相同*/
/****************************************************************
在退出程序前删除创建的画笔对象和画刷对象
****************************************************************/
            case WM_DESTROY:
                for(i=0;i<=6;i++)
                {
                    DeleteObject(hPen[i]);
                    DeleteObject(hBrush[i]);
                }
                DeleteObject(hFont);
                PostQuitMessage(0);
                break;
            default:
                return DefWindowProc(hWnd, message, wParam, lParam);
        }
        return 0;
    }
/****************************************************************
用各式画笔及画刷绘制线条及填充矩形
****************************************************************/
```

```
void MyDraw(HDC hdc)
{
    int i,x1,x2,y;

    for(i=0;i<=6;i++)
    {
        y = (i+1) * 30;

        SelectObject(hdc,hPen[i]);
        MoveToEx(hdc,30,y,NULL);
        LineTo(hdc,100,y);
    }
    x1 = 120;
    x2 = 180;
    for(i=0;i<=6;i++)
    {
        SelectObject(hdc,hBrush[i]);
        Rectangle(hdc,x1,30,x2,y);
        x1 += 70;
        x2 += 70;
    }
    SetTextColor(hdc,RGB(0,255,0));
    SelectObject(hdc,hFont);
    TextOut(hdc,100,y+10,L"输出的文本",5);
}
```

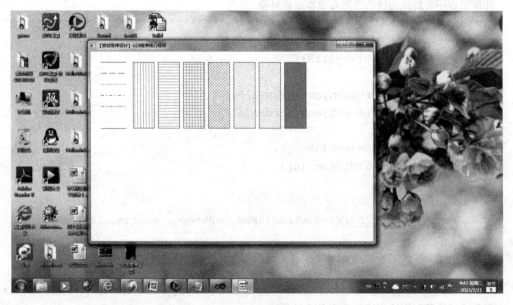

图 3-1　使用 GDI 对象的运行结果

3.3 GDI 绘图函数

设定好画笔和画刷后,可以利用 CDC 中的绘图函数进行绘图,CDC 中的绘图函数大致可以分为 4 大类,本教材中分别称为点线函数、形状函数、填充函数和位图函数,其中位图函数在下一章讲解。本节绘图函数中参数的含义比较明确,所以对函数的参数给出了简单的解释。

3.3.1 点线函数

点线函数是绘制点、直线和弧线的函数。

1. 点

在 CDC 类中,调用 SetPixel()函数可以绘制一个点,该函数的原型如下:

```
COLORREF SetPixel( int x, int y, COLORREF crColor);
COLORREF SetPixel(POINT point, COLORREF crColor );
```

其中 x, y 表示点的逻辑坐标,point 表示点的坐标,crColor 表示该像素点的颜色。

2. 线

绘制一条直线需要两个函数:MoveTo()函数和 LineTo()函数。MoveTo()函数用于确定直线的起点,该函数的原型如下:

```
CPoint MoveTo( int x, int y);
CPoint MoveTo( POINT point);
```

LineTo()函数用于在当前点与起点之间绘制一条直线,该函数的原型如下:

```
BOOL LineTo(int x, int y );
BOOL LineTo(POINT point);
```

在 CDC 类中,可以直接调用 Polyline()和 PolylintTo()函数进行多段线的绘制,函数原型如下:

```
BOOL Polyline(LPPOINT lpPoints, int nCount );
BOOL PolylineTo( const POINT* lpPoints, int nCount);
```

在这两个多段线绘制函数中,第一个参数为指向构成多段线点的数组的指针,第二个参数为使用到的数组中点的数量。函数 PolylintTo()将多段线的起点与上一点用线段连接起来。

在 CDC 类中,还包含绘制弧线的两个函数:Arc()函数和 ArcTo()函数,函数原型如下:

```
BOOL Arc( int x1, int y1, int x2, int y2, int x3, int y3, int x4, int y4 );
BOOL Arc( LPCRECT lpRect,POINT ptStart, POINT ptEnd );
BOOL ArcTo( int x1, int y1, int x2, int y2, int x3, int y3, int x4, int y4 );
BOOL ArcTo( LPCRECT lpRect,POINT ptStart, POINT ptEnd );
```

Arc()函数的具体实现过程如图 3-2 所示。

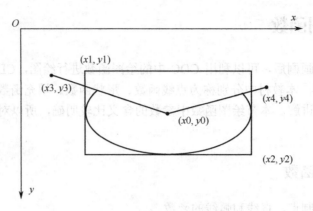

图 3-2 椭圆弧的生成原理

参数（$x1, y1$），（$x2, y2$）构造出一个矩形，首先利用该矩形构造出一个椭圆，（$x0, y0$）为矩形中心点，分别连接点（$x0, y0$）与（$x3, y3$），（$x0, y0$）与（$x4, y4$）构成两条射线，（$x0, y0$）为射线起点，这两条直线将椭圆剪切成两段，从点（$x3, y3$）逆时针转向点（$x4, y4$）的椭圆段即要生成的椭圆弧。

ArcTo()函数参数含义与 Arc()相同，该函数将生成椭圆弧的起点与生成椭圆弧前一点用线段连接起来。

3.3.2 形状函数

Windows 系统中包含绘制矩形、椭圆、扇形和多边形等形状的函数，本教材将这些函数归类为形状函数，这些函数分别构造出封闭的区域，该区域的颜色由 CDC 中选择的画刷决定，下面分别对各个函数作详细的介绍。

在 CDC 类中，调用 Rectangle()函数可以绘制一个矩形，该函数的原型如下：

```
BOOL Rectangle(int x1, int y1, int x2, int y2 );
BOOL Rectangle( LPCRECT lpRect );
```

调用 Ellipse()函数可以绘制一个椭圆，该函数的原型如下：

```
BOOL Ellipse( int x1, int y1, int x2, int y2 );
BOOL Ellipse( LPCRECT lpRect);
```

函数 Ellipse()生成椭圆与参数中确定的矩形内切。

Pie()函数可以绘制一个扇形，该函数的原型如下：

```
BOOL Pie( int x1, int y1, int x2, int y2, int x3, int y3, int x4, int y4 );
BOOL Pie( LPCRECT lpRect, POINT ptStart, POINT ptEnd);
```

函数 Pie()生成扇形的原理与函数 Arc()生成椭圆弧的原理相同，只不过分别将椭圆弧的起点和终点与椭圆中心连接起来构成一个区域。

Polygon()函数用来绘制一个封闭的多边形，该函数的原型如下：

```
BOOL Polygon(LPPOINT lpPoints, int nCount );
```

函数 Polygon()与 Polyline()的区别是前者将多段线的起点和终点连接起来构成一个区域，后者只是生成代表边界的线段。

3.3.3 填充函数

填充函数是指对指定图形的内部或是边框进行颜色填充，在默认的情况下，封闭区域的颜色由 CDC 中选择的画刷自动完成，但有时需要对封闭的区域单独指定某种填充样式，这时就用到了填充函数。填充函数包括 FillRect()、FrameRect()、FillSolidRect()和 InvertRect()。下面对这 4 个函数进行介绍。

在 CDC 类中，FillRect()函数使用指定的画刷填充一个矩形区域，该函数的原型如下：

```
void FillRect(LPCRECT lpRect, CBrush* pBrush);
```

FrameRect()函数使用指定的画刷绘制矩形的边框，该函数的原型如下：

```
void FrameRect( LPCRECT lpRect, CBrush* pBrush);
```

FillSolidRect()函数使用指定颜色填充矩形区域，该函数的原型如下：

```
void FillSolidRect(LPCRECT lpRect, COLORREF clr);
void FillSolidRect(int x, int y, int cx, int cy, COLORREF clr);
```

InvertRect()函数在指定矩形区域内显示当前颜色的相反色，该函数的原型如下：

```
void InvertRect( LPCRECT lpRect);
```

本书示例程序给出了以上函数的应用示例，其运行结果如图 3-3 所示。

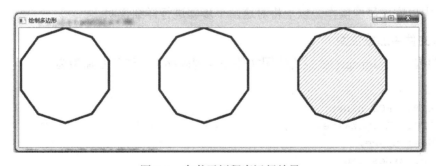

图 3-3　本书示例程序运行结果

思考题

1．简述使用 GDI 对象的步骤。
2．查阅 MSDN，了解所有的 Windows 绘图函数。
3．简述椭圆弧的绘制过程。
4．复习逻辑坐标系和设备坐标系的相关概念，掌握逻辑坐标系向设备坐标系的映射方法。

第 4 章
游戏中的角色与场景

本章学习要求：
本章重点是掌握位图显示的四个步骤，镂空贴图的原理和实现过程，地图的生成原理。

在二维游戏的制作过程中，角色和场景基本依赖位图操作完成。位图存在于文件中，一般依靠图像采集设备生成原始图像，然后利用 Photoshop 等图像处理软件加工成游戏中需要的素材。本章介绍二维游戏制作中位图处理的各种方法。

4.1 位图显示

位图是一种 GDI 对象，但这种 GDI 对象具有明显不同于画笔和画刷的特点，位图以文件方式存储，在程序中加载位图时应首先将位图文件加载到内存中，然后将位图内容映射到显示器上，将位图从文件加载到绘图窗口中经过四个步骤：从文件中加载位图，建立一个与窗口 DC 兼容的内存 DC，内存 DC 装载创建好的位图对象，将内存 DC 的内容映射到窗口 DC 中以完成显像操作。以下将对这四个步骤进行详细说明。

1 从文件中加载位图

一般使用 LoadImage()函数将位图文件加载到内存中，该函数原型为：

```
HANDLE LoadImage (
    HINSTANCE hinst,
    LPCTSTR lpszName,
    UINT uType,
    int cxDesired,
    int cyDesired,
    UINT fuLoad
);
```

该函数参数的详细说明：
- 第一个参数为 HINSTANCE 类型的 hinst，表示包含目标位图的 DLL 或.exe 文件的模块句柄，若要加载的位图在硬盘或者资源文件中，此项设置为"NULL"。
- 第二个参数为 LPCTSTR 类型的 lpszName，表示要加载的位图所在的路径与文件名或者资源名称。
- 第三个参数为 UINT 类型的 uType，表示位图类型，加载位图的类型有下面三种。

IMAGE_BITMAP：加载的位图为一般图文件，扩展名为".bmp"。

IMAGE_CUSOR：加载的位图为光标图标，扩展名为".cur"。

IMAGE_ICON：加载的位图为图标，扩展名为".ico"。
- 第四个参数表示位图加载的宽度，单位为像素。
- 第五个参数表示位图加载的高度，单位为像素。
- 第六个参数为 UINT 的 fuLoad，表示位图的加载方式，若是从文件中加载位图，则设为"LR_LOADFROMFILE"。

2. 建立与窗口 DC 兼容的内存 DC

在程序中调用 CreateCompatible()函数来建立内存 DC，该函数的原型为：

```
HDC CreateCompatibleDC(HDC hdc);
```

该函数中输入的参数表示与内存 DC 兼容的目的 DC。

跟窗口 DC 一样，内存 DC 使用后也必须进行释放的操作，释放内存 DC 所调用的函数为 DeleteDC (hdc);。

3. 选用位图对象

位图对象是 GDI 的 6 种对象之一，内存 DC 选用位图对象的方法和前面介绍的选用画笔或画刷的方式相同，都是通过调用 SelectObject()函数来实现的。

4. 将内存 DC 的内容映射到窗口 DC

把内存 DC 中的位图复制到显示的 DC 上，即"贴图"。这个操作使用的函数是 BitBlt()，这个函数的原型如下：

```
BOOL BitBlt (
    HDC,                //目的 DC
    int x,              //目的 DC x 坐标
    int y,              //目的 DC y 坐标
    int nWidth,         //贴到目的 DC 的宽度
    int nHeight,        //贴到目的 DC 的高度
    CDC* pSrcDC,        //来源 DC
    int xSrc,           //来源 DC x 坐标
    int ySrc,           //来源 DC y 坐标
    DWORD dwRop         //贴图方式()
);
```

函数各参数的含义已在函数原型中表示，例如，已经建立了名为 mdc 的内存 DC，其中已经加载了要显示的位图，窗口 DC 的名为 hdc。

下面以一个实例来表示从文件中加载位图并显示在窗口中。

```
#include <windows.h>
```

```
HINSTANCE hInst;
HBITMAP hbmp;
HDC      mdc;

ATOM            MyRegisterClass(HINSTANCE hInstance);
BOOL            InitInstance(HINSTANCE, int);
LRESULT CALLBACK    WndProc(HWND, UINT, WPARAM, LPARAM);
void            MyDraw(HDC hdc);

int APIENTRY WinMain(HINSTANCE hInstance,
                HINSTANCE hPrevInstance,
                LPSTR    lpCmdLine,
                int      nCmdShow)
{
    …… ……/*与框架程序内容一样*/
}

ATOM MyRegisterClass(HINSTANCE hInstance)
{
    …… ……/*与框架程序内容一样*/
}

BOOL InitInstance(HINSTANCE hInstance, int nCmdShow)
{
    …… ……/*与框架程序内容一样*/

    hdc = GetDC(hWnd);
    mdc = CreateCompatibleDC(hdc);

    hbmp = (HBITMAP)LoadImage(NULL,"bg.bmp",IMAGE_BITMAP,600,450,LR_LOADFROMFILE);
    SelectObject(mdc,hbmp);
    MyDraw(hdc);
    ReleaseDC(hWnd,hdc);

    return TRUE;
}

void MyDraw(HDC hdc)
{
    BitBlt(hdc,0,0,600,450,mdc,0,0,SRCCOPY);
}

LRESULT CALLBACK WndProc(HWND hWnd, UINT message, WPARAM wParam, LPARAM lParam)
```

```
{
    …… ……/*与框架程序内容一样*/
}
```

程序运行结果如图 4-1 所示。

图 4-1 位图显示程序运行结果

4.2 镂空贴图

镂空贴图就是将图片中的一部分内容显示在背景图中，当一个图像以角色的方式出现在游戏中时，如果直接将表示该图像的位图利用 BitBlt() 贴在场景中，由于位图总是以像素的矩阵方式存储，所以会产生如图 4-2 所示的效果。我们需要的效果往往如图 4-3 所示，只是将图片中的角色放入到背景中，为了取得这种贴图效果，本节学习镂空贴图过程。

图 4-2 普通贴图效果　　　　　　　　图 4-3 镂空贴图效果

镂空贴图的制作方法有两种：一种是使用 BitBlt() 贴图函数以及其参数 Raster 的值来完成，另一种方式是调用函数 TransparentBlt() 完成，下面分别讲解。

4.2.1 使用 BitBlt()中的参数 Raster 完成镂空贴图

BitBlt()中的参数 Raster 是用来设置位图贴到目的 DC 的方式，Raster 的取值如表 4-1 所示。

表 4-1 BitBlt()中的参数 Raster 的取值及说明

Raster 值	说明
BLACKNESS	所有输出变黑
DSTINVERT	反转目标位图
MERGECOPY	使用布尔 AND 操作符合并特征与源位图
MERGEPAINT	使用布尔 OR 操作符合并特征与源位图
NOTSRCCOPY	复制反转源位图到目标
NOTSRCERASE	反转使用布尔 OR 操作符合并源和目标位图的结果
PATCOPY	复制特征到目标位图
PATINVERT	使用布尔 XOR 操作符合并目标位图和特征
PATPAINT	使用布尔 OR 操作符合并反转源位图和特征用布尔 OR 操作符合并这项操作结果与目标位图
SRCAND	使用布尔 AND 操作符合并目标像素和源位图
SRCCOPY	复制源位图到目标位图
SRCERASE	反转目标位图并用布尔 AND 操作符合并这个结果和源位图
SRCINVERT	使用布尔 XOR 操作符合并目标像素和源位图
SRCPAINT	使用布尔 OR 操作符合并目标像素和源位图
WHITENESS	所有输出变白

在生成镂空贴图前，必须对包含角色图片进行处理，将图片处理成镂空图和蒙版图，两个图片大小相同，可以保存在一个位图文件中。如图 4-4 表示处理后的角色图片（包括镂空图和蒙版图），如图 4-5 所示为背景图。

首先将图 4-4 中蒙版图的每个像素与图 4-5 背景图相应的像素按位作逻辑与运算，由于蒙版中的背景像素为纯白色（即所有位值为 1），人物为纯黑色（即所有位值为 0），则运算后结果如图 4-6 所示，该步骤在程序中对应的语句为：

图 4-4 镂空图和对应的蒙版图

图 4-5 背景图

```
BitBlt(g_hdc,50,WINDOW_HEIGHT-579,320,640,g_mdc,320,0,SRCAND);
```

然后将图 4-4 的镂空图的每个像素与图 4-6 相应的像素按位作逻辑或运算，由于镂空图中的背景像素为纯黑色（即所有位值为 1），则运算后结果如图 4-7 所示，该步骤在程序中对应的语句为：

```
BitBlt(g_hdc,50,WINDOW_HEIGHT-579,320,640,g_mdc,0,0,SRCPAINT);
```

图 4-6　蒙版图与背景图"与"运算后结果

图 4-7　镂空图最终效果

4.2.2　使用 TransparentBlt() 函数完成镂空贴图

TransparentBlt() 函数在贴图时可以把源位图中的某种颜色设定为透明色，这样在与背景融合时就可以将源位图的部分像素隐藏掉。在使用 TransparentBlt() 函数贴图前，需要事前把素材图中不希望显示出来的部分设置为透明颜色值。TransparentBlt() 函数的原型为：

```
BOOL TransparentBlt(
        HDC hdcDest,              //目标 DC
        int nXOriginDest,         //目标 X 偏移
        int nYOriginDest,         //目标 Y 偏移
        int nWidthDest,           //目标宽度
        int hHeightDest,          //目标高度
        HDC hdcSrc,               //源 DC
        int nXOriginSrc,          //源 X 起点
        int nYOriginSrc,          //源 Y 起点
        int nWidthSrc,            //源宽度
        int nHeightSrc,           //源高度
        UINT crTransparent        //透明色,COLORREF 类型
        );
```

使用 TransparentBlt() 函数时，系统中需要包含 Msimg32.dll，使用时可以链接 Msimg32.lib。另外要注意的是 TransparentBlt() 函数使用的位图是 8 位或者 24 位的。

4.3 地图显示

4.3.1 平面拼接地图

游戏画面中需要地图，游戏地图可以由一个大的位图产生，这样需要占用比较大的内存资源。如果地图不太复杂并且地图中含有较多重复的场景，可以利用地图拼接的方法，由多个小的地图组合成较多的地图。地图拼接的优点在于节省了系统资源，一个大的地图需要较多的内存空间，并且加载速度较慢，这样就降低了程序运行的性能。

地图拼接生成方法利用多个四方形的小地图块组成同样是四方形的大地图，如图 4-8 所示就是一张由 3 种不同地图块组合而成的平面地图，大地图是由 4×3 张小地图块组成的，这张图里面共出现了 3 种不同的图块。程序中以数组定义小地图出现的位置，假设图 4-8 中 3 种不同的小地图的编号分别为 0、1 和 2，那么可以用一维数组来定义出图 4-10 中的大地图。

```
int mapblock[12]={0, 0, 1,/*第一列*/0, 1, 1,/*第二列*/0, 1, 2,/*第三列*/1, 2, 2/*第四列*/}
```

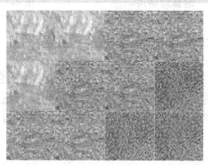

图 4-8 由拼接形成的地图示例

将这个一维数组以行列的方式排列，可以计算每个数组元素对应图中的图块。如图 4-9 所示，一维数组中每个元素的索引值是 0，1，2，3，…，11，程序中每个小地图的位置由行列二维坐标表示，需要将数组的索引值转换成相应的列编号和行编号。转换公式如下：

列编号 = 索引值 / 每列的图块个数；

行编号 = 索引值 % 每行的图块个数；

0	1	2	3
4	5	6	7
8	9	10	11

图 4-9 一维数组的行列排列方式

列编号与行编号的起始值是从 0 开始算起，所以计算出小地图的列编号与行编号后，可以按照图块的宽与高来求出小地图的贴图位置，下面是计算小地图左上点贴图坐标的公式。

左上点 X 坐标 = 行编号 * 图块的宽度；

左上点 Y 坐标 = 列编号 * 图块的高度。

下面以一个实例来表示由小地图拼接成大地图，拼接地图结果如图 4-10 所示。

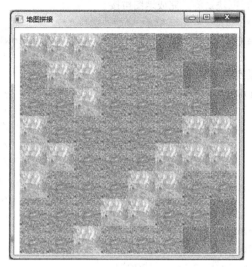

图 4-10 拼接地图结果显示

```
#include <windows.h>
#include <stdio.h>

HINSTANCE hInst;
HBITMAP   fullmap;
HDC       mdc;

const int rows = 8,cols = 8;

ATOM                MyRegisterClass(HINSTANCE hInstance);
BOOL                InitInstance(HINSTANCE, int);
LRESULT CALLBACK    WndProc(HWND, UINT, WPARAM, LPARAM);
void                MyDraw(HDC hdc);

int APIENTRY WinMain(HINSTANCE hInstance,
            HINSTANCE hPrevInstance,
            LPSTR     lpCmdLine,
            int       nCmdShow)
{
    …… ……/*与程序框架内容一致*/
}

ATOM MyRegisterClass(HINSTANCE hInstance)
{
    …… ……/*与程序框架内容一致*/
}
```

```
//*********************************************************
// 声明地图数组，进行图块贴图，完成地图拼接
//*********************************************************
BOOL InitInstance(HINSTANCE hInstance, int nCmdShow)
{
    ………………/*与程序框架内容一致*/
    int mapIndex[rows*cols] = { 2,2,2,0,0,1,0,1,    //第1列
                                0,2,2,0,0,0,1,1,    //第2列
                                0,0,2,0,0,0,0,1,    //第3列
                                2,0,0,0,0,0,2,2,    //第4列
                                2,2,0,0,0,2,2,2,    //第5列
                                2,0,0,0,2,2,0,0,    //第6列
                                0,0,0,2,2,0,0,1,    //第7列
                                0,0,2,0,0,0,1,1 };  //第8列
    hdc = GetDC(hWnd);
    mdc = CreateCompatibleDC(hdc);
    bufdc = CreateCompatibleDC(hdc);
    fullmap = CreateCompatibleBitmap(hdc,cols*50,rows*50);

    SelectObject(mdc,fullmap);

    HBITMAP map[3];
    char filename[20] = "";
    int rowNum,colNum;
    int i,x,y;

    //加载表示小地图的位图
    for(i=0;i<3;i++)
    {
        sprintf(filename,"map%d.bmp",i);
        map[i]= 
(HBITMAP)LoadImage(NULL,filename,IMAGE_BITMAP,50,50,LR_LOADFROMFILE);
    }

    //计算数组中对应的小地图的位置
    for (i=0;i<rows*cols;i++)
    {
        SelectObject(bufdc,map[mapIndex[i]]);
        rowNum = i / cols;         //求列编号
        colNum = i % cols;         //求行编号
        x = colNum * 50;           //求小地图的X坐标
        y = rowNum * 50;           //求小地图的Y坐标
        BitBlt(mdc,x,y,50,50,bufdc,0,0,SRCCOPY);
    }
```

```
    MyDraw(hdc);
    ReleaseDC(hWnd,hdc);
    DeleteDC(bufdc);

    return TRUE;
}

void MyDraw(HDC hdc)
{
    SelectObject(mdc,fullmap);
    BitBlt(hdc,10,10,cols*50,rows*50,mdc,0,0,SRCCOPY);
}

LRESULT CALLBACK WndProc(HWND hWnd, UINT message, WPARAM wParam, LPARAM lParam)
{
    /*与程序框架内容一致*/
}
```

4.3.2 斜角拼接地图

由于观察视角的变化，有时游戏中需要斜角地图，如图 4-11 所示，可以看到斜角地图比平面地图更具有立体感。实际上斜角地图的拼接方法与平面地图类似，如图 4-11 所示的拼接单元为如图 4-12 中的四个图形，由于地图拼接时只取用位图中的菱形部分，因此需要采用镂空图的计算方法。

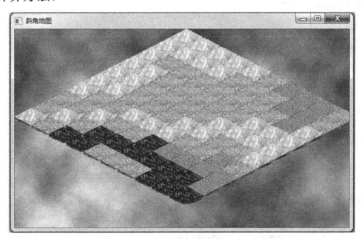

图 4-11 斜角地图

图 4-12 斜角地图的拼接单元

如图 4-13 所示是由 12 个小图块拼接而成的斜角地图，图块中的数字是图块在一维数组中的位置。对于每一个图块，首先计算出它的行编号与列编号，然后才能计算出它的实际贴图坐标，行编号与列编号的计算公式如下：

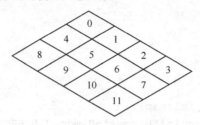

图 4-13　12 个小图块拼接斜角地图

列编号 = 索引值 / 每列的图块个数；
行编号 = 索引值 % 每行的图块个数。

得到行编号与列编号后，就可以知道每个图块在地图中的位置，在进行贴图时，实际上要计算出每个矩形位图的起点坐标，xstart 与 ystart 为第一个矩形位图的左上点坐标，则图块起点坐标为：

左上点 X 坐标 = xstart−列编号×w/2+行编号×w/2;
左上点 Y 坐标 = ystart+列编号×h/2+行编号×h/2。

```
#include <windows.h>
#include <math.h>
#include <stdio.h>

HINSTANCE hInst;
HBITMAP fullmap;
HDC     mdc;

const int rows = 10,cols = 10;
ATOM                MyRegisterClass(HINSTANCE hInstance);
BOOL                InitInstance(HINSTANCE, int);
LRESULT CALLBACK    WndProc(HWND, UINT, WPARAM, LPARAM);
void                MyDraw(HDC hdc);

int APIENTRY WinMain(HINSTANCE hInstance,
            HINSTANCE hPrevInstance,
            LPSTR     lpCmdLine,
            int       nCmdShow)
{
    /*与程序框架内容一致*/
}
```

```
ATOM MyRegisterClass(HINSTANCE hInstance)
{
    …… ……/*与程序框架内容一致*/
}

BOOL InitInstance(HINSTANCE hInstance, int nCmdShow)
{
    …… ………/*与程序框架内容一致*/
    int mapIndex[rows*cols] = { 2,2,2,2,2,0,1,1,1,0,      //列1
                                2,2,2,2,0,0,0,1,1,0,      //列2
                                2,0,0,0,0,0,0,0,1,2,      //列3
                                2,2,0,0,0,0,0,2,2,2,      //列4
                                2,2,0,0,0,0,2,2,2,2,      //列5
                                2,2,0,0,0,2,2,0,0,2,      //列6
                                2,0,0,2,2,2,0,0,1,0,      //列7
                                0,0,2,0,0,3,1,1,1,1,      //列8
                                0,2,0,3,3,3,3,3,3,1,      //列9
                                2,0,3,3,0,0,0,3,3,3 };    //列10

    hdc = GetDC(hWnd);
    mdc = CreateCompatibleDC(hdc);
    bufdc = CreateCompatibleDC(hdc);

    HBITMAP map[4];
    char filename[20] = "";
    int rowNum,colNum;
    int i,x,y;
    int xstart,ystart;

    xstart = 32 * (rows-1);
    ystart = 0;

    fullmap = (HBITMAP)LoadImage(NULL,"bg.bmp",IMAGE_BITMAP,640,480,LR_LOADFROMFILE);
    SelectObject(mdc,fullmap);

    for(i=0;i<4;i++)
    {
        sprintf(filename,"map%d.bmp",i);
```

```
            map[i] = (HBITMAP)LoadImage(NULL,filename,IMAGE_BITMAP,128,32,LR_
LOADFROMFILE);
        }

        for (i=0;i<rows*cols;i++)
        {
            SelectObject(bufdc,map[mapIndex[i]]);

            rowNum = i / cols;
            colNum = i % cols;
            x = xstart + colNum * 32 + rowNum * (-32);
            y = ystart + rowNum * 16 + colNum * 16;

            BitBlt(mdc,x,y,64,32,bufdc,64,0,SRCAND);
            BitBlt(mdc,x,y,64,32,bufdc,0,0,SRCPAINT);
        }

    MyDraw(hdc);

    ReleaseDC(hWnd,hdc);
    DeleteDC(bufdc);

    return TRUE;
}

void MyDraw(HDC hdc)
{
    SelectObject(mdc,fullmap);
    BitBlt(hdc,0,0,640,480,mdc,0,0,SRCCOPY);
}

LRESULT CALLBACK WndProc(HWND hWnd, UINT message, WPARAM wParam, LPARAM lParam)
{
    /*与程序框架内容一致*/
}
```

在完成斜角地图绘制后,可以在地图上布置一些景物,如树木和房屋等,这些景物的布置方法与一般镂空图的绘制方法相同,本教材给出了相关的示例代码,其运行结果如图 4-14 所示。

图 4-14 添加景物后的斜角地图

思考题

1. 试简述由位图文件贴位图的步骤。
2. 简述两种镂空图的实现原理。
3. 简述拼接地图的优点。
4. 掌握斜角拼接地图中小地图的位置计算。

第 5 章

动 画

本章学习要求：
掌握定时器的使用方法，掌握利用消息循环完成动画的原理。

计算机游戏中的动画按其实现的方式分为两种：一种是直接播放方式，经常被用来播放游戏的片头或片尾，例如，AVI 或 MPEG 媒体文件；另一种是连续贴图方式，这种方式在计算机游戏制作中经常采用，本节将讨论这种显示动画的技巧，并进一步讨论如何利用窗口的时间消息来控制静态图片的贴图速度与一些基本的动画制作效果。

5.1 使用定时器完成游戏动画

定时器（Timer）对象可以每隔一段时间发出一个时间消息，程序一旦接收到此消息之后，便运行相关的处理函数。利用这一特性可以播放静态的连续图片，产生动画的效果。下面介绍如何建立与使用定时器。

5.1.1 建立定时器

Windows API 的 SetTimer()函数可为窗口建立一个定时器，该定时器每隔一段时间就发出 WM_TIMER 消息，此函数原型为：

```
UINT SetTimer(
HWND hWnd,                    //接收定时器消息的窗口
UINT nIDEvent,                //定时器代号
UINT uElapse,                 //时间间隔
TIMERPROC lpTimerFunc         //处理相应函数
);
```

参数说明：
- 第一个参数为 HWND 类型的 hWnd，为接收定时器消息的窗口句柄。
- 第二个参数 nIDEvent 是定时器的编号，这个编号是唯一的，在同一个窗口中可以设定多个编号不同的定时器。

- 第三个参数 uElapse 是定时器发出 WM_TIMER 消息的时间间隔,以千分之一秒为单位。也就是说,若将此参数设为 1000,则每间隔 1 秒就会发出一个 WM_TIMER 消息。
- 第四个参数为 TIMERPROC 类型的 lpTimerFunc,表示定时器发出 WM_TIMER 消息时所要执行的回调函数。如果不使用回调函数,这个参数就可以设为 NULL,此时会在消息处理函数 WinProc()中对应的 WM_TIMER 消息部分进行处理。

下面是设定一个每隔 0.5 秒发出 WM_TIMER 消息的定时器的程序代码:

```
SetTimer(1, 500, NULL);
```

上面的定时器设置中并没有指定响应函数,如果不使用响应函数来处理定时器的消息,那么必须在消息处理函数中定义处理消息的程序代码。

5.1.2 删除定时器

定时器建立后,就会一直自动地按照定义设定的时间间隔发出 WM_TIMER 消息,如果要停用某个定时器,必须使用下面的这个函数:

```
BOOL KillTimer(int nIDEvent);
```

参数 nIDEvent 是定时器的编号。

5.1.3 示例

定时器(Timer)每隔一段时间就发出一个 WM_TIMER 消息,当程序接收到这个消息的时候,便可以决定接下来要做哪些事情,通常用在控制动画显示的速度上,下面给出建立与使用定时器的相关代码。

```
#include <windows.h>
#include <tchar.h>              //使用 swprintf_s 函数所需的头文件

#pragma comment(lib,"winmm.lib")
#pragma  comment(lib,"Msimg32.lib")


#define WINDOW_WIDTH       800
/#define WINDOW_HEIGHT 600
#define WINDOW_TITLE        L"动画程序"
//全局设备环境句柄 g_hdc 与全局内存 DC 句柄 g_mdc,并声明了位图数组 g_hSprite 用来储存
各人物位图
HINSTANCE           hInst;
HDC                 g_hdc=NULL, g_mdc=NULL;
HBITMAP             g_hSprite[12];
int                 g_iNum=0;

ATOM                MyRegisterClass(HINSTANCE hInstance);
```

```c
    BOOL                InitInstance(HINSTANCE, int nCmdShow);
    LRESULT CALLBACK    WndProc(HWND, UINT, WPARAM, LPARAM);
    void                MyDraw(HWND hwnd);

    int APIENTRY WinMain(HINSTANCE hInstance,
                 HINSTANCE hPrevInstance,
                 LPSTR     lpCmdLine,
                 int       nCmdShow)
    {
        /*与框架程序内容一样*/
    }

    ATOM MyRegisterClass(HINSTANCE hInstance)
    {
        /*与框架程序内容一样*/
    }

    BOOL InitInstance(HINSTANCE hInstance,int nCmdShow)
    {
        /*与框架程序内容一样*/

        g_hdc = GetDC(hwnd);
        g_mdc = CreateCompatibleDC(g_hdc);
        //载入各个位图,并建立定时器,间隔0.09秒发送WM_TIMER消息
        wchar_t   filename[20];

        for(int i=0;i<12;i++)
        {
            memset(filename, 0, sizeof(filename));   //filename 的初始化
            swprintf_s(filename,L"%d.bmp",i);
            //调用 wprintf_s 函数,组装出对应的图片文件名称
            g_hSprite[i] = (HBITMAP)LoadImage(NULL,filename,IMAGE_BITMAP,WINDOW_WIDTH,WINDOW_HEIGHT,LR_LOADFROMFILE);
        }
        g_iNum = 0;
        SetTimer(hwnd,1,90,NULL);
        MyDraw(hwnd);
        return TRUE;
    }
    void MyDraw(HWND hwnd)
    {
        if(g_iNum == 11)        //判断是否超过最大图号,保证循环播放图片
            g_iNum = 0;
        SelectObject(g_mdc,g_hSprite[g_iNum]);//选对应的位图
        BitBlt(g_hdc,0,0,WINDOW_WIDTH,WINDOW_HEIGHT,g_mdc,0,0,SRCCOPY);
```

```
        g_iNum++;
    }
    LRESULT CALLBACK WndProc(HWND hwnd, UINT message, WPARAM wParam, LPARAM
lParam)
    {
        switch (message)
        {
            case WM_TIMER:                          //定时器消息
                MyDraw(hwnd);
                break;
            case WM_KEYDOWN:
                if(wParam == VK_ESCAPE)
                    DestroyWindow(hwnd);
                break;
            case WM_DESTROY:
                KillTimer(hwnd,1);                  //删除定时器
                for(int i=0;i<12;i++)               //删除位图资源
                    DeleteObject(g_hSprite[i]);
                DeleteDC(g_mdc);                    //删除内存DC
                ReleaseDC(hwnd,g_hdc);              //释放设备环境
                PostQuitMessage(0);
                break;
            default:
                return DefWindowProc(hwnd, message, wParam, lParam);
        }
        return 0;
    }
```

5.2 利用消息循环完成游戏动画

5.2.1 利用消息循环完成动画原理

定时器的使用固然简单方便，但是这种方法仅适合在小型游戏程序显示简易动画，因为基本游戏画面必须在一秒钟之内更新至少 25 次以上，才能显示顺畅的游戏画面，使玩家感觉不到延迟的状态。处理复杂的游戏画面，程序还必须进行消息的处理和大量数学运算甚至音效的输出等，使用定时器的消息来驱动这些操作，往往会使画面显示不顺畅和游戏响应时间太长。

在消息循环中完成游戏画面的绘制能够比较好地解决上述问题，将原先程序中的消息循环加以修改，加入判断其中的内容目前是否有要处理的消息，如果有则进行处理，否则按照设定的时间间隔来重绘画面。下面是接下来一段修改后的消息循环的程序代码：

```
    while( msg.message!=WM_QUIT )                   //注释1
```

```
    {
        if( PeekMessage( &msg, NULL, 0,0 ,PM_REMOVE) )    //注释2
        {
            TranslateMessage( &msg );
            DispatchMessage( &msg );
        }
        else
        {
            tNow = GetTickCount();                         //注释3
            if(tNow-tPre >= 100)                           //注释4
                MyDraw(hdc);
        }
    }
```

在上面的代码中,需要注意以下几个方面:

(1)当收到的 msg.message 不是窗口结束消息 WM_QUIT 时,则继续运行循环,其中 msg 是一个 MSG 的消息结构,其结构成员 message 则是一个消息类型的代号。

(2)使用 PeekMessage()函数来检测目前是否有需要处理的消息,若检测到消息(包含 WM_QUIT 消息)则会返回一个非"0"值,否则返回"0"。因此在游戏循环中,若检测到消息便进行消息的处理,否则运行 else 叙述之后的程序代码。这里我们要注意的是,PeekMessage()函数不能用原先消息循环的条件 GetMessage()取代,因为 GetMessage()函数只有在取得 WM_QUIT 消息时才会返回"0",其他时候则是返回非"0"值或"-1"(发生错误时)。

(3)GetTickCount()函数会取得系统开始运行到目前所经过的时间,单位是微秒(milliseconds)。这里取得时间的目的主要是可以搭配接下来的判断式,用来调整游戏运行的速度,使得游戏不会因为计算机运行速度的不同而改变游戏节奏。

(4)if 条件式中,"tPre"记录前次绘图的时间,而"tNow-tRre"则是计算上次绘图到这次循环运行之间相差多少时间。这里设置为若相差 40 个单位时间以上则再次进行绘图的操作,通过这个数值的控制可以调整游戏运行的速度。这里设定 40 个单位时间(微秒)的原因是,因为每隔 40 个单位进行一次绘图的操作,那么 1 秒钟大约重绘窗口 1000/40=25 次刚好可以达到期望值。

由于循环的运行速度远比定时器发出时间信号来得快,因此使用游戏循环可以更精准地控制程序运行速度并提高每秒钟画面重绘的次数。下面的范例以消息循环的方式进行窗口的连续贴图,更精确地制作游戏动画效果。

5.2.2 示例

```
#include <windows.h>
#include <tchar.h>               //使用 swprintf_s 函数所需的头文件
…… ……/* 与定时器程序内容一样*/
```

第5章 动 画

```
HBITMAP        g_hSprite[12];

DWORD          g_tPre=0,g_tNow=0;
int            g_iNum=0;
HWND hwnd01;

ATOM               MyRegisterClass(HINSTANCE hInstance);
BOOL               InitInstance(HINSTANCE,int);
LRESULT CALLBACK   WndProc(HWND, UINT, WPARAM, LPARAM);
void               MyDraw(HWND hwnd);

int APIENTRY WinMain(HINSTANCE hInstance,
            HINSTANCE hPrevInstance,
            LPSTR     lpCmdLine,
            int       nCmdShow)
{
    …… ……/* 与定时器程序内容一样*/
    while( msg.message != WM_QUIT )
    {
        if( PeekMessage( &msg, 0, 0, 0, PM_REMOVE ) )
        {
            TranslateMessage( &msg );
            DispatchMessage( &msg );
        }
        else
        {
            g_tNow = GetTickCount();    //获取当前系统时间
            if(g_tNow-g_tPre >= 100)    //当此次循环运行与上次绘图时间相差0.1
秒时再进行重绘操作
                MyDraw(hwnd01);
        }
    }
    return 0;
}

ATOM MyRegisterClass(HINSTANCE hInstance)
{
    …… ……/* 与定时器程序内容一样*/
}

BOOL InitInstance(HINSTANCE hInstance,int nCmdShow)
{
    …… ……/* 与定时器程序内容一样*/
}
```

```
    void MyDraw(HWND hwnd)
    {
        …… ……/* 与定时器程序内容一样*/
        g_tPre = GetTickCount();        //记录此次绘图时间,供下次游戏循环中判断?是否已经达到画面更新操作
    }

    LRESULT CALLBACK WndProc(HWND hwnd, UINT message, WPARAM wParam, LPARAM lParam)
    {
        switch (message)
        {
        case WM_KEYDOWN:
            if (wParam == VK_ESCAPE)
                DestroyWindow(hwnd);
            break;
        case WM_DESTROY:
            for(int i=0;i<12;i++)
                DeleteObject(g_hSprite[i]);
            DeleteDC(g_mdc);
            ReleaseDC(hwnd,g_hdc);
            PostQuitMessage(0);
            break;
        default:
            return DefWindowProc(hwnd, message, wParam, lParam);
        }
        return 0;
    }
```

思考题

1. 简述定时器的建立和使用方法。
2. GetMessage()方法和 PeekMessage()方法的区别是什么？

第 6 章

键盘与鼠标交互

> **本章学习要求：**
> 掌握 Win32 程序中键盘与鼠标响应方法。

游戏与动漫的区别之一是游戏具有交互性，即玩家的信息可以输入到游戏中，本章讲解利用 Windows 消息处理完成键盘鼠标与游戏程序的交互。键盘和鼠标是 Windows 系统中基本的信息输入装置，在游戏程序开发中有重要的作用。

6.1 Windows 键盘消息处理

6.1.1 Windows 键盘概述

1. 虚拟键码

Windows 系统对所有键盘的按键都被定义出一组通用的"虚拟键码"，也就是说在 Windows 系统下所有按键都会被视为虚拟键（包含鼠标键在内），而每一个虚拟键都有其对应的一个虚拟键码，例如：

虚拟键码值	十六进制值	十进制值	键盘
VK_0	30	48	0 键
VK_9	39	57	9 键
VK_A	41	65	A 键
VK_Z	5A	90	Z 键

2. 键盘消息

Windows 系统是一个消息驱动的环境，一旦使用者在键盘上进行输入操作，那么系统便会接收到对应的键盘消息，下面列出最常见的 3 种键盘消息：

WM_KEYDOWN　　按下按键的消息
WM_KEYUP　　　松开按键消息
WM_CHAR　　　字符消息

当某一按键被按下时，伴随着这个操作所产生的是以虚拟键码类型传送的 WM_KEYDOWN 与 WM_KEYUP 消息。当程序接收到这些消息时，便可由虚拟键码的信息来得知是哪个按键被按下。WM_CHAR 则是当按下的按键为定义于 ASCII 码中的可打印字符时，便发出此字符消息。

3. 系统键

Windows 系统本身定义了一组"系统键"，这些按键通常都是【Alt】与其他按键的组合，系统键对于 Windows 系统本身有一些特定的作用，Windows 中也特别针对系统键定出了下面的相关消息：

WM_SYSKEYDOWN　　　　按下系统键消息
WM_SYSKEYUP　　　　　松开系统键消息

消息代号中加入"SYS"代表系统键按下消息，然而实际上程序中很少处理系统键消息，因为当这类消息发生时 Windows 会自行处理并进行相应的工作。

6.1.2 键盘消息处理

在 Windows 程序中，键盘消息是在消息处理函数中处理的，按下按键事件一定会紧随着一个松开按键的事件，因此 WM_KEYDOWN 与 WM_KEYUP 两种消息必须是成对发生的，但在程序中通常只对 WM_KEYDOWN 消息进行处理，忽略 WM_KEYUP 消息。

在利用 Windows API 函数创建程序时，程序中的消息处理函数为：

```
LRESULT CALLBACK WndProc(HWND hWnd, UINT message, WPARAM wParam, LPARAM lParam);
```

当键盘消息触发时，wParam 的值为按下按键的虚拟键码，Windows 中所定义的虚拟键码是以"VK_"开头的，lParam 则储存按键的相关状态信息。因此程序对键盘输入操作进行处理时，键盘消息处理函数的内容可以如下：

```
LRESULT CALLBACK WndProc(HWND hWnd, UINT message, WPARAM wParam, LPARAM lParam)
{
switch (message)
{
    case WM_KEYDOWN:            //按下键盘消息
        switch (wParam)
        {
        case VK_ESCAPE:         //按下【Esc】键
            ……                  //定义消息处理程序
            break;
        case VK_UP:             //按下【↑】键
            ……                  //定义消息处理程序
            break;
        case WM_DESTROY:        //窗口结束消息
            PostQuitMessage(0);
            break;
```

```
            default:                   //其他消息
return DefWindowProc(hWnd, message, wParam, lParam);
        }
    return 0;
}
```

针对这个消息处理函数中键盘消息处理的程序关键说明如下:

(1) 第 5 行: 定义处理 "WM_KEYDOWN" 消息。

(2) 第 6 行: 以 "switch" 叙述判断 "wParam" 的值来得知哪个按键被按下,并运行对应 "case" 中的按键消息处理程序。

6.1.3 键盘交互程序示例

该示例以【↑】【↓】【←】【→】键进行输入,控制画面中人物的移动,这里使用了人物在 4 个不同方向上走动的连续图案。

```
#include <windows.h>
#include <tchar.h>              //使用 swprintf_s 函数所需的头文件

#pragma comment(lib,"winmm.lib")

#define WINDOW_WIDTH      800
#define WINDOW_HEIGHT     600
#define WINDOW_TITLE      L"【游戏程序设计】键盘交互"
/*------------------------------------------------------------------
HBITMAP g_hSprite[4]={NULL},g_hBackGround=NULL;
                                //声明位图数组用来储存各张人物位图
DWORD   g_tPre=0,g_tNow=0;  //两个变量记录时间,g_tPre 记录上一次绘图的时间,
g_tNow 记录此次准备绘图的时间
    int    g_iNum=0,g_iX=0,g_iY=0;   //g_iNum用来记录图号,g_iX,g_iY 分别表示贴图
的横纵坐标
    int    g_iDirection=0; //g_iDirection 为人物移动方向,以 0,1,2,3 代表人物上,下,
左,右方向上的移动
------------------------------------------------------------------*/
HINSTANCE  hInst;
HDC        g_hdc=NULL,g_mdc=NULL,g_bufdc=NULL;
HBITMAP g_hSprite[4]={NULL},g_hBackGround=NULL;
DWORD      g_tPre=0,g_tNow=0;
int        g_iNum=0,g_iX=0,g_iY=0;
int        g_iDirection=0;
HWND       hwnd01;
…… ……/* 与程序框架内容相同*/
int APIENTRY WinMain(HINSTANCE hInstance,
             HINSTANCE hPrevInstance,
```

```
                    LPSTR     lpCmdLine,
                    int       nCmdShow)
{
    MSG msg={0};
    MyRegisterClass(hInstance);
    if (!InitInstance (hInstance,nCmdShow))
    {
        return FALSE;
    }
    while( msg.message != WM_QUIT )
    {
        if( PeekMessage( &msg, 0, 0, 0, PM_REMOVE ) )
        {
            TranslateMessage( &msg );
            DispatchMessage( &msg );
        }
        else
        {
            g_tNow = GetTickCount();
            if(g_tNow-g_tPre >= 100)
                MyDraw(hwnd01);
        }
    }
    return 0;
}

ATOM MyRegisterClass(HINSTANCE hInstance)
{
    …… ……/* 与程序框架内容相同*/
}

BOOL InitInstance(HINSTANCE hInstance,int nCmdShow)
{
    …… ……/* 与程序框架内容相同*/

    g_hdc = GetDC(hwnd);
    g_mdc = CreateCompatibleDC(g_hdc);
    g_bufdc = CreateCompatibleDC(g_hdc);
    bmp = CreateCompatibleBitmap(g_hdc,WINDOW_WIDTH,WINDOW_HEIGHT);

    //设定人物贴图初始位置和移动方向
    g_iX = 150;
    g_iY = 350;
    g_iDirection = 3;
    g_iNum = 0;
```

```
    SelectObject(g_mdc,bmp);
    //加载各张跑动图及背景图,这里以 0,1,2,3 来代表人物的上,下,左,右移动
    g_hSprite[0] = (HBITMAP)LoadImage(NULL,L"go1.bmp",IMAGE_BITMAP,480,
216,LR_LOADFROMFILE);
    g_hSprite[1] = (HBITMAP)LoadImage(NULL,L"go2.bmp",IMAGE_BITMAP,480,
216,LR_LOADFROMFILE);
    g_hSprite[2] = (HBITMAP)LoadImage(NULL,L"go3.bmp",IMAGE_BITMAP,480,
216,LR_LOADFROMFILE);
    g_hSprite[3] = (HBITMAP)LoadImage(NULL,L"go4.bmp",IMAGE_BITMAP,480,
216,LR_LOADFROMFILE);
    g_hBackGround  =  (HBITMAP)LoadImage(NULL,L"bg.bmp",IMAGE_BITMAP,
WINDOW_WIDTH,WINDOW_HEIGHT,LR_LOADFROMFILE);

    return TRUE;
}

void MyDraw(HWND hwnd)
{
    //先在 mdc 中贴上背景图
    SelectObject(g_bufdc,g_hBackGround);
    BitBlt(g_mdc,0,0,WINDOW_WIDTH,WINDOW_HEIGHT,g_bufdc,0,0,SRCCOPY);
    //按照目前的移动方向取出对应人物的连续走动图,并确定截取人物图的宽度与高度
    SelectObject(g_bufdc,g_hSprite[g_iDirection]);
    BitBlt(g_mdc,g_iX,g_iY,60,108,g_bufdc,g_iNum*60,108,SRCAND);
    BitBlt(g_mdc,g_iX,g_iY,60,108,g_bufdc,g_iNum*60,0,SRCPAINT);
    //将最后的画面显示在窗口中
    BitBlt(g_hdc,0,0,WINDOW_WIDTH,WINDOW_HEIGHT,g_mdc,0,0,SRCCOPY);

    g_tPre = GetTickCount();      //记录此次绘图时间
    g_iNum++;
    if(g_iNum == 8)
        g_iNum = 0;
}
LRESULT CALLBACK WndProc(HWND hwnd, UINT message, WPARAM wParam, LPARAM
lParam)
{
    switch (message)
    {
    case WM_KEYDOWN:                //按下键盘消息
        //判断按键的虚拟键码
        switch (wParam)
        {
        case VK_ESCAPE:             //按下【Esc】键
```

```cpp
            DestroyWindow(hwnd);
            PostQuitMessage( 0 );
            break;
        case VK_UP:                    //按下【↑】键
            //根据按键加入人物移动的量（每次按下一次按键移动 10 个单位），来决定人物贴
图坐标的 X 与 Y 值,接着判断坐标是否超出窗口区域,若有则进行修正
            g_iY -= 10;
            g_iDirection = 0;
            if(g_iY < 0)
                g_iY = 0;
            break;
        case VK_DOWN:                  //按下【↓】键
            g_iY += 10;
            g_iDirection = 1;
            if(g_iY > WINDOW_HEIGHT-135)
                g_iY = WINDOW_HEIGHT-135;
            break;
        case VK_LEFT:                  //按下【←】键
            g_iX -= 10;
            g_iDirection = 2;
            if(g_iX < 0)
                g_iX = 0;
            break;
        case VK_RIGHT:                 //按下【→】键
            g_iX += 10;
            g_iDirection = 3;
            if(g_iX > WINDOW_WIDTH-75)
                g_iX = WINDOW_WIDTH-75;
            break;
        }
        break;
    case WM_DESTROY:
        DeleteObject(g_hBackGround);
        for(int i=0;i<4;i++)
            DeleteObject(g_hSprite[i]);
        DeleteDC(g_bufdc);
        DeleteDC(g_mdc);
        ReleaseDC(hwnd,g_hdc);
        PostQuitMessage(0);
        break;
    default:
        return DefWindowProc(hwnd, message, wParam, lParam);
    }
    return 0;
}
```

6.2 Windows 鼠标消息处理

6.2.1 鼠标消息的处理方式

目前市场上主流鼠标规格为两个按键加上一个滚轮，在 Windows 系统中这种鼠标设备输入时的消息类型如表 6-1 所示。

表 6-1 鼠标输入时的消息类型

鼠标消息类型	操作鼠标动作
WM_LBUTTONDOWN	按下鼠标左键
WM_LBUTTONUP	松开鼠标左键
WM_LBUTTONDBLCLK	双击鼠标左键
WM_RBUTTONDOWN	单击鼠标右键
WM_RBUTTONUP	松开鼠标右键
WM_RBUTTONDBLCLK	双击鼠标右键
WM_MOUSEMOVE	鼠标移动
WM_MBUTTONDOWN	单击鼠标中键（滚轮）
WM_MBUTTONUP	松开鼠标中键（滚轮）
WM_MBUTTONDBLCLK	双击鼠标中键（滚轮）
WM_MOUSEWHEEL	鼠标滚轮转动消息

处理鼠标消息的方法与处理键盘消息的方法类似，同样是在消息处理函数中加入要处理的鼠标消息类型，当鼠标消息发生时，输入的参数"wParam"与"lParam"则储存了鼠标状态的相关信息。下面分别来展开讲解一下"wParam"与"lParam"参数以及滚轮消息。

1. lParam

参数 lParam 的值可分为高位字节与低位字节两个部分，其中高位字节部分储存鼠标光标的 X 坐标值，低位字节部分存储鼠标光标的 Y 坐标值。

我们可以用下面两个函数来取得鼠标的坐标值：

```
WORD LOWORD(lParam 参数);         //返回鼠标光标所在的 X 坐标值
WORD HIWORD(lParam 参数);         //返回鼠标光标所在的 Y 坐标值
```

这两个函数所返回的鼠标光标位置的坐标是相对于内部窗口左上点坐标的。

2. wParam

参数 wParam 的值记录鼠标按键及键盘【Ctrl】键与【Shift】键的状态信息，通过下面的这些定义在"WINUSER.H"中的测试标志与"wParam"参数来检查上述按键的按下状态。

```
MK_LBUTTON         按下鼠标右键
MK_MBUTTON         按下鼠标中（滚轮）键
MK_RBUTTON         按下鼠标右键
```

MK_SHIFT   按下【Shift】键
MK_CONTROL   按下【Ctrl】键

例如，某一鼠标消息发生时，要测试鼠标左键是否也被按下，程序代码如下：

```
if(wParam & MK_LBUTTON)
{
//鼠标左键被按下
}
```

这是利用 wParam 参数与测试标志来测试鼠标键是否被按下的方法。当按键被按下时，条件式"wParam & MK_LBUTTON"所传回的结果会为"true"。当然，若消息函数接收到"WM_LBUTTONDOWN"消息，同样也可以知道鼠标键被按下而不必再去额外做这样的测试。

如果要测试鼠标左键【Ctrl】与【Shift】键的按下状态，那么程序代码如下：

```
If (wParam & MK_LBUTTON)
{
If (wParam & MK_CONTROL)
{
//单击鼠标左键,按下【Ctrl】键
}
else
{
//单击鼠标左键,未按下【Ctrl】键
}
}
else
{
If (wParam & MK_SHIFT)
{
//未单击鼠标左键,按下【Shift】键
}
else
{
//未单击鼠标左键,未按下【Shift】键
}
}
```

通过这个例子可以清楚，如何利用"wParam"参数与测试标志来测试鼠标键、【Shift】键和【Ctrl】键是否被按下的方法。

3. 滚轮消息

当鼠标滚轮转动消息（WM_MOUSEWHEEL）发生时，"lParam"参数中的值同样是记录光标所在的位置的，而"wParam"参数则分为高位字节与低位字节两部分，低位字节

部分跟前面一样是储存鼠标键、【Shift】键与【Ctrl】键的状态信息的，而高位字节部分的值会是"120"或"-120"。"120"表示鼠标滚轮向前转动，而"-120"则表示向后转动。

"wParam"高位组值与低位组值所在的函数是HIWORD( )与LOWORD( )：

```
HIWORD(wParam);  //高位组，值为"120"或"-120"
LOWORD(wParam);  //低位组，鼠标键及【Shift】和【Ctrl】键的状态信息
```

6.2.2 示例

```
#include <windows.h>
#include <tchar.h>
#pragma comment(lib,"winmm.lib")
#pragma  comment(lib,"Msimg32.lib")
#define WINDOW_WIDTH        800
#define WINDOW_HEIGHT       600
#define WINDOW_TITLE        L"【游戏程序设计】鼠标交互"
struct Missiles           // Missiles 结构体代表导弹
{
    int x,y;              //导弹坐标
    bool exist;           //导弹是否存在
};

HINSTANCE   hInst;
HDC     g_hdc=NULL,g_mdc=NULL,g_bufdc=NULL;//全局设备环境句柄与全局内存DC句柄
HBITMAP g_hJ10=NULL,g_h Missiles =NULL,g_hBackGround=NULL;//声明位图数组存
储各张人物
    DWORD   g_tPre=0,g_tNow=0;                      //声明两个变量来记录时间,g_tPre 记
录上一次绘图的时间,g_tNow 记录此次准备绘图的时间
    int     g_iX=0,g_iY=0,g_iXnow=0,g_iYnow=0; //g_iX,g_iY 代表鼠标光标所在位
置,g_iXnow,g_iYnow 代表当前人物坐标,也就是贴图的位置
    int     g_iBGOffset=0,g_iBulletNum=0;     //g_iBGOffset 为滚动背景所要裁剪
的区域宽度,g_iBulletNum 记录剑侠现有导弹数目
    Missiles Bullet[30];     //声明一个"Missiles"类型的数组,用来存储剑侠发出的导弹
    HWND hwnd01;

    ATOM                MyRegisterClass(HINSTANCE hInstance);
    BOOL                InitInstance(HINSTANCE,int);
    LRESULT CALLBACK    WndProc(HWND, UINT, WPARAM, LPARAM);
    void                MyDraw(HWND hwnd);

    int APIENTRY WinMain(HINSTANCE hInstance,
            HINSTANCE     hPrevInstance,
            LPSTR         lpCmdLine,
            Int           nCmdShow)
    {
```

```
    MSG msg={0};
    MyRegisterClass(hInstance);
    if (!InitInstance (hInstance,nCmdShow))
    {
        return FALSE;
    }
    while( msg.message != WM_QUIT )
                        //使用while循环,如果消息不是WM_QUIT消息,就继续循环
    {
        if( PeekMessage( &msg, 0, 0, 0, PM_REMOVE ) )
        {
            TranslateMessage( &msg );
            DispatchMessage( &msg );
        }
        else
        {
            g_tNow = GetTickCount();         //获取当前系统时间
            if(g_tNow-g_tPre >= 5)
                        //当此次循环运行与上次绘图时间相差0.1秒时再进行重绘操作
                MyDraw(hwnd01);
        }
    }
    //UnregisterClass(L"GameBase", wcex.hInstance);
    return 0;
}

ATOM MyRegisterClass(HINSTANCE hInstance)
{
    …… ……/*与框架程序内容相同*/
}

BOOL InitInstance(HINSTANCE hInstance,int nCmdShow)
{
    hInst = hInstance;
    HBITMAP bmp;
    ……
    …… ……/*与框架程序内容相同*/
    ……
    g_hdc = GetDC(hwnd);
    g_mdc = CreateCompatibleDC(g_hdc);
    g_bufdc = CreateCompatibleDC(g_hdc);
    bmp = CreateCompatibleBitmap(g_hdc,WINDOW_WIDTH,WINDOW_HEIGHT);
    //设定J10贴图初始值,鼠标位置初始值
    g_iX = 300;
    g_iY = 100;
```

```
        g_iXnow = 300;
        g_iYnow = 100;
        SelectObject(g_mdc,bmp);
        //加载各张位图及背景图
        g_hJ10    =(HBITMAP)LoadImage(NULL,L"J10.bmp",IMAGE_BITMAP,317,283,LR_
LOADFROMFILE);
        g_hMissile = (HBITMAP)LoadImage(NULL,L"Missiles.bmp",IMAGE_BITMAP,100,
26,LR_LOADFROMFILE);
        g_hBackGround=(HBITMAP)LoadImage(NULL,L"bg.bmp",IMAGE_BITMAP,WINDOW_
WIDTH,WINDOW_HEIGHT,LR_LOADF    ROMFILE);

        POINT pt,lt,rb;
        RECT rect;
        pt.x = 300;
        pt.y = 100;
        ClientToScreen(hwnd,&pt);
        SetCursorPos(pt.x,pt.y);

        ShowCursor(false);              //隐藏鼠标光标

        //限制鼠标光标移动区域
        GetClientRect(hwnd,&rect);     //取得窗口内部矩形
        //将矩形左上点坐标存入 lt 中
        lt.x = rect.left;
        lt.y = rect.top;
        //将矩形右下点坐标存入 rb 中
        rb.x = rect.right;
        rb.y = rect.bottom;
        //将 lt 和 rb 的窗口坐标转换为屏幕坐标
        ClientToScreen(hwnd,&lt);
        ClientToScreen(hwnd,&rb);
        //以屏幕坐标重新设定矩形区域
        rect.left = lt.x;
        rect.top = lt.y;
        rect.right = rb.x;
        rect.bottom = rb.y;
        //限制鼠标光标移动区域
        ClipCursor(&rect);
        return TRUE;
    }
    void MyDraw(HWND hwnd)
    {
```

```
        //先在mdc中贴上背景图
        SelectObject(g_bufdc,g_hBackGround);
        BitBlt(g_mdc,0,0,g_iBGOffset,WINDOW_HEIGHT,g_bufdc,WINDOW_WIDTH-g_iBGOffset,0,SRCCOPY);
        BitBlt(g_mdc,g_iBGOffset,0,WINDOW_WIDTH-g_iBGOffset,WINDOW_HEIGHT,g_bufdc,0,0,SRCCOPY);
        wchar_t str[20] = {};
        //计算J10贴图坐标,设定每次进行J10贴图时,其贴图坐标(g_iXnow,g_iYnow)会以10个单位慢慢向鼠标光标所在的目的点(x,y)接近,直到两个坐标相同为止
        if(g_iXnow < g_iX)// 若当前贴图X坐标小于鼠标光标的X坐标
        {
            g_iXnow += 10;
            if(g_iXnow > g_iX)
                g_iXnow = g_iX;
        }
        else    //若当前贴图X坐标大于鼠标光标的X坐标
        {
            g_iXnow -=10;
            if(g_iXnow < g_iX)
                g_iXnow = g_iX;
        }

        if(g_iYnow < g_iY)    //若当前贴图Y坐标小于鼠标光标的Y坐标
        {
            g_iYnow += 10;
            if(g_iYnow > g_iY)
                g_iYnow = g_iY;
        }
        else   //若当前贴图Y坐标大于于鼠标光标的Y坐标
        {
            g_iYnow -= 10;
            if(g_iYnow < g_iY)
                g_iYnow = g_iY;
        }

        //贴上剑侠图
        SelectObject(g_bufdc,g_hSwordMan);
        TransparentBlt(g_mdc,g_iXnow,g_iYnow,317,283,g_bufdc,0,0,317,283,RGB(0,0,0));
```

//导弹的贴图,先判断导弹数目"g_iBulletNum"的值是否为"0".若不为0,则对导弹数组中各个还存在的导弹按照其所在的坐标(b[i].x,b[i].y)循环进行贴图操作

```
            SelectObject(g_bufdc,g_hMissiles);
        if(g_iBulletNum!=0)
            for(int i=0;i<30;i++)
                if(Bullet[i].exist)
                {
                    //贴上导弹图

    TransparentBlt(g_mdc,Bullet[i].x-70,Bullet[i].y+100,100,33,g_bufdc,0,0,1
00,26,RGB(0,0,0));
//设置下一个导弹的坐标.导弹是从右向左发射的,因此,每次其 X 轴上的坐标值递减 10 个单位,这样贴
图会产生往左移动的效果.而如果导弹下次的坐标已超出窗口的可见范围(h[i].x<0),那么导弹设为
不存在,并将导弹总数 g_iBulletNum 变量值减 1
                    Bullet[i].x -= 10;
                    if(Bullet[i].x < 0)
                    {
                        g_iBulletNum--;
                        Bullet[i].exist = false;
                    }
                }

            HFONT hFont;

    hFont=CreateFont(20,0,0,0,0,0,0,0,GB2312_CHARSET,0,0,0,0,TEXT("微软雅黑
"));  //创建字体
            SelectObject(g_mdc,hFont);   //选入字体到 g_mdc 中
            SetBkMode(g_mdc, TRANSPARENT);//设置文字背景透明
            SetTextColor(g_mdc,RGB(255,255,0));   //设置文字背景透明

            //在左上角进行文字输出
            swprintf_s(str,L"鼠标 X 坐标为%d",g_iX);
            TextOut(g_mdc,0,0,str,wcslen(str));
            swprintf_s(str,L"鼠标 Y 坐标为%d",g_iY);
            TextOut(g_mdc,0,20,str,wcslen(str));

            //贴上背景图

    BitBlt(g_hdc,0,0,WINDOW_WIDTH,WINDOW_HEIGHT,g_mdc,0,0,SRCCOPY);
            g_tPre = GetTickCount();
            g_iBGOffset += 5;  //让背景滚动量+5
            if(g_iBGOffset==WINDOW_WIDTH)//如果背景滚动量达到了背景宽度值,就置零
                g_iBGOffset = 0;
    }
    LRESULT CALLBACK WndProc(HWND hwnd, UINT message, WPARAM wParam, LPARAM
lParam)
    {
```

```
    switch (message)
    {
    case WM_KEYDOWN:
    …… ……/*与框架程序内容相同*/
        break;
    case WM_LBUTTONDOWN:                    //单击鼠标左键消息
        for(int i=0;i<30;i++)
        {
            if(!Bullet[i].exist)
            {
                Bullet[i].x = g_iXnow;          //导弹x坐标
                Bullet[i].y = g_iYnow + 30;     //导弹y坐标
                Bullet[i].exist = true;
                g_iBulletNum++;                 //累加导弹数目
                break;
            }
        }

    case WM_MOUSEMOVE:                      //鼠标移动消息
        //对X坐标的处理
        g_iX = LOWORD(lParam);              //取得鼠标X坐标
        if(g_iX > WINDOW_WIDTH-317)         //设置临界坐标
            g_iX = WINDOW_WIDTH-317;
        else if(g_iX < 0)
            g_iX = 0;
        //对Y坐标的处理
        g_iY = HIWORD(lParam);              //取得鼠标Y坐标
        if(g_iY > WINDOW_HEIGHT-283)
            g_iY = WINDOW_HEIGHT-283;
        else if(g_iY < -200)
            g_iY = -200;
        break;
    case WM_DESTROY:
        DeleteObject(g_hBackGround);
        DeleteDC(g_bufdc);
        DeleteDC(g_mdc);
        ReleaseDC(hwnd,g_hdc);
        PostQuitMessage(0);
        break;
    default:
        return DefWindowProc(hwnd, message, wParam, lParam);
    }
    return 0;
}
```

6.2.3 相关函数的讲解

对各种鼠标输入消息及鼠标状态信息的获取方法有了基本认识之后，下面介绍一些游戏程序中以鼠标来做输出设备时常用到的函数。

1. 获取窗口外鼠标消息的函数

为了确保程序可以正确地取得鼠标的输入消息，需要在必要的时候以下面的函数来设定窗口，以取得鼠标在窗口外所发出的消息。

```
HWND SetCapture(HWND hWnd) ;      //设定获取窗口外的鼠标消息
```

如果调用了上面的 SetCapture()函数，并输入要取得鼠标消息的窗口代号，那么便可取得鼠标在窗口外所发出的消息。这种方法也适用于多窗口的程序，与 SetCapture()函数相对应的函数为 ReleaseCapture()函数，用于释放窗口取得窗口外鼠标消息的函数。

```
BOOL ReleaseCapture (VOID) ;      //释放获取窗口外的鼠标消息
```

2. 设定鼠标光标位置的函数

```
BOOL SetCursorPos (int X坐标, int Y坐标);        //设定鼠标光标位置
```

SetCursorPos()函数中所设定的坐标是相对于屏幕左上角的屏幕坐标而言的。实际上经常需要将这个屏幕坐标转换为游戏窗口中的游戏窗口坐标，因此需要用到 API 中的一个将窗口坐标转换到屏幕坐标的函数，该函数为：

```
BOOL ClientToScreen (HWND hWnd, LPPOINT lpPoint);
```

窗口坐标转换为屏幕坐标的函数：

```
BOOL ScreenToClient(LPPOINT lpPoint 窗口点坐标 )
```

3. 显示与隐藏鼠标光标的函数

```
int ShowCursor (BOOL true 或 flase);        //隐藏及显示鼠标光标
```

其中，true 代表显示光标，false 代表隐藏光标。

4. 限制鼠标光标移动区域的函数

Windows API 中提供的 ClipCursor()函数可以用来设置限制鼠标光标的移动区域和解除鼠标光标移动区域的限制。

```
BOOL ClipCursor (CONST RECT 移动区域矩形);      //限制鼠标光标移动区域
BOOL ClipCursor (NULL);                          //解除限制
```

5. 取得窗口区域的 API 函数

在游戏程序设计时，有时需要显示器尺寸或者用户区窗口尺寸，对应的 API 函数为：

```
BOOL GetWindowRect (HWND hWND,LPRECT 矩形结构);     //获取屏幕区域矩形
BOOL GetClientRect (HWND hWnd, LPRECT 矩形结构体);   //获取用户区矩形
```

这里需要注意的是，GetWindowRect()返回的坐标类型是屏幕坐标。GetClientRect()返

回的坐标类型是窗口坐标。由于限制鼠标光标移动区域的 ClipCursor() 函数中输入的矩形区域必须是屏幕坐标，因此如果取得的是窗口内部区域，那么还必须将窗口坐标转换为屏幕坐标的操作，下面程序代码说明将鼠标光标限制在窗口内部区域移动的过程：

```
RECT rect;
POINT lt, rb;

GetClientRect(hWnd,&rect);        //取得窗口内部矩形

lt.x = rect.left;                 //将矩形左上点坐标存入 lt 中
lt.y = rect.top;

rb.x = rect.right;                //将矩形右下坐标存入 rb 中
rb.y = rect.bottom;

ClientToScreen(hWnd, &lt);        //将 lt 和 rb 的窗口坐标转换为屏幕坐标
ClientToScreen(hWnd,&rb);

rect.left = lt.x;                 //以屏幕坐标重新设定矩形区域
rect.top = lt.y;
rect.right = rb.x;
rect.bottom = rb.y;

ClipCursor(&rect);                //限制鼠标光标移动区域
```

思考题

1. 举例说明键盘消息的消息响应过程。
2. 举例说明鼠标消息的消息响应过程。

第 7 章
运动与碰撞检测

本章学习要求：
能够生成符合物理规律的运动物体，掌握利用框架和颜色检测物体碰撞的方法。本章难点是利用颜色完成物体碰撞的检测。

将真实世界中的物理现象呈现于游戏中是游戏设计中的重要课题，这些物理现象包括物体移动、碰撞或者物体爆炸后碎片的飞散等。本章将介绍游戏中实现这些物理现象的方法。

7.1 运动

物体运动方式的设计是游戏重要的组成部分，为了使设计出的游戏给玩家一个身临其境的游戏体验，必须使游戏中的角色和物体的运动方式与现实世界尽可能一样，即具有现实世界中的物理运动属性，符合牛顿力学规律。本节中的运动包括匀速运动和变速运动，其中变速运动主要演示抛物线运动和带有摩擦力的运动这两种情况。

7.1.1 匀速直线运动

匀速直线运动比较简单，即运动物体的速度保持不变。速度是一个矢量，可以将速度分解为 x 方向的速度分量为 V_x，y 方向上的速度分量为 V_y。匀速运动实际上就是 V_x 与 V_y 保持恒定不变。

在设计 2D 平面上物体的匀速运动时，每次画面更新时，利用物体速度分量 V_x 与 V_y 的值来计算下次物体出现的位置，产生物体移动的效果，具体位置坐标为：

下次 X 轴坐标=在 X 轴上的速度分量+当前 X 轴坐标
下次 Y 轴坐标=在 Y 轴上的速度分量+当前 Y 轴坐标

当运动物体与其他物体发生弹性碰撞后，运动物体的速度方向与被碰撞物体的法线方向构成了碰撞的入射角，则碰撞后运动物体的速度大小不变，方向符合反射原理。

下面给出匀速运动的示例。

```
#include "windows.h"
#include <stdio.h>
```

```
#pragma comment(lib,"winmm.lib")
#pragma  comment(lib,"Msimg32.lib") t

#define WINDOW_WIDTH    800
#define WINDOW_HEIGHT   600
#define WINDOW_TITLE    "【游戏程序设计】匀速直线运动"
/*-----------------------------------------------------------------
bg,ball 为位图句柄,用来储存背景和运动的小球
g_tPre=0,g_tNow=0 用来记录时间,g_tPre 记录上一次绘图的时间,g_tNow 记录此次准备绘图的时间
x,y 用来记录小球的初始位置,vx,vy 用来表示速度的 x 分量和 y 分量
rect 为 RECT 类型变量,用来存储客户区所在的矩形
-----------------------------------------------------------------*/
HINSTANCE hInst;
HDC       hdc,mdc,bufdc;
HWND      hWnd;
DWORD     tPre,tNow,tCheck;
HBITMAP bg,ball;
RECT      rect;
int       x=50,y=50,vx=20,vy=20;

ATOM               MyRegisterClass(HINSTANCE hInstance);
BOOL               InitInstance(HINSTANCE, int);
LRESULT CALLBACK   WndProc(HWND, UINT, WPARAM, LPARAM);
void               MyPaint(HDC hdc);

int APIENTRY WinMain(HINSTANCE hInstance,
            HINSTANCE hPrevInstance,
            LPSTR     lpCmdLine,
            int       nCmdShow)
{
    MSG msg;
    MyRegisterClass(hInstance);
    if (!InitInstance (hInstance, nCmdShow))
    {
        return FALSE;
    }
    msg.message =0;

    while( msg.message!=WM_QUIT )
    {
        if( PeekMessage( &msg, NULL, 0,0 ,PM_REMOVE) )
        {
            TranslateMessage( &msg );
```

```
                DispatchMessage( &msg );
        }
        else
        {
            tNow = GetTickCount();
            if(tNow-tPre >= 40)
                MyPaint(hdc);
        }
    }
    return msg.wParam;
}

ATOM MyRegisterClass(HINSTANCE hInstance)
{
    …… ……/*与框架程序内容相同*/
}

BOOL InitInstance(HINSTANCE hInstance, int nCmdShow)
{
    HBITMAP bmp;
    …… ……/*与框架程序内容相同*/
    hdc = GetDC(hWnd);
    mdc = CreateCompatibleDC(hdc);
    bufdc = CreateCompatibleDC(hdc);
    bmp = CreateCompatibleBitmap(hdc,640,480);

    SelectObject(mdc,bmp);

    bg    =    (HBITMAP)LoadImage(NULL,"bg.bmp",IMAGE_BITMAP,640,480,LR_
LOADFROMFILE);
    ball  =    (HBITMAP)LoadImage(NULL,"ball.bmp",IMAGE_BITMAP,52,26,LR_
LOADFROMFILE);

    GetClientRect(hWnd,&rect);//用来存储客户区所在的矩形
    MyPaint(hdc);

    return TRUE;
}

void MyPaint(HDC hdc)
{
    SelectObject(bufdc,bg);
    BitBlt(mdc,0,0,640,480,bufdc,0,0,SRCCOPY);

    SelectObject(bufdc,ball);
```

```c
            BitBlt(mdc,x,y,26,26,bufdc,26,0,SRCAND);
            BitBlt(mdc,x,y,26,26,bufdc,0,0,SRCPAINT);
            BitBlt(hdc,0,0,640,480,mdc,0,0,SRCCOPY);

            x += vx;
            if(x <= 0)
            {
                x = 0;
                vx = -vx;
            }
            else if(x >= rect.right-26)
            {
                x = rect.right - 26;
                vx = -vx;
            }
            y += vy;
            if(y<=0)
            {
                y = 0;
                vy = -vy;
            }
            else if(y >= rect.bottom-26)
            {
                y = rect.bottom - 26;
                vy = -vy;
            }
            tPre = GetTickCount();
    }
    LRESULT CALLBACK WndProc(HWND hWnd, UINT message, WPARAM wParam, LPARAM lParam)
    {
        switch (message)
        {
            case WM_KEYDOWN:
                if(wParam==VK_ESCAPE)
                    PostQuitMessage(0);
                break;
            case WM_DESTROY:
                DeleteDC(mdc);
                DeleteDC(bufdc);
                DeleteObject(bg);
                DeleteObject(ball);
                ReleaseDC(hWnd,hdc);
                PostQuitMessage(0);
                break;
```

```
        default:
            return DefWindowProc(hWnd, message, wParam, lParam);
    }
    return 0;
}
```

7.1.2 变速运动

加速运动就是具有加速度的运动，其速度的大小或者方向会随着时间而改变，加速运动的公式可以表示如下：

$v=v_0+at$

式中，v 为当前速度，v_0 为初速度，a 为加速度，t 为物体从速度为 v_0 时起的时间。在程序中将此速度分解为 x 与 y 方向的分速度，可以得到：

$$v_x = v_{x0} + a_x t$$
$$x_y = v_{y0} + a_y t$$

1. 抛物线运动

根据物理学的基本常识，地球上的物体在竖直方向上都受到重力的作用，在开发不涉及宇宙空间的游戏时，物体在 y 方向上是变速运动，我们将 x 方向上作匀速运动，y 方向上重力加速度为 g 的变速运动称为抛物线运动，其中 g 的取值为 $9.8m/s^2$。由变速运动的实现公式，得到抛物线运动的实现公式为：

$$v_x = v_{x0}$$
$$v_y = v_{y0}+gt$$

下面给出的抛物线运动与匀速直线运动的实现代码基本相同，只是在变量声明中增加了 gy，该变量用来改变 y 方向的速度，下面给出其实现代码：

```
    ……
    /*与匀速直线运动的代码相同*/
int    x=0,y=100,vx=5,vy=0,gy=1;
    ……
    /*与匀速直线运动的代码相同*/
void MyPaint(HDC hdc)
{
    SelectObject(bufdc,bg);
    BitBlt(mdc,0,0,640,480,bufdc,0,0,SRCCOPY);

    SelectObject(bufdc,ball);
    BitBlt(mdc,x,y,26,26,bufdc,26,0,SRCAND);
    BitBlt(mdc,x,y,26,26,bufdc,0,0,SRCPAINT);

    BitBlt(hdc,0,0,640,480,mdc,0,0,SRCCOPY);
```

```
    x += vx;                    //x方向位置的改变
    vy = vy + gy;               //y方向速度的改变
    y += vy;                    //y方向位置的改变
    if(y >= rect.bottom-26)
    {
        y = rect.bottom - 26;
        vy = -vy;
    }
    tPre = GetTickCount();
}
```

2. 具有摩擦力的变速运动

摩擦力是两个表面接触的物体相互运动时互相施加的一种物理力,摩擦力在现实中无处不在。摩擦力会使物体的运动速度越来越慢,直到物体静止,动摩擦力才会消失。为了模拟出与现实生活相符的游戏场景,游戏或者游戏引擎中,用相关代码实现摩擦力的真实效果是十分必要的。

带有摩擦力的变速运动的实现代码与抛物线运动基本相同,其在 x 方向速度不断减小,直到变为 0。

```
    …… ……/*与匀速直线运动的代码相同*/
int     x=0,y=100,vx=8,vy=0;
int     gy=1,fx=-1,fy=-4;
    …… ……/*与匀速直线运动的代码相同*/
void MyPaint(HDC hdc)
{
    SelectObject(bufdc,bg);
    BitBlt(mdc,0,0,750,400,bufdc,0,0,SRCCOPY);
    SelectObject(bufdc,ball);
    BitBlt(mdc,x,y,26,26,bufdc,26,0,SRCAND);
    BitBlt(mdc,x,y,26,26,bufdc,0,0,SRCPAINT);
    
    BitBlt(hdc,0,0,750,400,mdc,0,0,SRCCOPY);
    
    x += vx;
    vy = vy + gy;
    y += vy;
    if(y >= rect.bottom-26)
    {
        y = rect.bottom - 26;
        vx += fx;
        if(vx < 0)
            vx = 0;
        vy += fy;
```

```
            if(vy < 0)
                vy = 0;
            vy = -vy;
        }
        tPre = GetTickCount();
    }
```

7.2 碰撞检测

碰撞检测是游戏程序设计中不可或缺的环节，障碍物对角色的阻拦，各个角色之间的交互（包括交流的发生、格斗等），都是依赖碰撞检测完成的。碰撞检测也是游戏中占有 CPU 资源较多的技术环节，特别是场景中角色比较多的场合。

二维游戏中主要的碰撞检测方法有 2 种，一种是以物体框架来检测碰撞，另一种依靠蒙版颜色来检测碰撞。第一种方式运行速度快，但对外形复杂物体的碰撞检测不准确，第二种方式碰撞检测准确，但计算量大。

7.2.1 以物体框架来检测碰撞

以框架来检测物体间的碰撞时，在完成游戏角色制作后，会给这个角色附加一个包围该角色的框架，该框架的作用就是实现该角色与其他物体的碰撞检测。

对于平面游戏中的角色而言，最简单的游戏框架就是包围该角色的最小矩形，这样在检测两个角色是否碰撞时，只要检测其中一个矩形的四个顶点是否在另一个矩形内即可。一个点是否在矩形内的判断公式如下：

$RectV_{Lx} \leq V_x \leq RectV_{Rx}$，且 $RectV_{By} \leq V_y \leq RectV_{Ty}$

其中，$RectV_{Ly}$，$RectV_{By}$ 与 $RectV_{Rx}$，$RectV_{Ty}$ 为矩形的对角点，（V_x，V_y）以框架来检测物体碰撞的示例代码如下：

```
/* 以上部分与框架程序相同*/
HINSTANCE g_hInst;
HWND g_hWnd;
HDC g_hDc;
HDC g_hMdc;
HBITMAP g_hCar1,g_hCar2,g_hBomb;
int vx1=5,vx2=-5,x1=-70,x2=520,y1=165,y2=150;

int                 MyWindowsClass(HINSTANCE hInstance);
BOOL                InitInstance(HINSTANCE, int);
LRESULT CALLBACK    WndProc(HWND, UINT, WPARAM, LPARAM);
void                MyDraw(HDC hdc);

int APIENTRY WinMain(HINSTANCE hInstance,
```

```
                    HINSTANCE hPrevInstance,
            LPSTR    lpCmdLine,
            int      nCmdShow)
{
    /*与框架程序相同*/
}

int MyWindowsClass(HINSTANCE hInstance)
{
    /* 以上部分与框架程序相同*/

}

BOOL InitInstance(HINSTANCE hInstance, int nCmdShow)
{
    /*与框架程序相同*/
    g_hCar1=(HBITMAP)LoadImage(NULL,L"car1.bmp",IMAGE_BITMAP,196,66,LR_L
OADFROMFILE);
    g_hCar2=(HBITMAP)LoadImage(NULL,L"car2.bmp",IMAGE_BITMAP,140,80,LR_L
OADFROMFILE);
    g_hBomb=(HBITMAP)LoadImage(NULL,L"bomb.bmp",IMAGE_BITMAP,187,200,LR_
LOADFROMFILE);

    g_hDc = GetDC(g_hWnd);
    g_hMdc=CreateCompatibleDC(g_hDc);

    SetTimer(g_hWnd,1,100,NULL);    //建立定时器
    MyDraw(g_hDc);

    return TRUE;
}

LRESULT CALLBACK WndProc(HWND hWnd, UINT message, WPARAM wParam, LPARAM
lParam)
{
    switch (message)
    {
        case WM_TIMER:
            MyDraw(g_hDc);
            break;
        case WM_DESTROY:
            PostQuitMessage(0);
            break;
        default:
            return DefWindowProc(hWnd, message, wParam, lParam);
```

```
    }
    return 0;
}

void MyDraw(HDC hdc)
{
    SelectObject(g_hMdc,g_hCar1);
    BitBlt(g_hDc,x1,y1,196,66,g_hMdc,0,0,SRCCOPY);
    SelectObject(g_hMdc,g_hCar2);
    BitBlt(g_hDc,x2,y2,140,80,g_hMdc,0,0,SRCCOPY);

    if(x1+196>x2)        //用以检测是否发生了碰撞
    {
        SelectObject(g_hMdc,g_hBomb);
        BitBlt(g_hDc,x2-100,y2,187,100,g_hMdc,0,100,SRCPAINT);
        BitBlt(g_hDc,x2-100,y2,187,100,g_hMdc,0,0,SRCAND);
        KillTimer(g_hWnd,1);
    }
    x1+=vx1;    //设置下一次定时器消息发生时汽车1的位置
    x2+=vx2;    //设置下一次定时器消息发生时汽车2的位置
}
```

7.2.2 用颜色来检测碰撞

以框架方式检测碰撞需要的计算量小,并且不需要制作模板,比较适合游戏中各种角色之间的碰撞检测,但这种检测方式存在误差,常常是框架方式判断,碰撞已经发生,但实际上并未发生碰撞。

对于二维游戏而言,可以通过颜色检测精确地判断出两个非规则形体是否发生了碰撞。用颜色检测碰撞常常用于地图的碰撞检测,原理是首先将地图用图像软件进行处理,制作出对应的地图蒙版,地图蒙版由黑白两种颜色组成,发生碰撞的部分用黑色绘出,如图7-1所示。

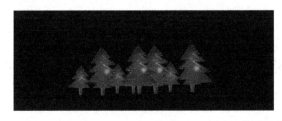

图 7-1 通过颜色检测碰撞用到的图片示例

碰撞检测具体实现过程为:首先得到被碰撞的物体的具体位置,然后在蒙版中对应的位置获取与被碰物体同样大小的图像,将从蒙版中得到的图像与被碰物体图像在映射过程中执行"与"操作,最后检测合成后的图像,如果发现其包含蒙版中碰撞部分的颜色,则碰撞发生。

用颜色来检测碰撞的示例代码如下:

```
/* 以上部分与框架程序相同*/
HINSTANCE       hInst;
HDC             g_hdc=NULL,g_mdc=NULL;
HBITMAP         car,forest,mask,temp,dark;
HDC             g_mdc1=NULL,g_mdc2=NULL;
int vx=-5,x=700,i,b,g,r;
RECT rect;
BITMAP bm;
unsigned char *px,*px1;

ATOM                MyWindowsClass(HINSTANCE hInstance);
BOOL                InitInstance(HINSTANCE,int);
LRESULT CALLBACK    WndProc(HWND, UINT, WPARAM, LPARAM);
void                MyDraw(HWND hwnd);

int APIENTRY WinMain(HINSTANCE hInstance,
                     HINSTANCE hPrevInstance,
                     LPSTR     lpCmdLine,
                     int       nCmdShow)
{
    …… ……/* 与框架程序相同*/
}

ATOM MyWindowsClass(HINSTANCE hInstance)
{
    …… ……/* 与框架程序相同*/
}

BOOL InitInstance(HINSTANCE hInstance,int nCmdShow)
{
    …… ……/* 与框架程序相同*/

    g_hdc = GetDC(hwnd);
    g_mdc = CreateCompatibleDC(g_hdc);
    g_mdc1 = CreateCompatibleDC(g_hdc);
    g_mdc2 = CreateCompatibleDC(g_hdc);

    car = (HBITMAP)LoadImage(NULL,L"car.bmp",IMAGE_BITMAP,112,64,LR_LOADF
ROMFILE);
    forest = (HBITMAP)::LoadImage(NULL,L"forest.bmp",IMAGE_BITMAP,800,300,
LR_LOADFROMFILE);
    mask = (HBITMAP)::LoadImage(NULL,L"mask.bmp",IMAGE_BITMAP,800,300,LR_
```

```
LOADFROMFILE);

        temp = CreateCompatibleBitmap(g_hdc,800,300);
        dark = CreateCompatibleBitmap(g_hdc,112,64);

        SelectObject(g_mdc,temp); //首先将 temp 放入 g_mdc 中,相当于在 g_mdc 中放入
底层模板
        GetObject(car,sizeof(BITMAP),&bm); //获取 car 图像的相关信息
        px = new unsigned char[bm.bmHeight*bm.bmWidthBytes];
                               //分配 car 图像数据大小空间,并将该地址赋给 px
        GetBitmapBits(car,bm.bmHeight*bm.bmWidthBytes,px);//将 car 图像数据读到 px 中
        SelectObject(g_mdc2,dark);  //将 dark 放入 g_mdc2

        MyDraw(hwnd);

        SetTimer(hwnd,1,100,NULL);    //建立定时器

        return TRUE;
}


void MyDraw(HWND hwnd)
{
    BitBlt(g_mdc,0,0,800,300,g_mdc1,0,0,WHITENESS);
    SelectObject(g_mdc1,car);
    BitBlt(g_mdc,x,160,112,64,g_mdc1,0,0,SRCCOPY);
    SelectObject(g_mdc1,mask);
    BitBlt(g_mdc2,0,0,112,64,g_mdc1,x,160,SRCCOPY);
    //在对应的森林模板中选择与 car 大小相同的图像,内容放入 dark 中
    GetObject(dark,sizeof(BITMAP),&bm);
    unsigned char *px1 = new unsigned char[bm.bmHeight*bm.bmWidthBytes];
    GetBitmapBits(dark,bm.bmHeight*bm.bmWidthBytes,px1);

    if (bm.bmBitsPixel != 32)
    {
        return;
    }

    int rgb_b,PixelBytes,tx,ty;

    PixelBytes = bm.bmBitsPixel / 8;

    for (ty=0;ty<bm.bmHeight;ty++)
    {
        for (tx=0;tx<bm.bmWidth;tx++)
```

```
                {
                    rgb_b = ty*bm.bmWidthBytes+tx*PixelBytes;
                    if(px[rgb_b] != 255 && px[rgb_b+1] != 255 && px[rgb_b+2] !=255)
                    {
                        b = px[rgb_b] & px1[rgb_b];
                        g = px[rgb_b+1] & px1[rgb_b+1];
                        r = px[rgb_b+2] & px1[rgb_b+2];
                        if(b == 0 && g==0 && r==0)
                        {
                            TextOut(g_mdc,300,50,L"在森林中",8);
                            break;
                        }
                    }
                }
            }
        }
        delete px1;

        BitBlt(g_mdc,0,0,800,300,g_mdc1,0,0,SRCAND);
        SelectObject(g_mdc1,forest);
        BitBlt(g_mdc,0,0,800,300,g_mdc1,0,0,SRCPAINT);
        BitBlt(g_hdc,0,0,800,300,g_mdc,0,0,SRCCOPY);
        if(x<-112)
            KillTimer(hwnd,1);
        x+=vx;
}


LRESULT CALLBACK WndProc(HWND hwnd, UINT message, WPARAM wParam, LPARAM lParam)
{
    switch (message)
    {
        case WM_TIMER:                                  //定时器消息
            MyDraw(hwnd);
            break;
        case WM_KEYDOWN:
            if (wParam == VK_ESCAPE)                    // 如果按下【ESC】键
                DestroyWindow(hwnd);
            break;
        case WM_DESTROY:
            KillTimer(hwnd,1);
            DeleteDC(g_mdc);
            ReleaseDC(hwnd,g_hdc);
            PostQuitMessage(0);
```

```
            break;
        default:
            return DefWindowProc(hwnd, message, wParam, lParam);
    }
    return 0;
}
```

7.3 粒子系统

粒子系统目前已经在造型方面比较成熟，在游戏程序设计中可以生成火焰、云朵、雪花等物体。本节讲述粒子系统的生成原理。

在粒子系统中首先应自定义一个结构体来表示粒子，结构体中的内容根据需要自行设置，如下面的这个结构体 snow 便是用来定义"雪花"粒子的：

```
struct snow
{
    int x;          //雪花的 X 坐标
    int y;          //雪花的 Y 坐标
    BOOL exist;     //雪花是否存在
};
```

结构体中有 3 个成员，分别是代表 X 坐标的 x，代表 Y 坐标的 y，与表示雪花是否存在的布尔型变量 exist。

定义完粒子结构体后，便可以在程序中建立一个粒子类型的数组，以便产生多个粒子供程序使用，如下面便是建立了一个大小为 50 的 snow 数组。

```
snow snowfly[50];
```

本书配套程序中给出了产生雪花的示例。

思考题

1．试在程序框架基础上实现一种三次曲线的运动过程。
2．简述框架检测碰撞过程的原理及其优、缺点。
3．简述颜色检测碰撞过程的原理及其优、缺点。

第 8 章
3D 游戏概述

> **本章学习要求：**
> 了解三维游戏制作的基本概念，这些概念包括 3D 坐标系及转换、模型对象的建立、模型变换、投影变换等。

人们能够看到真实的三维世界，是因为两只眼睛各自获取了同一个物体的图像，由大脑将这两幅有一定角度和距离差别的图像合成起来，获得了物体的深度信息，最终在大脑里形成了 3D 图像。

目前的计算机显示器是二维的，如何获取平面物体原有的深度信息呢？这里采用的基本方法是透视原理，透视原理引入了现实世界中近大远小的视觉效果，即加入了场景的深度信息，从而使得在显示器上看到 2D 图像时，产生如同观察 3D 图形时的效果。

本章从 3D 坐标系及转换、模型对象的建立、模型变换、投影变换等方面对 3D 游戏原理进行介绍，并对 3D 游戏的主要开发方法进行探讨。

8.1 3D 坐标系及转换

3D 游戏程序设计中用到的坐标系有模型坐标系、世界坐标系和观察坐标系。

模型坐标系是物体本身的坐标系统，为方便地创建物体，常在创建物体方便的位置和角度设置原点和坐标轴。

在 3D 游戏世界中，一个场景中由多个对象构成，虽然每个对象都有自己的模型坐标系统，但模型坐标系不能表示该物体在 3D 世界的位置，所以必须定义一个可供标识物体在 3D 世界特定位置的坐标系，这个坐标系就称为世界坐标系。

为了将 3D 游戏在计算机中显示出来，结合玩家的视角定义了观察坐标系，如图 8-1 所示，世界坐标系为 $O_W X_W Y_W Z_W$，观察坐标系为 $O_V X_V Y_V Z_V$，观察坐标系三个坐标轴的定义如下：

Z_V 为观察平面的法向，其单位矢量 $n=(n_x, n_y, n_z)$，X_V 为观察方向，其单位矢量 $u=(u_x, u_y, u_z)$，Y_V 的单位矢量 $v = n \times u = (v_x, v_y, v_z)$，由这三个相互垂直的单位矢量得到一个旋转变换矩阵：

$$R = \begin{bmatrix} u_x & v_x & n_x & 0 \\ u_y & v_y & n_y & 0 \\ u_z & v_z & n_z & 0 \\ 0 & 0 & 0 & 1 \end{bmatrix}$$

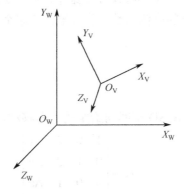

图 8-1　世界坐标系与观察坐标系

当一个坐标系中的物体转换到另一个坐标系时，其本质是构成该物体的点的坐标转换到另一个坐标系，这种转换往往通过坐标系转换矩阵完成。世界坐标系到观察坐标系的变换矩阵为：

$$\begin{bmatrix} u_x & v_x & n_x & 0 \\ u_y & v_y & n_y & 0 \\ u_z & v_z & n_z & 0 \\ 0 & 0 & 0 & 1 \end{bmatrix} \begin{bmatrix} 1 & 0 & 0 & \Delta x \\ 0 & 1 & 0 & \Delta y \\ 0 & 0 & 1 & \Delta z \\ 0 & 0 & 0 & 1 \end{bmatrix}$$

其中，Δx，Δy，Δz 为图 8-1 中观察坐标系原点在世界坐标系中的坐标值。

8.2　模型对象的建立

在游戏程序设计中，模型对象（包括角色和场景）是通过三维建模软件完成的，常用的三维建模软件包括 3ds Max 和 Maya，下面以 3ds Max 为例，将三维建模软件的基本功能做简单的介绍。

3ds Max 是 Autodesk 的一款三维建模软件，其功能包括模型制作、材质贴图、动画、粒子系统等。该软件应用领域较广，除了游戏开发外，还包括计算机动画、影视广告、工业设计、产品开发、建筑及室内设计等。

在游戏程序开发中，主要用到 3ds Max 的模型制作和材质贴图两部分。

8.3　视图变换

当角色引入到游戏后，就需要对游戏进行操作，包括操纵角色移动、旋转等，这些操作称为视图变换。在游戏程序设计中,视图变换通过游戏变换矩阵完成,基本的视图变换矩阵包括平移变换、旋转变换和缩放变换。这三种变换可以合成起来构成复杂的变换矩阵,以完成一些比较复杂的操作。

模型坐标的使用首先要引入齐次坐标的概念,齐次坐标是从几何学中发展起来的,表示用 $n+1$ 维向量表示一个 n 维向量。例如,在二维平面中,点 $P[x,y]$ 的齐次坐标表示为 $P[h_x, h_y, h]$。这里,h 是任一不为 0 的比例系数。类似地,三维空间中坐标点的齐次坐标表示为 $[h_x,h_y,h_z,h]$。

8.3.1 平移变换

所谓平移变换,就是物体在 3D 空间向给定的方向移动,其变换矩阵为:

$$T_S = \begin{bmatrix} 1 & 0 & 0 & \Delta x \\ 0 & 1 & 0 & \Delta y \\ 0 & 0 & 1 & \Delta z \\ 0 & 0 & 0 & 1 \end{bmatrix}$$

式中,T_S 称为平移变换矩阵,Δx、Δy、Δz 为物体在三个坐标轴方向的移动距离。

例如,物体上一点的坐标为 (x, y, z),该物体沿 x 轴正方向移动 20 个单位,到达目的点后其坐标值为 (x', y', z'),用平移矩阵表示这个过程如下:

$$\begin{bmatrix} x' \\ y' \\ z' \\ 1 \end{bmatrix} = \begin{bmatrix} 1 & 0 & 0 & 20 \\ 0 & 1 & 0 & 0 \\ 0 & 0 & 1 & 0 \\ 0 & 0 & 0 & 1 \end{bmatrix} \begin{bmatrix} x \\ y \\ z \\ 1 \end{bmatrix}$$

8.3.2 旋转变换

所谓旋转变换,就是物体在 3D 空间内绕着一个轴旋转,基本的旋转变换是绕 x 轴旋转、绕 y 轴旋转、绕 z 轴旋转,这三个旋转变换矩阵分别如下。

绕 x 轴旋转角度 a:

$$\begin{bmatrix} 1 & 0 & 0 & 0 \\ 0 & \cos a & -\sin a & 0 \\ 0 & \sin a & \cos a & 0 \\ 0 & 0 & 0 & 1 \end{bmatrix}$$

绕 y 轴旋转角度 a:

$$\begin{bmatrix} \cos a & 0 & \sin a & 0 \\ 0 & 1 & 0 & 0 \\ -\sin a & 0 & \cos a & 0 \\ 0 & 0 & 0 & 1 \end{bmatrix}$$

绕 z 轴旋转角度 a：

$$\begin{bmatrix} \cos a & -\sin a & 0 & 0 \\ \sin a & \cos a & 0 & 0 \\ 0 & 0 & 1 & 0 \\ 0 & 0 & 0 & 1 \end{bmatrix}$$

8.3.3 缩放变换

所谓缩放变换，就是对于构成物体的各个点，分别对个点的 x, y, z 坐标值进行缩放，其变换矩阵为：

$$\begin{bmatrix} S_x & 0 & 0 & 0 \\ 0 & S_y & 0 & 0 \\ 0 & 0 & S_z & 0 \\ 0 & 0 & 0 & 1 \end{bmatrix}$$

8.4 投影变换

投影变换就是把三维物体投射到投影面上得到二维平面图形。平面几何投影的生成过程如图 8-2 所示，在三维空间定义一个点为投影中心（或投影观察点），再定义一个不经过投影中心的投影面，连接投影中心与三维物体的线称为投影线。投影线或其延长线与投影平面相交，生成的物体的像就称为三维物体在二维投影面上的投影。

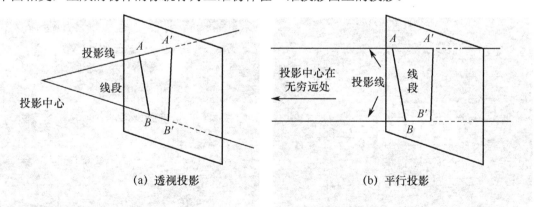

(a) 透视投影　　　　　　　　　　(b) 平行投影

图 8-2　线段 AB 的平面几何投影

平面投影的分类图如图 8-3 所示，投影分类的原则及相应的投影变换矩阵参阅计算机图形学中关于投影变换的讲解。

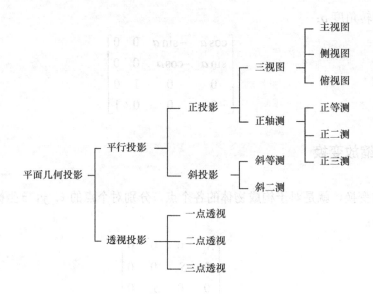

图 8-3　平面几何投影的分类

8.5　3D 游戏的开发手段

对于 Windows 平台下的大型游戏开发，执行效率是要放在第一位的。相对于其他主要使用的编程语言，C 与 C++执行效率最高，同时 DirectX 是微软的多媒体开发包，目前得到众多硬件厂商的支持，从而进一步保障游戏画面质量和运行效率，所以 C++与 DirectX 是目前绝大多数大型游戏采用的开发方案。如图 8-4 所示为 C++结合 DirectX 开发的游戏包括反恐精英、魔兽世界、地下城与勇士英雄联盟等。

CS online

魔兽世界

图 8-4　C++结合 DirectX 开发的游戏

　　　　地下城与勇士　　　　　　　　　　　英雄联盟

图 8-4　C++结合 DirectX 开发的游戏（续）

思考题

1. 复习 3D 游戏程序设计用到的坐标系及坐标系间的转换矩阵。
2. 复习基本视图变换及其相关的变换矩阵。
3. 投影变换的分类有哪些？

第 9 章

Direct 3D 简介

本章学习要求：
了解 Direct 3D 的体系结构，本章重点掌握 Direct 3D 初始化过程和 Direct 3D 渲染过程，本章的难点也是 Direct 3D 初始化过程和 Direct 3D 渲染过程。

DirectX 是 Microsoft 公司提供的应用程序接口，可以使得基于 Windows 平台的游戏和多媒体程序获得更好的执行效率和音响效果。DirectX 包括 Direct Graphics（Direct 3D 与 Direct Draw）、Direct Input、Direct Sound 等多个组件。同时，DirectX 是 Windows 系统硬件生产厂家的应用程序接口，当生产厂家的硬件设备（如显卡或声卡）支持 DirectX 时，游戏制作者在使用 DirectX API 函数时，就不必考虑相关的硬件设备，从而实现硬件设备无关性。Direct 3D 是 DirectX 最重要的组成部分，本章后面的相关章节主要讲解 Direct 3D 的使用方法。

9.1 Direct 3D 的体系结构

9.1.1 Direct 3D 的绘制流程

Direct 3D 是 DirectX 中关于图形绘制的内容，Direct 3D、GDI/GDI+与应用程序、显卡之间交互关系的结构图如图 9-1 所示。

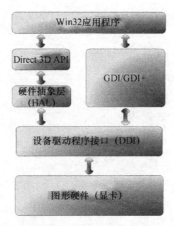

图 9-1 Direct 3D、GDI/GDI+与应用程序、显卡之间的交互关系

在图 9-1 中，Win32 应用程序可以使用 Direct 3D 以及 GDI/GDI+两套图形库完成与显卡的交互，Direct 3D 和 GDI/GDI+处于同一层次，也就是说，Direct 3D 和 GDI/GDI+都可以通过图形设备驱动程序接口（DDI）访问图形硬件，也就是显卡。但不同于 GDI/GDI+，Direct 3D 可以使用硬件抽象层（HAL，Hardware Abstraction Layer），通过图形设备驱动程序接口（DDI）来访问显卡，从而可以充分地发挥显卡的潜在性能，绘制出高性能高质量的精美图形来。硬件抽象层是由硬件制造商提供的特定于硬件的接口，Direct 3D 利用该接口实现了对显示硬件的直接访问，HAL 可以是显卡的一部分，也可以是和显卡驱动程序相互关联的单独动态链接库（DLL）。

大多数基于 Direcr3D API 设计开发的三维图形程序都运行于硬件抽象层 HAL 之上。使用 HAL 既能充分利用系统硬件的加速功能，又隐藏了硬件相关的设备特性，Direct 3D 利用 HAL 实现了设备无关的特性，通过 Direct 3D 可以编写出与设备无关的高效代码。

HAL 仅仅是与设备相关的代码，对于硬件不支持的功能，它并不提供软件模拟。在 DirectX 9.0 中，针对同一种显示设备，HAL 提供 3 种顶点处理模式：软件顶点处理、硬件顶点处理和混合顶点处理。还有，纯硬件设备是 HAL 的变体，纯硬件设备类型仅支持硬件顶点处理。

当 Direct 3D 提供的某些功能不被显卡支持时，如果需要使用这些功能的话，可以使用一下 Direct 3D 的辅助设备，也就是参考光栅设备（Reference Rasterizer Device，REF）。这种 REF 设备可以以软件运算的方式完全支持 Direct 3D API。借助 REF 设备，我们可以在代码中使用那些不为当前硬件所支持的特性，并对这些特征进行测试。

9.1.2 Direct 3D 绘制程序框架图

典型的 Direct 3D 程序框架图如图 9-2 所示。

从 Direct 3D 程序框架图中可以发现，Direct 3D 程序的基本结构主要可以分为下面 5 个部分。

（1）创建一个 Windows 窗口。
（2）Direct 3D 的初始化。
（3）消息循环
（4）渲染图形
（5）结束应用程序，清除在初始化阶段所创建的 COM 对象，并退出程序。

其中创建一个 Windows 窗口，消息循环和结束应用程序与普通的 Win32 应用程序一样，Direct 3D 的初始化将在本章讲解，而渲染图形是 Direct 3D 的核心内容，在以后的相关章节中将对渲染过程中涉及到的图形的绘制、变换、颜色、纹理和光照作详细的讲解。

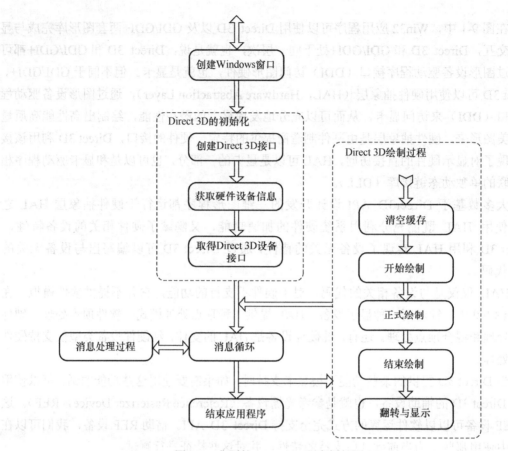

图 9-2　典型的 Direct 3D 程序框架图

9.2　Direct 3D 开发环境配置

本教材在 3D 游戏开发教学中使用的开发平台为 Visual Studio 2010，DirectX 的版本为 DirectX 9.0。

在安装好 Visual Studio 2010 后，单击菜单中的【视图】→【属性管理器】选项，打开窗口，右击【Microsoft.Cpp.Win32 user】选项（或者双击工程名），单击对话框中的【Properties】选项，单击菜单中的【View】→【Property Manage】选项，打开 Property 对话框，如图 9-5 所示，在其中进行 Include 文件与 Library 文件的设置，根据 DirectX SDK 的安装目录，分别在【Include Directories】和【Library Directories】添加 DirectX SDK 中对应的文件夹。

另外，可以在如图 9-6 所示的对话框中单击【Input】→【Additional Depandencies】选项，添加额外的库文件，则在程序中就不用添加以下代码：

```
#pragma comment(lib,"winmm.lib")
#pragma comment(lib,"d3d9.lib")
#pragma comment(lib,"d3dx9.lib")
```

第 9 章 | Direct 3D 简介

以上就是 Visual Studio 2010 中使用 DirectX 的环境配置过程。

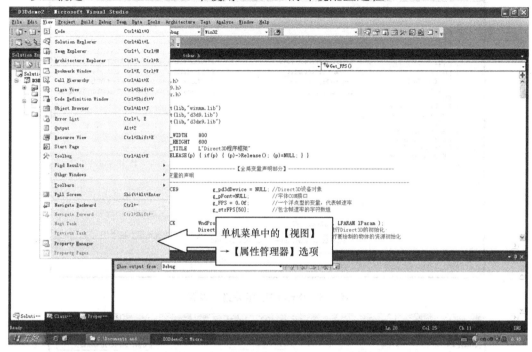

图 9-3 【视图】→【属性管理器】菜单选项

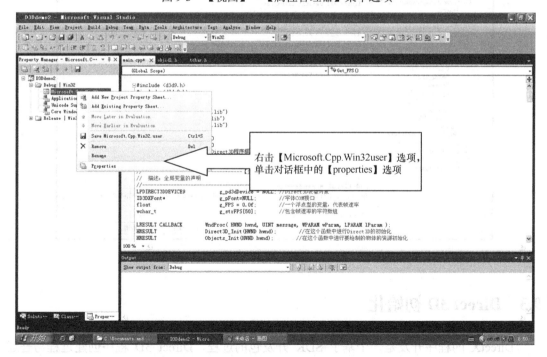

图 9-4 在属性管理窗口打开属性页面的过程

| 游戏程序设计基础 |

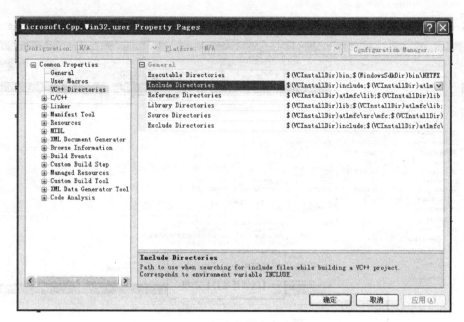

图 9-5 Direct 3D 相关路径设置

图 9-6 在 Property 对话框中添加额外的库文件

9.3 Direct 3D 初始化

　　DirectX 的程序开发是一个基于 SDK 开发包的过程。Direct 3D 程序创建过程与普通 Win32 窗口程序的创建过程基本相同，首先需要创建一个具有主窗口的应用程序，并且在显示和更新窗口之前初始化 Direct 3D，然后在消息循环中不断对 3D 场景进行绘制，消息循环机制与普通 Win32 程序相同。程序中有消息需要处理的话,先处理消息,再进行 Direct 3D 绘制过程,如果没有消息要处理的话,程序就会不停地渲染图形,直到退出 Direct 3D 程序。

Direct 3D 初始化包括四个步骤,分别为:创建 Direct 3D 接口对象、获取设备硬件信息、填充 D3DPRESENT_PARAMETERS 结构体、创建 Direct 3D 设备接口。

9.3.1 创建 Direct 3D 接口对象

Direct 3D 使用函数 Direct 3DCreate9()完成 Direct 3D 接口对象的创建, DirectX SDK 中 Direct 3DCreate9()函数的原型是这样声明的:

```
IDirect 3D9 * Direct 3DCreate9( UINT SDKVersion);
```

参数为 UINT 类型的 SDKVersion,表示当前使用的 DirectX SDK 的版本,用于确保应用程序所包含的所有头文件在编译时能够与 DirectX 运行时的 DLL 相匹配。

该函数返回指向 IDirect 3D9 接口的指针,如果 Direct 3DCreate9()函数执行失败的话,就会返回 NULL,表示在程序中包含的头文件的版本与运行时的 DLL 版本不匹配。

Direct 3D 初始化创建 Direct 3D 接口对象的相关函数代码为:

```
LPDIRECT 3D9 pD3D = NULL;                    //Direct 3D 接口对象的创建
if( NULL == ( pD3D = Direct 3DCreate9( D3D_SDK_VERSION ) ) )
        return E_FAIL;
```

9.3.2 获取设备的硬件信息

获取设备的硬件信息包括取得系统中所有可用的显卡的性能、显示模式、格式以及其他相关信息,主要是显卡是否支持硬件顶点运算。在 DirectX 9 中, IDirect 3D9 接口提供了 GetDeviceCaps 方法获取指定设备的性能参数,这个方法会把所获取的硬件设备的信息保存到一个 D3DCAPS9 结构体当中。GetDeviceCaps 方法在 DirectX SDK 中的原型为:

```
HRESULT GetDeviceCaps(
    [in]    UINT Adapter,
    [in]    D3DDEVTYPE DeviceType,
    [out]   D3DCAPS9 *pCaps
    );
```

◆ 第一个参数为 UINT 类型的 Adapter,表示使用的显卡的序号,通常使用其默认值 D3DADAPTER_DEFAULT,表示当前使用的显卡。

◆ 第二个参数为 D3DDEVTYPE 类型的 DeviceType,表示设备的类型,取值为 D3DDEVTYPE 结构体的某一成员,D3DDEVTYPE 结构体声明如下:

```
typedef enum D3DDEVTYPE {
    D3DDEVTYPE_HAL     = 1,
    D3DDEVTYPE_NULLREF = 4,
```

```
            D3DDEVTYPE_REF          = 2,
            D3DDEVTYPE_SW           = 3,
            D3DDEVTYPE_FORCE_DWORD  = 0xffffffff
            } D3DDEVTYPE, *LPD3DDEVTYPE;
```

本教材仅涉及到硬件设备类型 D3DDEVTYPE_HAL 与软件设备类型 D3DDEVTYPE_REF。

◆ 第三个参数为 D3DCAPS9 类型的*pCaps，该指针指向一个前面提到过的用于接收包含设备信息的 D3DCAPS9 结构体的指针，该结构体中的内容是描述显卡的性能参数。

顶点是 3D 图形学中的基本元素，Direct 3D 有两种不同的顶点运算方式，也就是硬件顶点运算与软件顶点运算。硬件顶点运算得到了显卡的支持，可以使用硬件专有的加速功能，其执行速度将远远快于软件顶点运算方式。在 Direct 3D 初始化过程中，通过 GetDeviceCaps 方法检查显卡支持的顶点运算模式。

获取设备的硬件信息的具体过程如下：

```
    D3DCAPS9 caps; int vp = 0;
    if( FAILED( pD3D->GetDeviceCaps( D3DADAPTER_DEFAULT, D3DDEVTYPE_HAL,
&caps ) ) )
    {
    return E_FAIL;
    }
    if( caps.DevCaps & D3DDEVCAPS_HWTRANSFORMANDLIGHT )
        vp = D3DCREATE_HARDWARE_VERTEXPROCESSING;    //支持硬件顶点运算
    else
        vp = D3DCREATE_SOFTWARE_VERTEXPROCESSING;    //不支持硬件顶点运算
```

其中，D3DDEVCAPS_HWTRANSFORMANDLIGHT 宏表示显卡可以硬件支持变换和光照。

9.3.3 填充 D3DPRESENT_PARAMETERS 结构体

填充 D3DPRESENT_PARAMETERS 结构体的目的是为创建 Direct 3D 设备接口做准备的。使用 Direct 3D 需要进行这个结构体的填充工作。DirectX SDK 中 D3DPRESENT_PARAMETERS 的原型声明为：

```
    typedef struct D3DPRESENT_PARAMETERS {
        UINT                  BackBufferWidth;
        UINT                  BackBufferHeight;
        D3DFORMAT             BackBufferFormat;
        UINT                  BackBufferCount;
        D3DMULTISAMPLE_TYPE   MultiSampleType;
        DWORD                 MultiSampleQuality;
        D3DSWAPEFFECT         SwapEffect;
```

```
            HWND                    hDeviceWindow;
            BOOL                    Windowed;
            BOOL                    EnableAutoDepthStencil;
            D3DFORMAT               AutoDepthStencilFormat;
            DWORD                   Flags;
            UINT                    FullScreen_RefreshRateInHz;
            UINT                    PresentationInterval;
        } D3DPRESENT_PARAMETERS, *LPD3DPRESENT_PARAMETERS;
```

各个参数的含义如下：
- UINT 类型的 BackBufferWidth，指定后台缓冲区的宽度。
- UINT 类型的 BackBufferHeigh，指定后台缓冲区的高度。
- D3DFORMAT 类型的 BackBufferFormat，指定后台缓冲区的保存像素格式，可以用 D3DFORMAT 枚举定义。可以用 GetDisplayMode 获取当前像素格式。
- UINT 类型的 BackBufferCount，指定后台缓冲区的数量。
- D3DMULTISAMPLE_TYPE 类型的 MultiSampleType，表示多重采样的类型。通常我们将 MultiSampleType 设置为 D3DMULTISAMPLE_NONE。
- DWORD 类型的 MultiSampleQuality，表示多重采样的格式，通常我们将其设置为 0。
- D3DSWAPEFFECT 类型的 SwapEffect，用于指定 Direct 3D 如何将后台缓冲区的内容复制到前台的缓存中，通常将其设置为 D3DSWAPEFFECT_DISCARD。
- HWND 类型的 hDeviceWindow，该参数表示的窗口句柄，指定在哪个窗口上进行绘制。这个参数也可以设为 NULL，表示对当前被激活的窗口进行绘制。
- BOOL 类型的 Windowed，表示绘制窗体的显示模式，TRUE 表示使用窗口模式，FALSE 表示使用全屏模式。
- BOOL 类型的 EnableAutoDepthStencil，表示 Direct 3D 是否为应用程序自动管理深度缓存，TRUE 表示需要自动管理深度缓存，需要对下一个成员 AutoDepthStencilFormat 进行相关像素格式的设置。
- D3DFORMAT 类型的 AutoDepthStencilFormat，如果 EnableAutoDepthStencil 成员设置为 TRUE，需要指定 AutoDepthStencilFormat 的深度缓冲的像素格式。具体格式可以在结构体 D3DFORMAT 中进行选取。
- DWORD 类型的 Flags，表示附加属性，通常都设置为 0。
- UINT 类型的 FullScreen_RefreshRateInHz，表示在全屏模式时指定的屏幕的刷新率，在全屏模式时在 EnumAdapterModes 枚举类型中进行取值，在全屏模式时将其设置为默认值 D3DPRESENT_RATE_DEFAULT。窗口模式时这个参数没有意义，可设置为 0。
- UINT 类型的 PresentationInterval，用于指定后台缓冲区与前台缓冲区的最大交换频率，可在 D3DPRESENT 中进行取值。

填充 D3DPRESENT_PARAMETERS 结构体的具体代码如下：

```
        D3DPRESENT_PARAMETERS d3dpp;
```

```
ZeroMemory(&d3dpp, sizeof(d3dpp));
d3dpp.BackBufferWidth = SCREEN_WIDTH;
d3dpp.BackBufferHeight = SCREEN_LEIGHT;
d3dpp.BackBufferFormat = D3DFMT_A8R8G8B8;
d3dpp.BackBufferCount = 1;
d3dpp.MultiSampleType= D3DMULTISAMPLE_NONE;
d3dpp.MultiSampleQuality = 0;
d3dpp.SwapEffect= D3DSWAPEFFECT_DISCARD;
d3dpp.hDeviceWindow= hwnd;
d3dpp.Windowed= true;
d3dpp.EnableAutoDepthStencil= true;
d3dpp.AutoDepthStencilFormat= D3DFMT_D24S8;
d3dpp.Flags = 0;
d3dpp.FullScreen_RefreshRateInHz = 0;
d3dpp.PresentationInterval= D3DPRESENT_INTERVAL_IMMEDIATE;
```

9.3.4　IDirect 3D 设备接口的创建

设备接口的创建通过 Direct 3D 接口对象调用 IDirect 3D9::CreateDevice 方法完成，IDirect 3D9::CreateDevice 方法的原型如下：

```
HRESULT CreateDevice(
    [in]            UINT Adapter,
    [in]            D3DDEVTYPE DeviceType,
    [in]            HWND hFocusWindow,
    [in]            DWORD BehaviorFlags,
    [in, out]       D3DPRESENT_PARAMETERS *pPresentationParameters,
    [out, retval]      IDirect 3DDevice9 **ppReturnedDeviceInterface
);
```

- ◆ UINT 类型的 Adapter，表示将创建的 IDirect 3DDevice9 接口对象所代表的显卡序号，通常使用 D3DADAPTER_DEFAULT，或者取 0，表示默认的显卡。在 d3d9.h 头文件中定义了这个宏：

```
#define D3DADAPTER_DEFAULT 0
```

- ◆ D3DDEVTYPE 类型的 DeviceType，指定 Direct 3D 的设备类型，前面讲到过，可以在 D3DDEVTYPE 枚举类型中取值，一般取 D3DDEVTYPE_HAL，表示硬件设备类型。
- ◆ HWND 类型的 hFocusWindow，一个窗口句柄，指定当 Direct 3D 程序从前台变换到后台时的提示窗口。在全屏模式运行时，这个窗口必须是最上层显示的窗口，当窗口模式运行时，这个成员可为 NULL。为了达到正确的显示效果，一般把这个窗口设为和 Direct 3D 初始化第三步里 D3DPRESENT_PARAMETERS 结构体唯一的窗口句柄成员 hDevice Window 一致。

- ◆ DWORD 类型的 BehaviorFlags，为设备行为标识，该参数取 D3DCREATE_HARDWARE_VERTEXPROCESSING（硬件顶点运算）或者 D3DCREATE_SOFTWARE_VERTEXPROCESSING（软件顶点运算）。
- ◆ D3DPRESENT_PARAMETERS 类型的*pPresentationParameters，在这里填一个已经完成初始化的 D3DPRESENT_PARAMETERS 类型的结构体，初始化第三步填充的结构体就是在这里使用的。
- ◆ IDirect 3DDevice9 类型的**ppReturnedDeviceInterface，即指定创建的 Direct 3D 设备接口的指针，调用 CreateDevice 函数，就是为了得到这个 Direct 3D 设备接口的指针。

Direct 3D 初始化第四步的代码如下：

```
if(FAILED(pD3D->CreateDevice(D3DADAPTER_DEFAULT, D3DDEVTYPE_HAL,
                    hwnd, vp, &d3dpp, &g_pd3dDevice)))
                    return E_FAIL;
```

Direct 3D 初始化第三步中填充 D3DPRESENT_PARAMETERS 结构体，结构体的第八个参数 HWND 类型的 hDeviceWindow 是窗口句柄，指定在哪个窗口上进行绘制，通常都填 hwnd，相关代码为：

```
D3DPRESENT_PARAMETERS d3dpp;
d3dpp.hDeviceWindow = hwnd;
```

在初始化 Direct 3D 的第四步创建设备填内容中，

```
pD3D->CreateDevice(D3DADAPTER_DEFAULT, D3DDEVTYPE_HAL,
                    hwnd, vp, &d3dpp, &g_pd3dDevice)))
```

CreateDevice 函数的倒数第二个参数中为 D3DPRESENT_PARAMETERS 的实例 d3dpp，最后一个参数 IDirect 3DDevice9 类型的**ppReturnedDeviceInterface 就是指向 Direct 3D 设备接口的句柄，这个过程就间接地把 hwnd 和 Direct 3D 设备联系起来了，绘制操作是通过 g_pd3dDevice 来完成的。

9.4 Direct 3D 渲染

Direct 3D 渲染过程主要分为三个步骤完成，分别为清屏操作、绘制、翻转显示。

9.4.1 清屏操作

绘制画面之前需要通过 IDirect 3DDevice9 接口的 Clear 方法将后台缓冲区中的内容进行清空，并设置表面填充颜色。

```
IDirect 3DDevice9::Clear 的原型声明为：
HRESULT Clear(
```

```
           [in] DWORD Count,
           [in] const D3DRECT *pRects,
           [in] DWORD Flags,
           [in] D3DCOLOR Color,
           [in] float Z,
           [in] DWORD Stencil
      );
```

各个参数含义如下：

◆ 第一个参数是 DWORD 类型的 Count，指定了第二个参数 pRect 指向的矩形数组中矩形的数量。如果 pRects 设置为 NULL，这个参数必须设置为 0。如果 pRects 为有效的矩形数组的指针的话，Count 必须为一个非零值。

◆ 第二个参数是 const D3DRECT 类型的*pRects，指向一个 D3DRECT 结构体的数组指针，表明需要清空的目标矩形区域。

◆ 第三个参数是 DWORD 类型的 Flags 指定需要清空的缓冲区。为 D3DCLEAR_STENCIL、D3DCLEAR_TARGET、D3DCLEAR_ZBUFFER 的任意组合，分别表示模板缓冲区、颜色缓冲区、深度缓冲区，用"|"连接。

◆ 第四个参数是 D3DCOLOR 类型的 Color，用于指定在清空颜色缓冲区之后每个像素对应的颜色值，这里的颜色用 D3DCOLOR 表示，这里只需要知道一种 D3DCOLOR_XRGB(R, G, B)就可以了，其中 R、G、B 为设定的三原色的值，在 0～255 之间取值，如 D3DCOLOR_XRGB(123, 76, 228)。

◆ 第五个参数是 float 类型的 Z，用于指定清空深度缓冲区后每个像素对应的深度值。

◆ 第六个参数是 DWORD 类型的 Stencil，用于指定清空模板缓冲区之后模板缓冲区中每个像素对应的模板值。

Clear 方法的调用示例如下：

```
    g_pd3dDevice->Clear(0, NULL, D3DCLEAR_TARGET, D3DCOLOR_XRGB(0, 0, 0),
1.0f, 0);
```

其中，g_pd3dDevice 表示创建的 Direct 3D 设备对象

9.4.2 绘制

这个过程首先调用接口函数 g_pd3dDevice->BeginScene()，然后进行相关绘制，最后调用接口函数 g_pd3dDevice->EndScene()。其中 g_pd3dDevice 表示创建的 Direct 3D 设备对象，IDirect3DDevice9::BeginScene()没有参数，如果调用成功，返回值就为 HRESULT。这个函数和 IDirect3DDevice9:: EndScene()总是成对出现，BeginScene 表示开始绘制，EndScene 表示结束绘制。

9.4.3 翻转显示

绘制完成后，如果不进行翻转显示操作是看不到绘制的结果的。因为绘制的内容是在后台缓存完成的，需要把后台缓存的内容翻转到前台缓存中，就要用到函数 Present()，该

函数在 Direct 3D SDK 中的原型为：

```
HRESULT Present(
    [in]  const RECT *pSourceRect,
    [in]  const RECT *pDestRect,
    [in]  HWND hDestWindowOverride,
    [in]  const RGNDATA *pDirtyRegion
);
```

Present 方法的参数如下：
- 第一个参数是 const RECT 类型的*pSourceRect，表示指向复制源矩形区域的指针，一般将其设置为 NULL。
- 第二个参数是 const RECT 类型的*pDestRect，表示指向复制目标矩形区域的指针，一般也将其设置为 NULL。
- 第三个参数是 HWND 类型的 hDestWindowOverride，指向当前绘制的窗口句柄。如果我们设置为 0 或 NULL 就表示取初始化第三步中填充的 D3DPRESENT_PARAMETERS 结构体中的 hDeviceWindows 的值，一般将其设置为 NULL。
- 第四个参数是 const RGNDATA 类型的*pDirtyRegion，表示指向最小更新区域的指针，一般将其设置为 NULL。

Present 方法调用过程一般表示如下：

```
g_pd3dDevice->Present(NULL, NULL, NULL, NULL);
```

9.4.4 Direct 3D 的渲染过程

Direct 3D 的整个渲染过程可以表示为：
清屏操作：

```
g_pd3dDevice->Clear(0, NULL, D3DCLEAR_TARGET, D3DCOLOR_XRGB(0, 0, 0), 1.0f, 0);
```

绘制：

```
g_pd3dDevice->BeginScene();
绘制操作
g_pd3dDevice->EndScene();
```

翻转与显示：

```
g_pd3dDevice->Present(NULL, NULL, NULL, NULL);
```

Direct 3D 使用了一种称作交换链（Pape Flipping）的技术来让画面能够平滑的过渡。交换链由两个或者两个以上的表面组成，而每个表面都是存储着 2D 图形的二维数组，数组中每个元素表示屏幕上的一个像素。

对于三维物体，Direct 3D 使用深度缓冲区为最终绘制的图像的每个像素存储一个深度信息，深度缓冲区只包含了特定像素的深度信息。

前台缓冲区和后台缓冲区是位于系统内存或显存里的内存块，对应于将要显示的二维显示区域。前台缓冲区是显示在显示屏上的，后台缓冲区则主要用于图形绘制的准备工作。后台缓冲区中的内容准备好之后，就可以和前台缓冲区进行一个交换操作，这就是所谓的交换链页面翻转。通过前台缓冲区和后台缓冲区的配合，运用交换链技术，就可以绘制出流畅的动画图像。交换链技术的实现过程如图9-7所示。

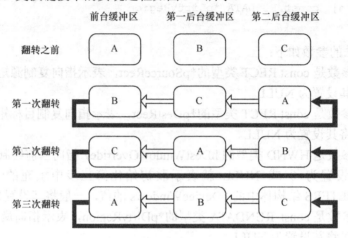

图 9-7　交换链技术的实现过程

在 Direct 3D 中，通常是通过在一系列后台缓冲区中生成动画帧，然后再将它们通过交换链技术逐个提交到前台来显示，这一系列的后台缓冲区被组织成交换链，交换链是按顺序逐个提交到前台来显示的多个后台缓冲区的集合。

在 Direct 3D 中创建的每一个渲染设备至少要有一个交换链， Direct 3D 初始化过程的第三步中填充了 D3DPRESENT_PARAMETERS 结构体，其中设置的 BackBufferCount 成员告诉 Direct 3D 创建的 Direct 3D 设备对象的交换链中后台缓冲区的数量，在图 10-3 中设置了两个后台缓冲区。

Direct 3D 初始化过程的第四步调用 IDirect 3D9::CreateDevice()方法的时候。由 IDirect 3D9::CreateDevice()方法完成 Direct 3D 设备对象和相应交换链的创建。

交换链的翻转操作通过调用 IDirect 3DDevice9::Present()函数完成，页面翻转过程实际上是指向前台缓冲区和后台缓冲区表面内存的指针在进行着调换操作，即页面翻转是经过交换指向表面内存的指针来实现的，而不是通过复制表面的内容实现的。

9.5　Direct 3D 中二维文本的绘制

Direct 3D 中，ID3DXFont 接口负责着 Direct 3D 应用程序中创建字体以及实现二维文本的绘制，该接口封装了 Windows 字体和 Direct 3D 设备指针。ID3DXFont 内部实际上还是借用 GDI 实现的文本的绘制。

Direct 3D 中用于创建字体的一个函数为 D3DXCreateFont，D3DXCreateFont 函数的声明为：

```
HRESULT   D3DXCreateFont(
    __in    LPDIRECT 3DDEVICE9 pDevice,
    __in    INT Height,
    __in    UINT Width,
    __in    UINT Weight,
    __in    UINT MipLevels,
    __in    BOOL Italic,
    __in    DWORD CharSet,
    __in    DWORD OutputPrecision,
    __in    DWORD Quality,
    __in    DWORD PitchAndFamily,
    __in    LPCTSTR pFacename,
    __out   LPD3DXFONT *ppFont
);
```

该函数中各参数含义如下：
◆ 第一个参数是 LPDIRECT 3DDEVICE9 类型的 pDevice，也就是 Direct 3D 设备的指针。
◆ 第二个参数是 INT 类型的 Height，表示字体的高度。
◆ 第三个参数是 UINT 类型的 Width，表示字体的宽度。
◆ 第四个参数是 UINT 类型的 Weight，表示字体的权重值。
◆ 第五个参数是 UINT 类型的 MipLevels，字体的过滤属性。
◆ 第六个参数是 BOOL 类型的 Italic，表示是否为斜体，TRUE 表示是斜体，FALSE 表示不是斜体。
◆ 第七个参数是 DWORD 类型的 CharSet，表示字体所使用的字符集，通常设置为默认值 DEFAULT_CHARSET，表示使用默认字符集。
◆ 第八个参数是 DWORD 类型的 OutputPrecision，表示输出文本的精度，通常设置为默认值 OUT_DEFAULT_PRECIS。
◆ 第九个参数是 DWORD 类型的 Quality，表示指定字符的输出质量，通常也设置为 DEFAULT_QUALITY。
◆ 第十个参数是 DWORD 类型的 PitchAndFamily，用于指定字体的索引号，通常都设置为 0。
◆ 第十一个参数是 LPCTSTR 类型的 pFacename，指定要创建的字体名称，如"微软雅黑"等。
◆ 第十二个参数是 LPD3DXFONT 类型的*ppFont，用于存储字体指针，进行字体绘制相关的操作。

完成了字体的创建后，调用绘制文本的函数 ID3DXFont::DrawText()，该函数的原型如下：

```
INT DrawText(
  [in]  LPD3DXSPRITE pSprite,
  [in]  LPCTSTR pString,
  [in]  INT Count,
```

```
    [in]  LPRECT pRect,
    [in]  DWORD Format,
    [in]  D3DCOLOR Color
);
```

ID3DXFont::DrawText()的参数含义如下:

- 第一个参数是 LPD3DXSPRITE 类型的 pSprite,指定字符串所属的 ID3DXSprite 对象接口,我们可以把它设置为 0,表示在当前窗口绘制字符串。
- 第二个参数是 LPCTSTR 类型的 pString,指定我们将要绘制的字符串内容。
- 第三个参数是 INT 类型的 Count,指定绘制字符的个数,如果取–1 表示函数会自动绘制到字符串结束为止。
- 第四个参数是 LPRECT 类型的 pRect,表示用于绘制字符串的矩形区域位置。
- 第五个参数是 DWORD 类型的 Format,指定字符串在 pRect 矩形区域中的摆放属性。比较常用的属性见表 9-1 所示的 Format 参数表,各个 Format 参数可以用"|"符号联合起来使用,如 DT_CENTER | DT_VCENTER。

表 9-1 Format 参数表

Format 参数的取值	精析
DT_BOTTOM	表示字符串位于 rect 底部,和 DT_SINGLELINE 共存
DT_CALCRECT	根据字符串长度自动调节矩形区域大小
DT_CENTER	表示字符串水平居中
DT_LEFT	表示字符串左对齐
DT_NOCLIP	表示不对字符串进行裁剪
DT_RIGHT	表示字符串右对齐
DT_SINGLELINE	表示字符串单行显示
DT_TOP	表示字符串位于矩形区域顶部
DT_VCENTER	表示字符串位于矩形区域垂直居中

- 第六个参数是 D3DCOLOR 类型的 Color,用于指定字符串显示的颜色值。

总之,在 Direct 3D 中绘制 2D 文本需要完成下面两步:

(1) 调用 D3DXCreateFont()创建字体;
(2) 拿起创建的字体,调用 ID3DXFont::DrawText()进行文本的绘制。

9.6 Direct 3D 框架程序

本节给出完成了 Direct 3D 初始化和 Direct 3D 渲染设置的框架程序,该程序是后面 3D 程序开发的基础。

```
#include <d3d9.h>
#include <d3dx9.h>
#include <tchar.h>
```

```cpp
#pragma comment(lib,"winmm.lib")
#pragma comment(lib,"d3d9.lib")
#pragma comment(lib,"d3dx9.lib")

#define WINDOW_WIDTH    800
#define WINDOW_HEIGHT   600
#define WINDOW_TITLE    L"Direct 3D 程序框架"
#define SAFE_RELEASE(p) { if(p) { (p)->Release(); (p)=NULL; } }

//------------------------【全局变量声明部分】-------------------------------
// 描述：全局变量的声明
//------------------------------------------------------------------------
LPDIRECT 3DDEVICE9          g_pd3dDevice = NULL;   //Direct 3D 设备对象
ID3DXFont*                  g_pFont=NULL;          //字体COM接口

    LRESULT CALLBACK        WndProc( HWND hwnd, UINT message, WPARAM wParam,
LPARAM lParam );
    HRESULT                 Direct 3D_Init(HWND hwnd);
                            //在这个函数中进行Direct 3D的初始化
    HRESULT                 Objects_Init(HWND hwnd);
                            //在这个函数中进行要绘制的物体的资源初始化
    VOID                    Direct 3D_Render(HWND hwnd);
                            //在这个函数中进行Direct 3D渲染代码的书写
    VOID                    Direct 3D_CleanUp( );
                            //在这个函数中清理COM资源以及其他资源

//------------------------【WinMain( )函数】--------------------------------
// 描述：Windows 应用程序的入口函数
//------------------------------------------------------------------------
    int WINAPI WinMain(HINSTANCE hInstance, HINSTANCE hPrevInstance,LPSTR
lpCmdLine, int nShowCmd)
    {
        WNDCLASSEX wndClass = { 0 };
        wndClass.cbSize = sizeof( WNDCLASSEX ) ;
        wndClass.style = CS_HREDRAW | CS_VREDRAW;
        wndClass.lpfnWndProc = WndProc;
        wndClass.cbClsExtra    = 0;
        wndClass.cbWndExtra    = 0;
        wndClass.hInstance = hInstance;
        wndClass.hIcon=(HICON)::LoadImage(NULL,L"icon.ico",IMAGE_ICON,0,0,
LR_DEFAULTSIZE
                        |LR_LOADFROMFILE);
        wndClass.hCursor = LoadCursor( NULL, IDC_ARROW );
        wndClass.hbrBackground=(HBRUSH)GetStockObject(GRAY_BRUSH);
```

```cpp
        wndClass.lpszMenuName = NULL;
        wndClass.lpszClassName = L"3DGameBase";

        if( !RegisterClassEx( &wndClass ) )
            return -1;

        HWND hwnd = CreateWindow( L"3DGameBase ",WINDOW_TITLE, WS_OVERLAPPEDWINDOW,
                        CW_USEDEFAULT, CW_USEDEFAULT, WINDOW_WIDTH,
                        WINDOW_HEIGHT, NULL, NULL, hInstance, NULL );

        if (!(S_OK==Direct 3D_Init (hwnd)))
        {
            MessageBox(hwnd, _T("Direct 3D 初始化失败~！"), _T("消息窗口"), 0);
        }

        MoveWindow(hwnd,250,80,WINDOW_WIDTH,WINDOW_HEIGHT,true);
        ShowWindow( hwnd, nShowCmd );
        UpdateWindow(hwnd);

        PlaySound(L"Final Fantasy XIII.wav", NULL, SND_FILENAME | SND_ASYNC|SND_LOOP);

        MSG msg = { 0 };
        while( msg.message != WM_QUIT )
        {
            if( PeekMessage( &msg, 0, 0, 0, PM_REMOVE ) )
            {
                TranslateMessage( &msg );
                DispatchMessage( &msg );
            }
            else
            {
                Direct 3D_Render(hwnd);
            }
        }
        UnregisterClass(L"3DGameBase ", wndClass.hInstance);
        return 0;
    }

    LRESULT CALLBACK WndProc( HWND hwnd, UINT message, WPARAM wParam, LPARAM lParam )
    {
        switch( message )
        {
```

```cpp
        case WM_PAINT:
            Direct 3D_Render(hwnd);
            ValidateRect(hwnd, NULL);
            break;

        case WM_KEYDOWN:
            if (wParam == VK_ESCAPE)
                DestroyWindow(hwnd);
            break;

        case WM_DESTROY:
            Direct 3D_CleanUp();
            //调用自定义的资源清理函数Game_CleanUp()进行退出前的资源清理
            PostQuitMessage( 0 );
            break;
        default:
            return DefWindowProc( hwnd, message, wParam, lParam );
    }
    return 0;
}

//--------------------【Direct 3D_Init()函数】--------------------
// 描述：Direct 3D初始化函数，进行Direct 3D的初始化
//---------------------------------------------------------------
HRESULT Direct 3D_Init(HWND hwnd)
{
    //-----------------------------------------------------------
    //【Direct 3D初始化步骤一】：创建Direct 3D接口对象，以便用该Direct 3D对象创建Direct 3D设备对象
    //-----------------------------------------------------------
    LPDIRECT 3D9  pD3D = NULL; //Direct 3D接口对象的创建
    if( NULL == ( pD3D = Direct 3DCreate9( D3D_SDK_VERSION ) ) )  //初始化Direct 3D接口对象，并进行DirectX版本协商
        return E_FAIL;

    //-----------------------------------------------------------
    //【Direct 3D初始化步骤二】：获取硬件设备信息
    //-----------------------------------------------------------
    D3DCAPS9 caps; int vp = 0;
    if( FAILED( pD3D->GetDeviceCaps( D3DADAPTER_DEFAULT, D3DDEVTYPE_HAL, &caps ) ) )
    {
        return E_FAIL;
    }
```

```cpp
        if( caps.DevCaps & D3DDEVCAPS_HWTRANSFORMANDLIGHT )
            vp = D3DCREATE_HARDWARE_VERTEXPROCESSING;      //支持硬件顶点运算,采用硬件顶点运算
        else
            vp = D3DCREATE_SOFTWARE_VERTEXPROCESSING;      //不支持硬件顶点运算,无奈只好采用软件顶点运算

        //-------------------------------------------------------------------
        // 【Direct 3D 初始化步骤三】：填充 D3DPRESENT_PARAMETERS 结构体
        //-------------------------------------------------------------------
        D3DPRESENT_PARAMETERS d3dpp;
        ZeroMemory(&d3dpp, sizeof(d3dpp));
        d3dpp.BackBufferWidth            = WINDOW_WIDTH;
        d3dpp.BackBufferHeight           = WINDOW_HEIGHT;
        d3dpp.BackBufferFormat           = D3DFMT_A8R8G8B8;
        d3dpp.BackBufferCount            = 1;
        d3dpp.MultiSampleType            = D3DMULTISAMPLE_NONE;
        d3dpp.MultiSampleQuality         = 0;
        d3dpp.SwapEffect                 = D3DSWAPEFFECT_DISCARD;
        d3dpp.hDeviceWindow              = hwnd;
        d3dpp.Windowed                   = true;
        d3dpp.EnableAutoDepthStencil     = true;
        d3dpp.AutoDepthStencilFormat     = D3DFMT_D24S8;
        d3dpp.Flags                      = 0;
        d3dpp.FullScreen_RefreshRateInHz = 0;
        d3dpp.PresentationInterval       = D3DPRESENT_INTERVAL_IMMEDIATE;

        //-------------------------------------------------------------------
        // 【Direct 3D 初始化步骤四】：创建 Direct 3D 设备接口
        //-------------------------------------------------------------------
        if(FAILED(pD3D->CreateDevice(D3DADAPTER_DEFAULT, D3DDEVTYPE_HAL,
            hwnd, vp, &d3dpp, &g_pd3dDevice)))
            return E_FAIL;

        SAFE_RELEASE(pD3D)  //LPDIRECT 3D9 接口对象的使命完成,将其释放掉

            if(!(S_OK==Objects_Init(hwnd))) return E_FAIL;//调用一次 Objects_Init,进行渲染资源的初始化
        return S_OK;
}

//----------------------------------【Object_Init( )函数】--------------
// 描述：渲染资源初始化函数,在此函数中进行要被渲染的物体的资源的初始化
//---------------------------------------------------------------------
HRESULT Objects_Init(HWND hwnd)
```

```cpp
{
    //创建字体
    if(FAILED(D3DXCreateFont(g_pd3dDevice, 36, 0, 0, 1, false, DEFAULT_CHARSET,
        OUT_DEFAULT_PRECIS, DEFAULT_QUALITY, 0, _T("微软雅黑"), &g_pFont)))
        return E_FAIL;
    return S_OK;
}


//------------------------【Direct 3D_Render()函数】-----------------------
// 描述：使用 Direct 3D 进行渲染
//-------------------------------------------------------------------------
void Direct 3D_Render(HWND hwnd)
{
    //-------------------------------------------------------------------------
    // 【Direct 3D 渲染步骤一】：清屏操作
    //-------------------------------------------------------------------------
    g_pd3dDevice->Clear(0, NULL, D3DCLEAR_TARGET, D3DCOLOR_XRGB(0, 0, 0), 1.0f, 0);

    //定义一个矩形，用于获取主窗口矩形
    RECT formatRect;
    GetClientRect(hwnd, &formatRect);

    //-------------------------------------------------------------------------
    // 【Direct 3D 渲染步骤二】：开始绘制
    //-------------------------------------------------------------------------
    g_pd3dDevice->BeginScene();                    // 开始绘制
    //-------------------------------------------------------------------------
    // 【Direct 3D 渲染步骤三】：正式绘制
    //-------------------------------------------------------------------------
    //在纵坐标 250 处写文字
    formatRect.top = 250;
    g_pFont->DrawText(0, _T("3D 游戏开发的框架！"), -1, &formatRect,
        DT_CENTER, D3DCOLOR_XRGB(255,255,255));
    //-------------------------------------------------------------------------
    // 【Direct 3D 渲染步骤四】：结束绘制
    //-------------------------------------------------------------------------
    g_pd3dDevice->EndScene();                      // 结束绘制
    //-------------------------------------------------------------------------
    // 【Direct 3D 渲染步骤五】：显示翻转
    //-------------------------------------------------------------------------
    g_pd3dDevice->Present(NULL, NULL, NULL, NULL);  // 翻转与显示
}
```

```
//--------------------【Direct 3D_CleanUp( )函数】----------------------
//    描述：资源清理函数，在此函数中进行程序退出前资源的清理工作
//---------------------------------------------------------------------
void Direct 3D_CleanUp()
{
    //释放COM接口对象
    SAFE_RELEASE(g_pFont)
    SAFE_RELEASE(g_pd3dDevice)
}
```

思考题

1. 举例说明 Direct 3D 的绘制原理。
2. 举例说明 Direct 3D 的初始化过程。
3. 举例说明 Direct 3D 的渲染过程。

第 10 章
Direct 3D 图形绘制基础

本章学习要求:
掌握以顶点缓存为数据源的图形绘制和以索引缓存为数据源的图形绘制过程，同时这两种绘制过程也是本章的难点。了解 Direct 3D 中各种体素的绘制方法。

在计算机所描绘的 3D 世界中，物体模型（如树木、人物、山峦）是通过多边形网格来逼近表示的，网格的构成是三角形或者四边形，而多边形网格是构成物体模型的基本单元。如图 10-1 所示的三维模型，除去纹理和颜色信息后，其多边形网格构成如图 10-2 所示。

图 10-1 带有纹理的 3D 模型

三点决定一个平面，所以构成三角形的三个顶点总在一个平面内，三角形网格构建的模型可靠性较好，所以 Direct 3D 一般使用三角形网格来描述物体模型。

为了能够通过大量的三角形组成三角形网格来描述物体，首先需要定义好三角形的顶点（Vertex），而顶点除了定义每个顶点的坐标位置以外，还含有颜色等其他属性，所以任何物体模型的最基本组成单元是顶点。

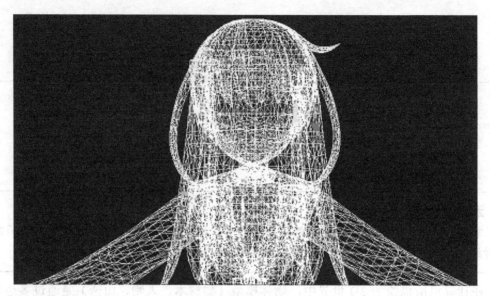

图 10-2　去掉纹理的 3D 模型

10.1　以顶点缓存为数据源的图形绘制

10.1.1　基础知识

在 Direct 3D 中，模型的构建是以三角网格为基础的，构造三角网格的顶点存储在顶点缓存（Vertex Buffer）中，顶点缓存是保存了顶点数据的内存空间。顶点缓存的存储位置可以在内存中，也可以在显卡的显存中。

在 Direct 3D 之中手动创建物体，需要创建构成物体的所有顶点结构，Direct 3D 将根据这些顶点结构创建一个三角形列表来描述物体的形状和轮廓，如图 10-3 所示，以四个顶点组成了一个正方形，这四个顶点分别是 V_1、V_2、V_3、V_4 为了正确描述这个正方形，需要根据这四个顶点创建两个三角形 $\triangle V_0V_1V_2$ 和 $\triangle V_0V_2V_3$，而这两个三角形的顶点数据会依次保存在顶点缓存中。

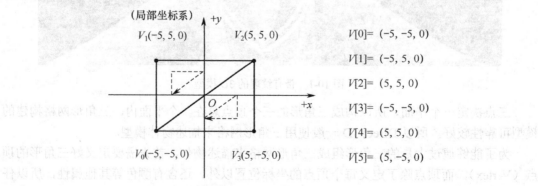

图 10-3　顶点及顶点缓存

10.1.2 在 Direct 3D 编程中使用顶点缓存的四个步骤

Direct 3D 中，使用顶点缓存完成物体创建的四个步骤包括设计顶点缓存、创建顶点缓存、访问顶点缓存和图形绘制，下面分别作详细说明。

1. 设计顶点缓存

使用顶点缓存绘制图形的第一步是对顶点的类型进行设计，这里介绍的顶点格式是在固定功能流水线中使用灵活顶点格式（Flexible Vertex Format，FVF）。在灵活顶点格式中可以定义各个顶点所包含的顶点属性信息，这些信息包括顶点的三维坐标、颜色、顶点法线和纹理坐标等。

设计自定义的灵活顶点格式时，根据实际需求定义一个包含特定顶点信息的结构体，可以设计一个只包含顶点三维坐标和颜色的结构体。

```
struct CUSTOMVERTEX
{
    float x, y, z;               //顶点的三维坐标值
    DWORD color;                 //顶点的颜色值
};
//也可以设计一个包含顶点三维坐标、法线向量和纹理坐标的结构体
struct NormalTexVertex
{
    float x, y, z;               // 顶点坐标
    float nx, ny, nz;            // 法线向量
    float u, v;                  // 纹理坐标
};
```

Direct 3D 不能理解上面设计出来的顶点结构体，但 DirectX 提供了相关的宏来实现设计的顶点结构，例如，对于定义的 CUSTOMVERTEX 结构体就可以通过以下方式来描述：

```
#define D3DFVF_CUSTOMVERTEX (D3DFVF_XYZRHW|D3DFVF_DIFFUSE)
```

结构体中有的属性在 Direct 3D 的这个宏中都有相关参数对应，常用的 FVF 格式的参数取值见表 10-1。

表 10-1 Direct 3D 中常用的 FVF 格式的取值

序 号	标 识	精 析
1	D3DFVF_XYZ	包含未经过坐标变换的顶点坐标值，不可以和 D3DFVF_XYZRHW 一起使用
2	D3DFVF_XYZRHW	包含经过坐标变换的顶点坐标值，不可以和 D3DFVF_XYZ 以及 D3DFVF_NORMAL 一起使用

(续表)

序号	标识	精析
3	D3DFVF_XYZB1~5	标示顶点混合的权重值,数值后缀为几就用几,这个属性在后面骨骼动画中有用到
4	D3DFVF_NORMAL	包含法线向量的数值
5	D3DFVF_DIFFUSE	包含漫反射的颜色值
6	D3DFVF_SPECULAR	包含镜面反射的数值
7	D3DFVF_TEX1~8	表示包含 1~8 个纹理坐标信息,是几重纹理后缀就用几,最多 8 层纹理

在表 10-1 中 D3DFVF_XYZ 和 D3DFVF_XYZRHW 这两个属性只能选择其中的一个,其中 D3DFVF_XYZ 表示未经过坐标变换的顶点,而 D3DFVF_XYZRHW 表示经过坐标变换的顶点。需要注意的是,在书写灵活顶点格式的宏定义的时候需要遵守一个顺序原则,顺序优先级为:

顶点坐标位置>RHW 值>顶点混合权重值>顶点法线向量>漫反射颜色值>镜面反射颜色值>纹理坐标信息

即定义 FVF 宏的时候,顶点坐标位置总是排在最前面,然后依次选择后面各个参数,例如,前面给出的 NormalTexVertex 结构体的灵活顶点格式宏定义。

```
#define D3DFVF_NormalTexVertex (D3DFVF_XYZ | D3DFVF_NORMAL | D3DFVF_TEX1)
```

2. 创建顶点缓存

顶点缓存由 IDirect 3DVertexBuffer9 接口对象来创建,创建过程是首先定义一个指向 IDirect 3DVertexBuffer9 接口的指针变量,然后运用 IDirect 3DVertexBuffer9 接口的 CreateVertexBuffer 方法创建顶点缓存,最后内存地址复制给指定的指针。

```
CreateVertexBuffer 方法的原型为:
HRESULT CreateVertexBuffer (
[in]            UINT Length,
[in]            DWORD Usage,
[in]            DWORD FVF,
[in]            D3DPOOL Pool,
[out, retval]   IDirect 3DVertexBuffer9 **ppVertexBuffer,
[in]            HANDLE *pSharedHandle
);
```

各个参数的含义:
- 第一个参数是 UINT 类型的 Length,表示顶点缓存的大小,以字节为单位。
- 第二个参数是 DWORD 类型的 Usage,用于指定使用缓存的一些附加属性,这个参数只可以取 0,表示没有附加属性,或者取表 10-2 中的一个或者多个值,多个值之间用"|"连接。

第 10 章 | Direct 3D 图形绘制基础

表 10-2 缓存的附加属性

缓存区属性	说 明
D3DUSAGE_DONOTCLIP	表示禁用裁剪，即顶点缓冲区中的顶点不进行裁剪，当设置这个属性时，渲染状态 D3DRS_CLIPPING 必须设为 FALSE
D3DUSAGE_DYNAMIC	表示使用动态缓存
D3DUSAGE_NPARCHES	表示使用顶点缓存绘制这种 N-patches 曲线
D3DUSAGE_POINTS	表示使用顶点缓存绘制点
D3DUSAGE_RTPATCHES	表示使用顶点缓存绘制曲线
D3DUSAGE_SOFTWAREPROCESSING	使用软件来进行顶点运算，不指定这个值的话，取的便是默认方式——硬件顶点运算
D3DUSAGE_WRITEONLY	只能进行写操作，不能进行读操作，设置这个属性可以提高系统性能

- 第三个参数是 DWORD 类型的 FVF，指定将要存储在顶点缓存中的灵活顶点格式。
- 第四个参数是 Pool 是一个 D3DPOOL 枚举类型，用来指定存储顶点缓存的内存位置是在内存中还是在显卡的显存中，默认情况下是在显卡的显存中的。这个枚举类型的原型如下，每个值的含义如表 10-3 所示。

```
typedef enum D3DPOOL {
    D3DPOOL_DEFAULT      = 0,
    D3DPOOL_MANAGED      = 1,
    D3DPOOL_SYSTEMMEM    = 2,
    D3DPOOL_SCRATCH      = 3,
    D3DPOOL_FORCE_DWORD  = 0x7fffffff
} D3DPOOL, *LPD3DPOOL;
```

表 10-3 Pool 值的含义

枚举值	说 明
D3D3POOL_DEFAULT	默认值，表示顶点缓存存在于显卡的显存中
D3D3POOL_MANAGED	由 Direct 3D 自由调度顶点缓冲区内存的位置（显存或者缓存中）
D3DPOOL_SYSTEMMEM	表示顶点缓存位于内存中
D3DPOOL_SCRATCH	表示顶点缓冲区位于临时内存当中，这种类型的顶点缓存区不能直接进行渲染，只能进行内存加锁和复制的操作
D3D3POOL_FORCE_DWORD	表示将顶点缓存强制编译为 32 位，这个参数目前不使用

- 第五个参数是 IDirect 3DVertexBuffer9 类型的 **ppVertexBuffer，调用 CreateVertexBuffer 方法就是对这个变量进行初始化，以得到创建好的顶点缓存的地址。
- 第六个参数是 HANDLE 类型的*pSharedHandle，为保留参数，一般设置为 NULL 或者 0。

另外需要注意的是，使用 D3DUSAGE_DYNAMIC 参数创建的缓存叫做动态缓存，放在 AGP（Accelerated Graphics Port，加速图形端口）的内存之中。AGP 内存中的数据能够很快被更新，但是除了动态缓存中的数据之外，AGP 内存中其余的数据更新都要比其他缓存中的数据慢，因为这些数据必须要在渲染前先被转移到显存之中。

创建顶点缓存代码的示例为：

```
LPDIRECT 3DVERTEXBUFFER9 g_pVertexBuffer = NULL;    //顶点缓冲区对象
//创建顶点缓冲区
g_pd3dDevice->CreateVertexBuffer( 6*sizeof(CUSTOMVERTEX),
                0, D3DFVF_CUSTOMVERTEX,
                D3DPOOL_DEFAULT, &g_pVertexBuffer, NULL );
```

3. 访问顶点缓存

利用 IDirect 3DVertexBuffer9 接口的 Lock 以及 Unlock 方法，在 Lock 和 Unlock 方法之间访问顶点缓存。IDirect 3DVertexBuffer9::Lock()和 IDirect 3DVertexBuffer9::Unlock 是一对加锁、解锁函数，对顶点缓存的内存操作必须通过 Lock()和 Unlock()来进行，先用 Lock()函数加锁，然后才能访问顶点缓存的内容，访问完成后再用 Unlock()函数进行解锁。

IDirect 3DVertexBuffer9：：Lock()可以在 DirectX SDK 中的原型声明如下：

```
HRESULT Lock(
  [in]    UINT OffsetToLock,
  [in]    UINT SizeToLock,
  [out]   VOID **ppbData,
  [in]    DWORD Flags
);
```

- 第一个参数为 UINT 类型的 OffsetToLock，表示加锁区域自存储空间的起始位置到开始锁定位置的偏移量，单位为字节。

- 第二个参数为 UINT 类型的 SizeToLock，表示要锁定的字节数，也就是加锁区域的大小。

- 第三个参数为 VOID 类型的**ppbData，指向被锁定的存储区的起始地址的指针。

- 第四个参数为 DWORD 类型的 Flags，表示锁定的方式，可以设置为 0，也可以为表 10-4 中的选项之一或者组合。

表 10-4　Flag 取值

Flag 取值	说　明
D3DLOCK_DISCARD	这个标记只能用于动态缓存，表示硬件将缓存内容丢弃，并且返回一个指向重新分配的缓存的指针。这个标记比较好用，例如，我们在访问新分配的内存时，硬件依然能够继续使用被丢弃的缓存中的数据进行绘制，这样硬件的绘制就不会停止

（续表）

Flag 取值	说明
D3DLOCK_NOOVERWRITE	字面上理解为不能覆盖。这个标记也只能用于动态缓存中，使用这个标记后，数据只能以追加的方式写入缓存。顾名思义，我们不能覆盖当前用于绘制的存储区中的任何内容。这个标记保证了我们在缓存中添加新的数据的时候，硬件依然可以进行绘制
D3DLOCK_READONLY	字面上理解为只读，这个标记表示对于我们锁定起来的缓存只能读而不能写，一般我们用这个标示来进行一些内容的优化

IDirect 3DVertexBuffer9：：Lock()中各个参数的具体含义如图 10-4 所示。

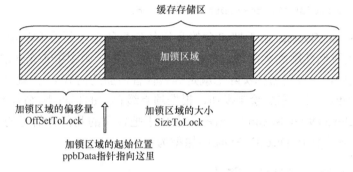

10-4　函数 Lock 参数的具体含义

访问缓存的方式有两种，第一种方式是直接在 lock 和 UnLock 之间对每个顶点的数据进行赋值和修改，以 Lock 方法中的 ppbData 指针参数作为数组的首地址，示例如下：

```
g_pVertexBuf->Lock(0, 0, (void**)&pVertices, 0);
pVertices[0] = CUSTOMVERTEX( -80.0f, -80.0f,  0.0f, 1.0f, D3DCOLOR_XRGB(255, 0, 0));
pVertices[1] = CUSTOMVERTEX( -80.0f, 80.0f,  0.0f, 1.0f, D3DCOLOR_XRGB(0, 255, 0));
pVertices[2] = CUSTOMVERTEX(80.0f, 80.0f, 0.0f, 1.0f, D3DCOLOR_XRGB(0, 255, 0));
pVertices[3] = CUSTOMVERTEX(80.0f, -80.0f 0.0f, 1.0f, D3DCOLOR_XRGB(255, 0, 255));
g_pVertexBuf->Unlock();
```

第二种方式是事先准备好顶点数据的数组，然后在 Lock 和 Unlock 之间用 memcpy 函数进行数组内容的复制，示例如下：

```
        CUSTOMVERTEX vertices[] =
        {
                {-80.0f, -80.0f, 0.0f, 1.0f, D3DCOLOR_XRGB(255, 0, 0), },
                { -80.0f, 80.0f, 0.0f, 1.0f, D3DCOLOR_XRGB(0, 255, 0), },
                { 80.0f, 80.0f, 0.0f, 1.0f, D3DCOLOR_XRGB(0, 0, 255), },
```

```
            { 80.0f, -80.0f, 0.0f, 1.0f, D3DCOLOR_XRGB(255, 0, 255), },
    };
    g_pVertexBuffer->Lock( 0, sizeof(vertices), (void**)&pVertices, 0 );
                                                                    //加锁
    memcpy( pVertices, vertices, sizeof(vertices) ); //顶点数组内容的复制
    g_pVertexBuffer->Unlock();                                      //解锁
```

4. 图形的绘制

采用灵活顶点格式的顶点缓存进行图形绘制时，需要调用三个函数，分别为：

```
        IDirect 3DDevice9::SetStreamSource;
        IDirect 3DDevice9::SetFVF;
        IDirect 3DDevice9::DrawPrimitive;
```

其中，SetStreamSource 用于把包含的几何体信息的顶点缓存和渲染流水线相关联，SetFVF 用于指定我们使用的灵活顶点格式的宏名称（第一步中用#define 定义的名，宏后面的内容也可以使用，因为宏名称实际上就是等效代替后面的内容），也就是指定我们的顶点格式，DrawPrimitive 用于完成绘制操作，根据顶点缓存中的顶点来进行绘制。

IDirect 3DDevice9::SetStreamSource 方法用于把包含的几何体信息的顶点缓存和渲染流水线相关联，该方法在 DirectX SDK 中原型为：

```
    HRESULT SetStreamSource (
        [in]    UINT StreamNumber,
        [in]    IDirect 3DVertexBuffer9 *pStreamData,
        [in]    UINT OffsetInBytes,
        [in]    UINT Stride
    );
```

参数说明：

- 第一个参数为 UINT 类型的 StreamNumber，用于指定与该顶点缓存建立连接的数据流，因为通常不涉及多个流，所以设置为 0。
- 第二个参数为 IDirect 3DVertexBuffer9 类型的*pStreamData，包含顶点数据的顶点缓存的指针，即已创建好的指向 IDirect 3DVertexBuffer9 接口的指针变量 g_pVertexBuffer。
- 第三个参数为 UINT 类型的 OffsetInBytes，表示在数据流中以字节为单位的偏移量，通常设置为 0。
- 第四个参数为 UINT 类型的 Stride，表示在顶点缓存中存储的每个顶点结构的大小，单位为字节。

该方法的具体调用示例为：

```
    g_pd3dDevice->SetStreamSource( 0, g_pVertexBuffer, 0, sizeof CUSTOMVERTEX) );
```

IDirect 3DDevice9::SetFVF 方法的原型为：
HRESULT SetFVF(

```
    [in]  DWORD FVF
);
```

该方法的参数为 DWORD 类型的 FVF，表示设置为当前需要使用的灵活顶点格式，即第一步中用#define 定义的名称或宏中的内容。该方法的具体调用示例如下：

```
#define D3DFVF_CUSTOMVERTEX1(D3DFVF_XYZ|D3DFVF_DIFFUSE|D3DFVF_SPECULAR)
```

可以用下面的两种方式调用：

```
g_pd3dDevice->SetFVF( D3DFVF_CUSTOMVERTEX1);
g_pd3dDevice->SetFVF(D3DFVF_XYZ|D3DFVF_DIFFUSE|D3DFVF_SPECULAR);
```

IDirect 3DDevice9::DrawPrimitive 绘制用顶点构成的图形。该方法在 DirectX SDK 中的函数原型为：

```
HRESULT DrawPrimitive(
    [in]  D3DPRIMITIVETYPE PrimitiveType,
    [in]  UINT StartVertex,
    [in]  UINT PrimitiveCount
);
```

参数说明：

- 第一个参数为 D3DPRIMITIVETYPE 类型的 PrimitiveType，表示将要绘制的图元类型，在 D3DPRIMITIVETYPE 枚举中取值，这个枚举定义如下：

```
typedef enum D3DPRIMITIVETYPE {
    D3DPT_POINTLIST      = 1,
    D3DPT_LINELIST       = 2,
    D3DPT_LINESTRIP      = 3,
    D3DPT_TRIANGLELIST   = 4,
    D3DPT_TRIANGLESTRIP  = 5,
    D3DPT_TRIANGLEFAN    = 6,
    D3DPT_FORCE_DWORD    = 0x7fffffff
} D3DPRIMITIVETYPE, *LPD3DPRIMITIVETYPE;
```

其中 D3DPT_POINTLIST 表示点列，D3DPT_LINELIST 表示线列，D3DPT_LINESTRIP 表示线带，D3DPT_TRIANGLELIST 表示三角形列，D3DPT_TRIANGLESTRIP 表示三角形带，D3DPT_TRIANGLEFAN 表示三角形扇元，最后一个 D3DPT_FORCE_DWORD 表示将顶点缓存强制编译为 32 位，这个参数目前不使用。

- 第二个参数为 UINT 类型的 StartVertex，用于指定从顶点缓存中读取顶点数据的起始索引位置。
- 第三个参数为 UINT 类型的 PrimitiveCount，指定需要绘制的图元数量。

该方法的一个调用的实例为：

```
g_pd3dDevice->DrawPrimitive( D3DPT_TRIANGLELIST, 0, 8 );
```

顶点缓存为数据源的顶点绘制的代码如下：

```
        g_pd3dDevice->BeginScene();                         // 开始绘制

        g_pd3dDevice->SetRenderState(D3DRS_SHADEMODE,D3DSHADE_GOURAUD);
        g_pd3dDevice->SetStreamSource( 0, g_pVertexBuffer, 0, sizeof(CUSTOMVERTEX) );
        g_pd3dDevice->SetFVF( D3DFVF_CUSTOMVERTEX );
        g_pd3dDevice->DrawPrimitive( D3DPT_TRIANGLELIST, 0, 2 );

        g_pd3dDevice->EndScene();                           // 结束绘制
```

10.2 顶点缓存程序示例

```
//包含文件，库文件与框架程序一样
//-----------------------------------------------------------------------
// 【顶点缓存使用步骤一】：设计顶点格式
//-----------------------------------------------------------------------
struct CUSTOMVERTEX
{
    FLOAT x, y, z, rhw;
    DWORD color;
};
#define D3DFVF_CUSTOMVERTEX (D3DFVF_XYZRHW|D3DFVF_DIFFUSE)
                            //FVF 灵活顶点格式


LPDIRECT 3DDEVICE9          g_pd3dDevice = NULL;
ID3DXFont*                  g_pFont=NULL;
LPDIRECT 3DVERTEXBUFFER9    g_pVertexBuffer = NULL;        //顶点缓冲区对象

/*全局函数声明与框架程序一样*/


int  WINAPI WinMain(HINSTANCE hInstance, HINSTANCE hPrevInstance,LPSTR lpCmdLine, int nShowCmd)
{
        /*与框架程序一样*/
}


LRESULT CALLBACK WndProc( HWND hwnd, UINT message, WPARAM wParam, LPARAM lParam )
{
        /*与框架程序一样*/
```

```
}
HRESULT Direct 3D_Init(HWND hwnd)
{
    /*与框架程序一样*/
}

//----------------------【Object_Init( )函数】----------------------
//  在该函数中创建顶点缓存并进行相关数据的设置
//-------------------------------------------------------------
HRESULT Objects_Init(HWND hwnd)
{
    if(FAILED(D3DXCreateFont(g_pd3dDevice, 36, 0, 0, 1, false, DEFAULT_CHARSET,
         OUT_DEFAULT_PRECIS, DEFAULT_QUALITY, 0, _T("微软雅黑"), &g_pFont)))
         return E_FAIL;
    //-------------------------------------------------------------
    // 【顶点缓存使用步骤二】: 创建顶点缓存
    //-------------------------------------------------------------
    if( FAILED( g_pd3dDevice->CreateVertexBuffer( 6*sizeof(CUSTOMVERTEX),
        0, D3DFVF_CUSTOMVERTEX,
        D3DPOOL_DEFAULT, &g_pVertexBuffer, NULL ) ) )
    {
        return E_FAIL;
    }
    //-------------------------------------------------------------
    // 【顶点缓存使用步骤三】: 访问顶点缓存
    //-------------------------------------------------------------
    //顶点缓存数据的设置
    CUSTOMVERTEX vertices[] =
    {
        //给顶点设置随机的颜色和位置
        { 300.0f, 100.0f, 0.0f, 1.0f,  D3DCOLOR_XRGB(rand() % 256, rand() % 256, rand() % 256), },
        { 500.0f, 100.0f, 0.0f, 1.0f,  D3DCOLOR_XRGB(rand() % 256, rand() % 256, rand() % 256), },
        { 300.0f, 300.0f, 0.0f, 1.0f,  D3DCOLOR_XRGB(rand() % 256, rand() % 256, rand() % 256), },
        { 300.0f, 300.0f, 0.0f, 1.0f,  D3DCOLOR_XRGB(rand() % 256, rand() % 256, rand() % 256), },
        { (float)(800.0*rand()/(RAND_MAX+1.0)) , (float)(600.0*rand()/(RAND_
```

```
MAX+1.0)) , 0.0f, 1.0f, D3DCOLOR_XRGB(rand() % 256, rand() % 256, rand() % 256), },
        {(float)(800.0*rand()/(RAND_MAX+1.0)),(float)(600.0*  rand()/(RAND_
MAX+1.0)) , 0.0f, 1.0f, D3DCOLOR_XRGB(rand() % 256, rand() % 256, rand() % 256), }
    };
    //填充顶点缓冲区
    VOID* pVertices;
    if( FAILED(g_pVertexBuffer->Lock(0,sizeof(vertices),(void**) &pVertices,
0 ) ) )
        return E_FAIL;
    memcpy( pVertices, vertices, sizeof(vertices) );
    g_pVertexBuffer->Unlock();


    g_pd3dDevice->SetRenderState(D3DRS_CULLMODE, false);
                   //关掉背面消隐,使得绘出的三角形都可以显示
    return S_OK;
}


void Direct 3D_Render(HWND hwnd)
{
    g_pd3dDevice->Clear(0, NULL, D3DCLEAR_TARGET, D3DCOLOR_XRGB(0, 0, 0),
1.0f, 0);
    RECT formatRect;
    GetClientRect(hwnd, &formatRect);

    g_pd3dDevice->BeginScene();
    g_pd3dDevice->SetRenderState(D3DRS_SHADEMODE,D3DSHADE_GOURAUD);

    //-----------------------------------------------------------
    // 【顶点缓存使用步骤四】：绘制图形
    //-----------------------------------------------------------
    g_pd3dDevice->SetStreamSource(0,g_pVertexBuffer,0,sizeof (CUSTOMVERTEX) );
    g_pd3dDevice->SetFVF( D3DFVF_CUSTOMVERTEX );
    g_pd3dDevice->DrawPrimitive( D3DPT_TRIANGLELIST, 0, 2 );

    g_pd3dDevice->EndScene();
    g_pd3dDevice->Present(NULL, NULL, NULL, NULL);
}

void Direct 3D_CleanUp()
{
    SAFE_RELEASE(g_pVertexBuffer)
```

```
        SAFE_RELEASE(g_pFont)
        SAFE_RELEASE(g_pd3dDevice)
}
```

10.3 以索引缓存为数据源的图形绘制

三角形是 Direct 3D 中绘制图形的基本单元，如图 10-3 所示，以顶点缓存方式绘制正方形时需绘制两个三角形，所以用顶点缓存绘制一个正方形需要用六个顶点缓存。而一个正方形只有四个顶点，也就是说用顶点缓存来绘制一个正方形多存储了两个顶点，如图 10-5 所示，正方体有 8 个顶点，当以顶点缓存方式绘制正方体时，立方体每个面都为一个正方形，一共有 2×6=12 个三角形，所以就有 12×3=36 个顶点，需要 36 个顶点缓存。

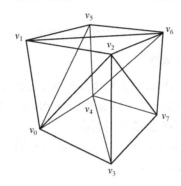

图 10-5　DirectX 中立方体的三角面片构成

通过上面的例子可以发现用顶点缓存来绘制图形的方法在应对复杂图形的时候会使重复的顶点大大增加，需要更多的存储空间和更大的开销。为解决这个问题，DirectX 给出了顶点的索引缓存方式。

索引缓存（Index Buffers）用于记录顶点缓存中每一个顶点的索引位置。在 DirectX 中索引缓存能够加速显存中快速存取顶点数据位置的能力，如图 10-6 所示，在绘制矩形时用 4 个顶点和 6 个索引来描述。在顶点缓存中只需要保存这四个顶点就可以了，而绘制正方形的两个三角形△$V_0 V_1 V_2$ 和△$V_0 V_2 V_3$ 则通过索引缓存来表示。

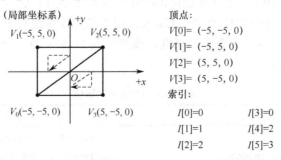

图 10-6　索引缓存示例

索引缓存绘图

索引缓存需要配合顶点缓存一起使用，索引缓存绘图需要四个步骤，分别为设计顶点格式，创建顶点缓存以及索引缓存，访问顶点缓存以及索引缓存，绘制图形。

1. 设计顶点格式

这一步与顶点缓存过程完全一致，如设计了 CUSTOMVERTEX 结构的顶点：

```
Struct CUSTOMVERTEX
{
        FLOAT x, y, z,rhw;
        DWORD color;
};
```

只需调用

```
#define D3DFVF_CUSTOMVERTEX (D3DFVF_XYZRHW|D3DFVF_ DIFFUSE)
```

2. 创建顶点缓存以及索引缓存

这一步首先分别定义指向 IDirect 3DVertexBuffer9 接口和 IDirect 3DIndexBuffer9 接口的指针变量，然后分别运用 IDirect 3DVertexBuffer9 接口的 CreateVertexBuffer 方法和 CreateIndexBuffer 方法创建顶点缓存和索引缓存。

CreateVertexBuffer 方法在顶点缓存部分已经详细介绍了，这里介绍 CreateIndexBuffer 方法，CreateIndexBuffer 的原型如下：

```
HRESULT CreateIndexBuffer(
  [in]          UINT Length,
  [in]          DWORD Usage,
  [in]          D3DFORMAT Format,
  [in]          D3DPOOL Pool,
  [out, retval] IDirect 3DIndexBuffer9 **ppIndexBuffer,
  [in]          HANDLE *pSharedHandle
);
```

参数说明：

- 第一个参数是 UINT 类型的 Length，表示索引缓存的大小，以字节为单位。
- 第二个参数是 DWORD 类型的 Usage，用于指定使用缓存的一些附加属性，这个参数只可以取 0，表示没有附加属性，或者取表 10-5 中的一个或者多个值，多个值之间用"|"连接。

表 10-5　Usage 的取值

缓存区属性	说　　明
D3DUSAGE_DONOTCLIP	表示禁用裁剪，即顶点缓冲区中的顶点不进行裁剪，当设置这个属性时，渲染状态 D3DRS_CLIPPING 必须设置为 FALSE

（续表）

缓存区属性	说明
D3DUSAGE_DYNAMIC	表示使用动态缓存
D3DUSAGE_NPARCHES	表示使用顶点缓存绘制这种 N-patches 曲线
D3DUSAGE_POINTS	表示使用顶点缓存绘制点
D3DUSAGE_RTPATCHES	表示使用顶点缓存绘制曲线
D3DUSAGE_SOFTWAREPROCESSING	表示使用软件来进行顶点运算，不指定这个值的话，取的便是默认方式——硬件顶点运算
D3DUSAGE_WRITEONLY	顾名思义，只能进行写操作，不能进行读操作，设置这个属性可以提高系统性能

- 第三个参数是 D3DFORMAT 类型的 Format，这个参数用于指定索引缓存中存储每个索引的大小。D3DFORMAT 这个枚举类型中的内容可以查阅 MSDN，在这里给出常用到的取值。取值为 D3DFMT_INDEX16 表示为 16 位的索引，取值为 D3DFMT_INDEX32 则表示为 32 位的索引。
- 第四个参数为 D3DPOOL 类型的 Pool，用来指定存储索引缓存的存储位置是在内存中还是在显卡的显存中。默认情况下是在显卡的显存中的。这个枚举类型的原型是这样的：

```
typedef enum D3DPOOL {
    D3DPOOL_DEFAULT      = 0,
    D3DPOOL_MANAGED      = 1,
    D3DPOOL_SYSTEMMEM    = 2,
    D3DPOOL_SCRATCH      = 3,
    D3DPOOL_FORCE_DWORD  = 0x7fffffff
} D3DPOOL, *LPD3DPOOL;
```

其中每个值的含义如表 10-6 所示。

表 10-6 Pool 的枚举数

枚举值	说明
D3D3POOL_DEFAULT	默认值，表示顶点缓存存在于显卡的显存中
D3D3POOL_MANAGED	由 Direct 3D 自由调度顶点缓冲区内存的位置（显存或者缓存中）
D3DPOOL_SYSTEMMEM	表示顶点缓存位于内存中
D3DPOOL_SCRATCH	表示顶点缓冲区位于临时内存当中，这种类型的顶点缓存区不能直接进行渲染，只能进行内存加锁和复制的操作
D3D3POOL_FORCE_DWORD	表示将顶点缓存强制编译为 32 位，这个参数目前不使用

- 第五个参数为 IDirect 3DIndexBuffer9 类型的 **ppIndexBuffer，调用 CreateIndex Buffer 的方法就是对这个变量进行初始化，使其得到创建好的索引缓存的地址。

- 第六个参数为 HANDLE 类型的*pSharedHandle，为保留参数，一般设置为 NULL 或 0。

3. 访问顶点缓存以及索引缓存

与访问顶点缓存的方式相似，在访问索引缓存时需要调用 IDirect 3DIndexBuffer 接口的 Lock 方法对缓存进行加锁，并取得加锁后的缓存首地址，然后通过该地址向索引缓存中写入索引信息，最后调用 Unlock 方法对缓存进行解锁。

IDirect 3DIndexBuffer 接口中的加锁和解锁函数和 IDirect 3DVertexBuffer 接口中的加锁 Lock 和解锁 Unlock 函数完全一致。

主要有两种方式来访问缓存的内容，第一种方式是直接在 Lock 和 UnLock 之间对每个索引的数据进行赋值和修改，以 Lock 方法中的 ppbData 指针参数作为数组的首地址。

```
WORD *pIndices = NULL;
g_pIndexBuf->Lock(0, 0, (void**)&pIndices, 0);
pIndices[0] = 0, pIndices[1] = 2, pIndices[2] = 3;
pIndices[3] = 2, pIndices[4] = 1, pIndices[5] = 3;
pIndices[6] = 1, pIndices[7] = 0, pIndices[8]= 3;
pIndices[9] = 2, pIndices[10] = 0, pIndices[11] = 1
g_pIndexBuf->Unlock();
```

第二种方式是事先准备好索引数据的数组，然后在 Lock 和 Unlock 之间用 memcpy 函数，进行数组内容的复制，示例如下：

```
WORD Indices[] ={ 0,1,2, 0,2,3, 0,3,4, 0,4,5, 0,5,6, 0,6,7, 0,7,8, 0,8,1 };
                      // 填充索引数据
WORD *pIndices = NULL;
g_pIndexBuf->Lock(0, 0, (void**)&pIndices, 0);
memcpy( pIndices, Indices, sizeof(Indices) );
g_pIndexBuf->Unlock();
```

4. 绘制图形

顶点缓存和索引缓存是配合使用的，和单用顶点缓存绘制不太一样了，单用顶点缓存绘制需要用到以下三种方法：

```
IDirect 3DDevice9::SetStreamSource,
IDirect 3DDevice9::SetFVF,
IDirect 3DDevice9::DrawPrimitive
```

这三个方法，也可以写成：

```
g_pd3dDevice->SetStreamSource ( 0, g_pVertexBuffer, 0, sizeof(CUSTOMVERTEX) );
g_pd3dDevice->SetFVF( D3DFVF_CUSTOMVERTEX );
```

```
g_pd3dDevice->DrawPrimitive ( D3DPT_TRIANGLELIST, 0, 2 );
```

而使用索引缓存绘制图形时，在使用 IDirect 3DDevice9::SetStreamSource 方法把包含的几何体信息的顶点缓存和渲染流水线相关联，以及使用 IDirect 3DDevice9::SetFVF 方法指定我们使用的灵活顶点格式的宏名称之后，还要调用 IDirect 3DDevice9 接口的一个 SetIndices 方法设置索引缓存，最后才是调用绘制函数，而这里的绘制函数不是 DrawPrimitive，而是 DrawIndexedPrimitive。

由于 SetStreamSource 和 SetFVF 这两个方法在顶点缓存中已经有详细的介绍，下面主要介绍 SetIndices 方法和 DrawIndexedPrimitive 方法。

函数 SetIndices 的原型为：

```
HRESULT SetIndices (
  [in]  IDirect 3DIndexBuffer9 *pIndexData
);
```

这个函数唯一的参数是 IDirect 3DIndexBuffer9 类型的*pIndexData，指向设置的索引缓冲区的地址，前边已经定义并初始化了 g_pIndexBuf。

DrawIndexedPrimitive 方法的原型如下：

```
HRESULT DrawIndexedPrimitive (
  [in]  D3DPRIMITIVETYPE Type,
  [in]  INT BaseVertexIndex,
  [in]  UINT MinIndex,
  [in]  UINT NumVertices,
  [in]  UINT StartIndex,
  [in]  UINT PrimitiveCount
);
```

参数说明：
- 第一个参数为 D3DPRIMITIVETYPE 类型的 Type，这个参数和 DrawPrimitive 方法中第一个参数一样，表示将要绘制的图元类型。
- 第二个参数为 INT 类型的 BaseVertexIndex，表示将要进行绘制的索引缓存的起始顶点的索引位置。
- 第三个参数为 UINT 类型的 MinIndex，表示索引数组中最小的索引值，通常都设置为 0，这样索引就是 0，1，2，3，4，5 往后排的。
- 第四个参数为 UINT 类型的 NumVertices，表示本次调用 DrawIndexedPrimitive 方法所需要的顶点个数。
- 第五个参数为 UINT 类型的 StartIndex，表示从索引中的第几个索引处开始绘制图元，或者从索引缓存区开始读索引值的起始位置。
- 第六个参数为 UINT 类型的 PrimitiveCount，显然就是要绘制的图元个数了。

关于 DrawIndexedPrimitive 方法中顶点缓存和索引缓存之间的关系图，如图 10-7 所示。

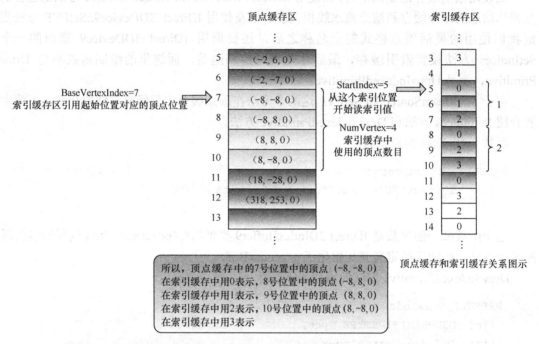

图 10-7 DrawIndexedPrimitive 方法中顶点缓存和索引缓存之间的关系图

第 4 步综合起来的代码如下：

```
    // 设置渲染状态
    g_pd3dDevice->SetRenderState(D3DRS_SHADEMODE,D3DSHADE_GOURAUD);   //这
句代码可省略,因为高洛德着色模式胃 D3D 默认的着色模式

    g_pd3dDevice->SetStreamSource( 0, g_pVertexBuffer, 0, sizeof(CUSTOMVERTEX) );
//把包含几何体信息的顶点缓存和渲染流水线相关联
    g_pd3dDevice->SetFVF( D3DFVF_CUSTOMVERTEX );
                                                //指定我们使用的灵活顶点格式的宏名称
    g_pd3dDevice->SetIndices(g_pIndexBuffer);//设置索引缓存
    g_pd3dDevice->DrawIndexedPrimitive(D3DPT_TRIANGLELIST, 0, 0, 17, 0, 16);
                                    //利用索引缓存配合顶点缓存绘制图形
    g_pd3dDevice->EndScene();          // 结束绘制
```

10.4 索引缓存程序示例

```
//包含文件、库文件及窗口大小定义与框架程序一样
#define WINDOW_TITLE    L"Direct 3D 索引缓存示例程序"
#define SAFE_RELEASE(p) { if(p) { (p)->Release(); (p)=NULL; } }
```

```
//-------------------------------------------------------------------
// 【顶点缓存、索引缓存绘图步骤一】：设计并定义顶点格式
//-------------------------------------------------------------------
struct CUSTOMVERTEX
{
    FLOAT x, y, z, rhw;
    DWORD color;
};
#define D3DFVF_CUSTOMVERTEX (D3DFVF_XYZRHW|D3DFVF_DIFFUSE)  //FVF 灵活顶点格式

LPDIRECT 3DDEVICE9          g_pd3dDevice = NULL;
ID3DXFont*                  g_pFont=NULL;
LPDIRECT 3DVERTEXBUFFER9    g_pVertexBuffer = NULL;     //顶点缓冲区对象
LPDIRECT 3DINDEXBUFFER9     g_pIndexBuffer  = NULL;     //索引缓冲区对象

LRESULT CALLBACK    WndProc( HWND hwnd, UINT message, WPARAM wParam, LPARAM lParam );
HRESULT             Direct 3D_Init(HWND hwnd);
HRESULT             Objects_Init(HWND hwnd);
VOID                Direct 3D_Render(HWND hwnd);
VOID                Direct 3D_CleanUp( );

int WINAPI WinMain(HINSTANCE hInstance, HINSTANCE hPrevInstance,LPSTR lpCmdLine, int nShowCmd)
{
    …… ……/*WinMain 函数内容与框架程序一样*/
}

LRESULT CALLBACK WndProc( HWND hwnd, UINT message, WPARAM wParam, LPARAM lParam )
{
    …… ……/*与框架程序一样*/
}

HRESULT Direct 3D_Init(HWND hwnd)
{
    …… ……/*与框架程序一样*/
}

HRESULT Objects_Init(HWND hwnd)
{
    if(FAILED(D3DXCreateFont(g_pd3dDevice, 36, 0, 0, 1, false, DEFAULT_CHARSET,
        OUT_DEFAULT_PRECIS, DEFAULT_QUALITY, 0, _T("微软雅黑"), &g_pFont)))
```

```cpp
        return E_FAIL;

    //-----------------------------------------------------------------
    // 【顶点缓存、索引缓存绘图步骤二】：创建顶点缓存与索引缓存
    //-----------------------------------------------------------------
    //创建顶点缓存
    if( FAILED( g_pd3dDevice->CreateVertexBuffer( 18*sizeof(CUSTOMVERTEX),
        0, D3DFVF_CUSTOMVERTEX,
        D3DPOOL_DEFAULT, &g_pVertexBuffer, NULL ) ) )
    {
        return E_FAIL;
    }
    // 创建索引缓存
    if( FAILED(    g_pd3dDevice->CreateIndexBuffer(48 * sizeof(WORD), 0,
        D3DFMT_INDEX16, D3DPOOL_DEFAULT, &g_pIndexBuffer, NULL)) )
    {
        return E_FAIL;
    }
    //-----------------------------------------------------------------
    // 【顶点缓存、索引缓存绘图步骤三】：访问顶点缓存和索引缓存
    //-----------------------------------------------------------------
    //顶点数据的设置
    CUSTOMVERTEX Vertices[17];
    Vertices[0].x = 400;
    Vertices[0].y = 300;
    Vertices[0].z = 0.0f;
    Vertices[0].rhw = 1.0f;
    Vertices[0].color = D3DCOLOR_XRGB(rand() % 256, rand() % 256, rand() % 256);
    for(int i=0; i<16; i++)
    {
        Vertices[i+1].x =  (float)(250*sin(i*3.14159/8.0)) + 400;
        Vertices[i+1].y = -(float)(250*cos(i*3.14159/8.0)) + 300;
        Vertices[i+1].z = 0.0f;
        Vertices[i+1].rhw = 1.0f;
        Vertices[i+1].color =  D3DCOLOR_XRGB(rand() % 256, rand() % 256, rand() % 256);
    }

    //填充顶点缓冲区
    VOID* pVertices;
    if(FAILED(g_pVertexBuffer->Lock(0,sizeof(Vertices),(void**)&pVertices, 0)))
        return E_FAIL;
```

第 10 章 | Direct 3D 图形绘制基础

```
    memcpy( pVertices, Vertices, sizeof(Vertices) );
    g_pVertexBuffer->Unlock();

    //索引数组的设置
    WORD Indices[] ={ 0,1,2, 0,2,3, 0,3,4, 0,4,5, 0,5,6, 0,6,7, 0,7,8, 0,8,9,
0,9,10, 0,10,11 ,0,11,12, 0,12,13 ,0,13,14 ,0,14,15 ,0,15,16, 0, 16,1 };

    //填充索引数据
    WORD *pIndices = NULL;
    g_pIndexBuffer->Lock(0, 0, (void**)&pIndices, 0);
    memcpy( pIndices, Indices, sizeof(Indices) );
    g_pIndexBuffer->Unlock();

    return S_OK;
}

void Direct 3D_Render(HWND hwnd)
{
    g_pd3dDevice->Clear(0, NULL, D3DCLEAR_TARGET, D3DCOLOR_XRGB(0, 0, 0),
1.0f, 0);

    RECT formatRect;
    GetClientRect(hwnd, &formatRect);

    g_pd3dDevice->BeginScene();
    g_pd3dDevice->SetRenderState(D3DRS_SHADEMODE,D3DSHADE_GOURAUD);
    //------------------------------------------------------------------
    // 【顶点缓存、索引缓存绘图步骤四】：绘制图形
    //------------------------------------------------------------------
    g_pd3dDevice->SetStreamSource(0,g_pVertexBuffer,0,sizeof(CUSTOMVERTE
X) );//把包含几何体信息的顶点缓存和渲染流水线相关联
    g_pd3dDevice->SetFVF( D3DFVF_CUSTOMVERTEX );
                                     //指定使用的灵活顶点格式的宏名称
    g_pd3dDevice->SetIndices(g_pIndexBuffer);//设置索引缓存
    g_pd3dDevice->DrawIndexedPrimitive(D3DPT_TRIANGLELIST, 0, 0, 17, 0,
16);//利用索引缓存配合顶点缓存绘制图形

    g_pd3dDevice->EndScene();
    g_pd3dDevice->Present(NULL, NULL, NULL, NULL);
}

void Direct 3D_CleanUp()
{
    SAFE_RELEASE(g_pIndexBuffer)
    SAFE_RELEASE(g_pVertexBuffer)
```

```
        SAFE_RELEASE(g_pFont)
        SAFE_RELEASE(g_pd3dDevice)
}
```

10.5 Direct 3D 内置几何体概述

Direct 3D 提供了几种生成简单 3D 几何体的网格数据的方法，分别是立方体（Cube）、圆环体（Torus）、多边形（Polygon）、球面体（Sphere）、茶壶（Teapot）和圆柱体（Cylinder）。对应的函数分别为：D3DXCreateBox（创建一个立方体）、D3DXCreateSphere（创建一个球面体）、D3DXCreateCylinder（创建一个柱体）、D3DXCreateTeapot（创建一个茶壶）、D3DXCreatePolygon（创建一个多边形）、D3DXCreateTorus（创建一个圆环体）。

Direct 3D 中创建内置几何体过程是首先定义一个 ID3DXMesh 接口类型的对象，并对这个对象进行初始化（也就是把创建好的网格存储在已定义的 ID3DXMesh 类型对象中），然后进行网格图形的绘制，即用初始化好的 ID3DXMesh 接口类型的对象调用 DrawSubset(0) 的方法，绘制完成后，调用 ID3DMesh 接口的 Release 方法进行资源的释放。

下面对 Direct 3D 中几种内置几何体的创建进行详细地介绍。

10.5.1 立方体的创建

Direct 3D 中长方体的创建方法为函数 D3DXCreateBox()，该函数的原型如下：

```
HRESULT   D3DXCreateBox(
   __in    LPDIRECT 3DDEVICE9 pDevice,       //Direct 3D 设备对象
   __in    FLOAT Width,                      //长方体的宽度
   __in    FLOAT Height,                     //长方体的高度
   __in    FLOAT Depth,                      // 长方体的深度
   __out   LPD3DXMESH *ppMesh,               //存储着长方体网格的指针
   __out   LPD3DXBUFFER *ppAdjacency         //存储三角形索引的指针
);
```

参数设置：

- 第一个参数为 LPDIRECT 3DDEVICE9 类型的 pDevice，指向 IDirect 3DDevice9 接口的指针，这样 Direct 3D 设备对象和创建的立方体网格之间便建立了关联。
- 第二个参数为 FLOAT 类型的 Width，表示创建的长方体沿着 X 轴的宽度。
- 第三个参数为 FLOAT 类型的 Height，表示创建的长方体沿着 Y 轴的高度。
- 第四个参数为 FLOAT 类型的 Depth，表示创建的长方体沿着 Z 轴的深度。
- 第五个参数为 LPD3DXMESH 类型的*ppMesh，存储着创建的形状的指针，使用该指针绘制长方体，即 ppMesh->DrawSubset(0)。
- 第六个参数为 LPD3DXBUFFER 类型的*ppAdjacency，存储着绘制的网格的三角形索引的指针，如果不使用该指针，可以设置为 0。

下面给出一个绘制长方体的实例。

```
        ID3DXMesh* meshBox;
        D3DXCreateBox(
                g_pd3dDevice,       //D3D 绘制对象
                2.0f,               //宽度
                2.0f,               //高度
                2.0f,               //深度
                &meshBox,           //对应 COM 对象
                0                   //指向 ID3DXBuffer, 通常设置成 0(或 NULL)
                );
        g_pd3dDevice->BeginScene();
        meshBox->DrawSubset(0);
```

10.5.2 圆柱体的创建

D3DXCreateCylinder()方法用于创建圆柱体,其函数原型如下:

```
HRESULT  D3DXCreateCylinder(
  __in   LPDIRECT 3DDEVICE9 pDevice,
  __in   FLOAT Radius1,
  __in   FLOAT Radius2,
  __in   FLOAT Length,
  __in   UINT Slices,
  __in   UINT Stacks,
  __out  LPD3DXMESH *ppMesh,
  __out  LPD3DXBUFFER *ppAdjacency
);
```

参数说明:

- 第一个参数为 LPDIRECT 3DDEVICE9 类型的 pDevice,指向 IDirect 3DDevice9 接口的指针,一般为 Direct 3D 设备对象 g_pd3dDevice。
- 第二个参数为 FLOAT 类型的 Radius1,表示创建的圆柱体沿 Z 轴负方向的半径大小,这个参数显然必须为正数。
- 第三个参数为 FLOAT Radius2,表示创建的圆柱体沿 Z 轴正方向的半径大小。
- 第四个参数为 FLOAT 类型的 Length,表示创建的圆柱体沿 Z 轴的长度。
- 第五个参数为 UINT 类型的 Slices,表示圆柱体的外围有几个面,例如,如果设置为 8 的话,创建的圆柱体就表现为八角柱。
- 第六个参数为 UINT 类型的 Stacks,表示柱体的两端间共有几段。
- 第七个参数为 LPD3DXMESH 类型的*ppMesh,存储着创建的形状的指针,使用该指针绘制圆柱体,即 ppMesh –>DrawSubset(0)。
- 第八个参数为 LPD3DXBUFFER 类型的*ppAdjacency,存储着绘制的网格的三角形索引的指针。

10.5.3 2D 多边形的创建

D3DXCreatePolygon()方法用于快速创建一个 2D 多边形,其函数原型如下:

```
HRESULT D3DXCreatePolygon(
    __in    LPDIRECT 3DDEVICE9 pDevice,
    __in    FLOAT Length,
    __in    UINT Sides,
    __out   LPD3DXMESH *ppMesh,
    __out   LPD3DXBUFFER *ppAdjacency
);
```

参数说明:

- 第一个参数为 LPDIRECT 3DDEVICE9 类型的 pDevice,指向 IDirect 3DDevice9 接口的指针,一般填写 Direct 3D 设备对象 g_pd3dDevice。
- 第二个参数为 UINT 类型的 Sides,表示创建的多边形每条边的长度。
- 第三个参数为 FLOAT Radius2,表示创建的多边形包含几个三角形。
- 第四个参数为 LPD3DXMESH 类型的*ppMesh,一个存储着创建形状的指针的地址,使用该指针绘制多边形,即 ppMesh −>DrawSubset(0)。
- 第五个参数为 LPD3DXBUFFER 类型的*ppAdjacency,存储着绘制的网格的三角形索引的指针。

10.5.4 球体创建

D3DXCreateSphere 方法用于创建一个球面体,其函数原型为:

```
HRESULT D3DXCreateSphere(
    __in    LPDIRECT 3DDEVICE9 pDevice,
    __in    FLOAT Radius,
    __in    UINT Slices,
    __in    UINT Stacks,
    __out   LPD3DXMESH *ppMesh,
    __out   LPD3DXBUFFER *ppAdjacency
);
```

参数说明:

- 第一个参数为 LPDIRECT 3DDEVICE9 类型的 pDevice,即 IDirect 3DDevice9 接口指针。
- 第二个参数为 UINT 类型的 Radius,表示创建的球体的半径。
- 第三个参数为 UINT 类型的 Slices,表示创建的球面体绕主轴线切片数,也就是用几条经线来进行绘制。
- 第四个参数为 UINT 类型的 Stacks,表示创建的球面体绕主轴线的纬线数,也就是用几条纬线来进行绘制。

- 第五个参数为 LPD3DXMESH 类型的*ppMesh，一个存储着创建的形状的指针的地址，使用该指针绘制球体，即 ppMesh ->DrawSubset(0)。
- 第六个参数为 LPD3DXBUFFER 类型的*ppAdjacency，存储着绘制的网格的三角形索引的指针。

10.5.5 圆环的创建

D3DXCreateTorus 方法用于创建一个圆环体，其函数原型为：

```
HRESULT  D3DXCreateTorus(
    __in   LPDIRECT 3DDEVICE9 pDevice,
    __in   FLOAT InnerRadius,
    __in   FLOAT OuterRadius,
    __in   UINT Sides,
    __in   UINT Rings,
    __out  LPD3DXMESH *ppMesh,
    __out  LPD3DXBUFFER *ppAdjacency
);
```

参数说明：

- 第一个参数为 LPDIRECT 3DDEVICE9 类型的 pDevice，指向 IDirect 3DDevice9 接口指针。
- 第二个参数为 FLOAT 类型的 InnerRadius，表示创建的圆环的内圈半径。
- 第三个参数为 FLOAT 类型的 OuterRadius，表示创建的圆环的外圈半径。
- 第四个参数为 UINT 类型的 Sides，表示创建的圆环的外圈有几个面，也就是大圆的轮廓是几边形，这个值显然要大于等于 3。
- 第五个参数为 UINT 类型的 Rings，表示创建的圆环的内圈与外圈之间有几个面。
- 第六个参数为 LPD3DXMESH 类型的*ppMesh，一个存储着创建的形状的指针的地址，使用该指针绘制圆环，即 ppMesh ->DrawSubset(0)。
- 第七个参数为 LPD3DXBUFFER 类型的*ppAdjacency，存储着绘制的网格的三角形索引的指针。

10.5.6 茶壶的创建

D3DXCreateTeapot 方法用于创建一个茶壶，该函数原型为：

```
HRESULT  D3DXCreateTeapot(
    __in   LPDIRECT 3DDEVICE9 pDevice,
    __out  LPD3DXMESH *ppMesh,
    __out  LPD3DXBUFFER *ppAdjacency
);
```

参数说明：
- 第一个参数为 LPDIRECT 3DDEVICE9 类型的 pDevice，指向 IDirect 3DDevice9 接口指针。
- 第二个参数为 LPD3DXMESH 类型的*ppMesh，一个存储着创建的形状的指针的地址，使用该指针绘制茶壶，即 ppMesh ->DrawSubset(0)。
- 第三个参数为 LPD3DXBUFFER 类型的*ppAdjacency，存储着绘制的网格的三角形索引的指针。

思考题

1. 举例说明 Direct 3D 中以顶点缓存为数据源的图形绘制步骤。
2. 举例说明 Direct 3D 中以索引缓存为数据源的图形绘制步骤。
3. 试在 Direct 3D 框架程序基础上完成内置几何体的绘制。

第 11 章
Direct 3D 变换

本章学习要求：
掌握 Direct 3D 中视图变换、投影变换和视口变换的实现过程，了解 Direct 3D 渲染流水线。

在 3D 游戏中，需要操纵场景中物体的移动、旋转等，这时构成物体的三维点的坐标是不断变化的，这个过程称为视图变换。另外场景是以三维坐标表示，显示器是二维的，因此在屏幕上渲染一个三维场景时，需要将场景从三维空间转换到二维空间，这个过程称为投影变换。这两种变换在 Direct 3D 中称为顶点坐标变换。顶点坐标变换通常通过变换矩阵来完成，分别称为视图变换矩阵和投影变换矩阵。本章介绍 Direct 3D 中的视图变换、投影变换和固定功能渲染流水线。

11.1 视图变换

基本的视图变换包括平移变换、旋转变换和缩放变换，如果游戏中需要复杂的变换，可以通过这三种基本变换组合而成。在 DirectX 中，这三种基本变换对应的方法为 D3DX 库中的 D3DXMatrixTranslation、D3DXMatrixRotation*和 D3DXMatrixSaling 函数。利用这三个函数设置好对应的变换矩阵，然后调用 IDirect 3DDevice9 接口的 SetTransform 方法来进行变换。

1. SetTransform()方法
在 DirectX SDK 中，SetTransform 方法的原型如下：

```
HRESULT SetTransform(
    [in]  D3DTRANSFORMSTATETYPE State,
    [in]  const D3DMATRIX *pMatrix
    );
```

参数说明：
- 第一个参数为 D3DTRANSFORMSTATETYPE 类型的 State，是一个 D3DTRANSFORMSTATETYPE 枚举类型，用于表示变换的类型，用于区分视图变换、投影变换和纹理变换。

游戏程序设计基础

```
Typedef enum D3DTRANSFORMSTATETYPE {
    D3DTS_VIEW          = 2,
    D3DTS_PROJECTION    = 3,
    D3DTS_TEXTURE0      = 16,
    D3DTS_TEXTURE1      = 17,
    D3DTS_TEXTURE2      = 18,
    D3DTS_TEXTURE3      = 19,
    D3DTS_TEXTURE4      = 20,
    D3DTS_TEXTURE5      = 21,
    D3DTS_TEXTURE6      = 22,
    D3DTS_TEXTURE7      = 23,
    D3DTS_FORCE_DWORD   = 0x7fffffff
} D3DTRANSFORMSTATETYPE, *LPD3DTRANSFORMSTATETYPE;
```

- 第二个参数是 const D3DMATRIX 类型的 *pMatrix，pMatrix 指向有内容的矩阵。

2. 平移变换

Direct 3D 提供了 D3DXMatrixTranslation 方法用于平移变换矩阵的设置，该函数的原型为：

```
D3DXMATRIX * D3DXMatrixTranslation (
    __inout  D3DXMATRIX *pOut,
    __in     FLOAT x,
    __in     FLOAT y,
    __in     FLOAT z
);
```

参数说明：

- 第一个参数为 D3DXMATRIX 类型的 *pOut，该参数是一个 D3DXMATRIX 类型的 4×4 的矩阵，D3DXMatrixTranslation 方法为这个矩阵赋值，让这个矩阵相对于原点有一个偏移量。具体的平移操作其实并不是由这个函数完成的，这个函数其实是在创建一个平移矩阵。
- 第二个参数为 FLOAT 类型的 x，表示 X 轴的平移量。
- 第三个参数为 FLOAT 类型的 y，表示 Y 轴的平移量。
- 第四个参数为 FLOAT 类型的 z，表示 Z 轴的平移量。

例如，要沿着 X 轴的正方向平移 8 个单位，设置平移矩阵的方法如下：

```
D3DXMATRIX mTrans;
D3DXMatrixTranslation(&mTrans,8,0,0);
```

矩阵相乘操作使用 D3DXMatrixMultiply 方法完成，该方法的原型为：

```
D3DXMATRIX * D3DXMatrixMultiply(
    __inout  D3DXMATRIX *pOut,
    __in     const D3DXMATRIX *pM1,
```

```
    __in     const D3DXMATRIX *pM2
);
```

第一个参数存储输出的结果，pOut=pM1 * pM2。第二和第三个参数为参加乘法的两个矩阵，需要注意 pM1 在左，pM2 在右。

综合起来，如果要将一个物体由原来的状态向 X 轴正方向移动 6 个单位，Y 轴正方向移动 4 个单位，相关的代码示例如下：

```
D3DXMATRIX mTrans;
D3DXMATRIX mMtrix;
D3DXMatrixTranslation(&mTrans,6,4,0);
D3DXMatrixTranslation(&mMtrix,0,0,5);
D3DXMatrixMultiply (&mMtrix, &mMtrix, &&mTrans);
g_pd3dDevice->SetTransform (D3DTS_WORLD,&mTrans);
```

3. 旋转变换

在三维坐标系下，基本旋转变换包括绕 X 轴、Y 轴和 Z 轴 3 个基本变换，对应的 DirectX 方法分别为：

```
D3DXMATRIX * D3DXMatrixRotationX(
  __inout  D3DXMATRIX *pOut,
  __in     FLOAT Angle
);
D3DXMATRIX * D3DXMatrixRotationY(
  __inout  D3DXMATRIX *pOut,
  __in     FLOAT Angle
);
D3DXMATRIX * D3DXMatrixRotationZ(
  __inout  D3DXMATRIX *pOut,
  __in     FLOAT Angle
);
```

参数说明：
- 第一个参数为 D3DXMATRIX 类型的*pOut，该参数存储作为输出结果的旋转矩阵。
- 第二个参数为 FLOAT 类型的 angle，表示要旋转的弧度值。

若要将一个模型绕 Y 轴旋转 45 度，相关代码如下：

```
D3DXMATRIX mTrans;
float fAngle=45*(2.0f*D3DX_PI)/360.0f;
D3DXMatrixRotationY (&mTrans, fAngle);
g_pd3dDevice->SetTransform (D3DTS_WORLD,&mTrans);
```

4. 缩放变换

与旋转变换和平移变换类似，缩放变换也是先用一个函数创建好用于缩放的变换矩阵，创建缩放变换矩阵为 D3DXMatrixScaling 函数，这个函数的原型如下：

```
D3DXMATRIX * D3DXMatrixScaling(
    __inout  D3DXMATRIX *pOut,
    __in     FLOAT sx,
    __in     FLOAT sy,
    __in     FLOAT sz
);
```

参数说明:

- 第一个参数为 D3DXMATRIX 类型的*pOut, 存储作为输出结果的缩放矩阵。
- 第二个参数到第四个参数为浮点型的 X, Y, Z 轴上的缩放比例。

例如,要将一个物体在 Z 轴上放大 5 倍,代码如下:

```
D3DXMATRIX mTrans;
D3DXMatrixScaling(&mTrans,1.0f,1.0f,5.0f);
g_pd3dDevice->SetTransform(D3DTS_WORLD,&mTrans);
```

最后给出一个综合的调用实例,比如要将一个物体在 X 轴上放大 3 倍,然后又绕 Y 轴旋转 120 度,最后又沿 Z 轴平移正方向 10 个单位,实现代码如下:

```
D3DXMATRIX matWorld;
D3DXMATRIX matTranslate, matRotation, matScale;
D3DXMatrixIdentity (& matWorld);
D3DXMatrixScaling( & matScale,3.0f,1.0f,1.0f);
float fAngle=120*(2.0f*D3DX_PI)/360.0f;
D3DXMatrixRotationY(&matRotation, fAngle);
D3DXMatrixMultiply(&matWorld,& matScale,& matRotation);
D3DXMatrixTranslation(&matTranslate,0.0f,0.0f,10.0f);
D3DXMatrixMultiply (&matWorld ,&matWorld,& matTranslate);
g_pd3dDevice->SetTransform(D3DTS_WORLD,&mTrans);
```

由于 Direct 3D 对 D3DXMATRIX 矩阵类型进行了扩展,对矩阵乘法进行了重载,所以矩阵的乘法运算可以不用拘泥于上面讲到的 D3DXMatrixMultiply()来实现了,可以使用乘法运算符"*"完成。

5. D3DXMatrixLookAtLH 函数

在观察物体的状态时经常用到 D3DX 库中的 D3DXMatrixLookAtLH 函数,该函数设置 Direct 3D 中的虚拟摄像机的位置、姿态和观察点。D3DXMatrixLookAtLH 函数的原型如下:

```
D3DXMATRIX * D3DXMatrixLookAtLH(
    __inout  D3DXMATRIX *pOut,
    __in     const D3DXVECTOR3 *pEye,
    __in     const D3DXVECTOR3 *pAt,
    __in     const D3DXVECTOR3 *pUp
);
```

参数说明:

- 第一个参数为 D3DXMATRIX 类型的*pOut,为最终生成的观察矩阵。

- 第二个参数为 const D3DXVECTOR3 类型的*pEye,指定虚拟摄像机在世界坐标系中的位置。
- 第三个参数为 const D3DXVECTOR3 类型的*pAt,为观察点在世界坐标系中的位置。
- 第四个参数为 const D3DXVECTOR3 类型的*pUp,为摄像机向上的向量,通常设为(0,1,0)。

下面给出一段使用 D3DXMatrixLookAtLH 观察场景的代码:

```
D3DXVECTOR3 vEyePt( 0.0f, 8.0f,-10.0f );          //摄像机的位置
D3DXVECTOR3 vLookatPt( 0.0f, 0.0f, 0.0f );        //观察点的位置
D3DXVECTOR3 vUpVec( 0.0f, 1.0f, 0.0f );           //向上的向量
D3DXMATRIX matView;                                //定义一个世界矩阵
D3DXMatrixLookAtLH( &matView, &vEyePt, &vLookatPt, &vUpVec );
//计算出取景变换矩阵
g_pd3dDevice->SetTransform( D3DTS_VIEW, &matView ); //应用取景变换矩阵
```

11.2 投影变换

为了能够将三维场景显示在二维的显示平面上,还需要通过投影变换将三维物体投影到二维的平面上。投影分为平行投影和透视投影,在游戏程序开发中,主要使用立体感更强的透视投影,如图 11-1 所示给出了透视投影裁剪空间。

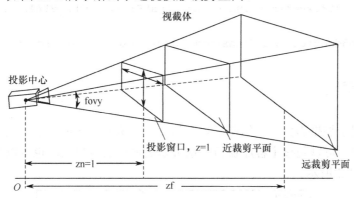

图 11-1 透视投影裁剪空间示意图

在图 11-1 中,近裁剪平面和远裁剪平面之间的四棱台构成了裁剪空间,这个裁剪空间为四棱台,称为视截体,即只有在这个四棱台中的物体才会被显示到投影窗口上,投影窗口是一个二维平面,用于描述三维物体模型经过透视投影后的二维图像,在 Direct 3D 中投影窗口平面默认定义为 z=1 的平面。

投影变换负责将位于视截体内的物体模型映射到投影窗口中。D3DX 库中的 D3DXMatrixPerspectiveFovLH 函数可以用来计算一个视截体,并根据该视截体的描述信息创建一个投影矩阵变换。这个 D3DXMatrixPerspectiveFovLH 方法可以在 MSDN 中查到如下函数原型;

```
D3DXMATRIX * D3DXMatrixPerspectiveFovLH(
    __inout  D3DXMATRIX *pOut,
    __in     FLOAT fovy,
    __in     FLOAT Aspect,
    __in     FLOAT zn,
    __in     FLOAT zf
);
```

参数说明:

- 第一个参数为 D3DXMATRIX 类型的*pOut,为我们最终生成的投影变换矩阵。
- 第二个参数为 FLOAT 类型的 fovy,用于指定以弧度为单位的虚拟摄像机在 y 轴上的成像角度,即视域角度(View of View),成像角度越大,映射到投影窗口中的图形就越小;反之,投影图像就越大。
- 第三个参数为 FLOAT 类型的 Aspect,用于描述屏幕显示区的横纵比,即屏幕的宽度/高度。
- 第四个参数为 FLOAT 类型的 zn,表示视截体中近裁剪面距我们摄像机的位置。
- 第五个参数为 FLOAT 类型的 zf,表示视截体中远裁剪面距我们摄像机的位置。

下面给出透视投影的相关实现代码:

```
D3DXMATRIXA16 matProj;
float aspect = (float)(800/600);
D3DXMatrixPerspectiveFovLH( &matProj, D3DX_PI/4, aspect, 1.0f, 100.0f );
g_pd3dDevice->SetTransform( D3DTS_PROJECTION, &matProj );
```

11.3 视口变换

视口变换用于将投影窗口中的图形转换到显示屏幕的程序窗口中。视口是程序窗口中的一个矩形区域,可以是整个程序窗口,也可以是窗口的客户区,也可以是窗口中其他矩形区域,如图 11-2 所示。

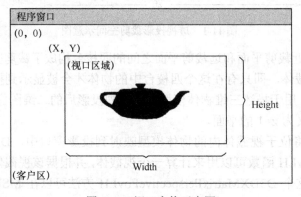

图 11-2 视口变换示意图

在 Direct 3D 中，视口是由 D3DVIEWPROT9 结构体来描述的，其中定义了视口的位置、宽度、高度等信息，在 DirectX SDK 中该结构体的声明如下：

```
typedef struct D3DVIEWPORT9 {
    DWORD X;                //表示视口相对于窗口的 X 坐标
    DWORD Y;                //视口相对于窗口的 Y 坐标
    DWORD Width;            //视口的宽度
    DWORD Height;           //视口的高度
    float MinZ;             //视口在深度缓存中的最小深度值
    float MaxZ;             //视口在深度缓存中的最大深度值
} D3DVIEWPORT9, *LPD3DVIEWPORT9;
```

下面给出视口变换的相关实现代码：

```
        D3DVIEWPORT9 vp;
        vp.X       = 0;
        vp.Y       = 0;
        vp.Width   = 800;
        vp.Height  = 600;
        vp.MinZ    = 0.0f;
        vp.MaxZ    = 1.0f;
        g_pd3dDevice->SetViewport(&vp);
```

也可以在定义 D3DVIEWPORT9 类型变量时直接赋值，即：

```
        D3DVIEWPORT9 vp={0,0,800,600,0,1};
        g_pD3dDevice->SetViewport(&vp);
```

11.4 Direct 3D 变换示例

```
…… ……/*与框架程序一样*/
struct CUSTOMVERTEX
{
    FLOAT x, y, z;
    DWORD color;
};
#define D3DFVF_CUSTOMVERTEX (D3DFVF_XYZ|D3DFVF_DIFFUSE)

/*增加了设置变换矩阵的函数,其余变量,函数声明与框架程序一样*/
VOID Matrix_Set();    //封装了 Direct 3D 中相应的变换函数

int WINAPI WinMain(HINSTANCE hInstance, HINSTANCE hPrevInstance,LPSTR lpCmdLine, int nShowCmd)
```

```
{
    …… ……/*与框架程序一样*/
}

LRESULT CALLBACK WndProc( HWND hwnd, UINT message, WPARAM wParam, LPARAM lParam )
{
    …… ……/*与框架程序一样*/
}

HRESULT Direct 3D_Init(HWND hwnd)
{
    …… ……/*与框架程序一样*/
    g_pd3dDevice->SetRenderState(D3DRS_LIGHTING, FALSE);        //关闭光照
    g_pd3dDevice->SetRenderState(D3DRS_CULLMODE, D3DCULL_CCW);   //开启面片反面消隐
    return S_OK;
}

HRESULT Objects_Init(HWND hwnd)
{
    if(FAILED(D3DXCreateFont(g_pd3dDevice,36,0,0,1,false,DEFAULT_CHARSET,
        OUT_DEFAULT_PRECIS, DEFAULT_QUALITY, 0, _T("微软雅黑"), &g_pFont)))
        return E_FAIL;
    srand(timeGetTime());

    if( FAILED( g_pd3dDevice->CreateVertexBuffer( 8*sizeof(CUSTOMVERTEX),
        0, D3DFVF_CUSTOMVERTEX,
        D3DPOOL_DEFAULT, &g_pVertexBuffer, NULL ) ) )
    {
        return E_FAIL;
    }

    if( FAILED(g_pd3dDevice->CreateIndexBuffer(36* sizeof(WORD), 0,
        D3DFMT_INDEX16, D3DPOOL_DEFAULT, &g_pIndexBuffer, NULL)) )
    {
        return E_FAIL;
    }
    CUSTOMVERTEX Vertices[] =
    {
```

```cpp
        { -20.0f,  20.0f, -20.0f, D3DCOLOR_XRGB(rand() % 256, rand() % 256, rand() % 256) },
        { -20.0f,  20.0f,  20.0f, D3DCOLOR_XRGB(rand() % 256, rand() % 256, rand() % 256) },
        {  20.0f,  20.0f,  20.0f, D3DCOLOR_XRGB(rand() % 256, rand() % 256, rand() % 256) },
        {  20.0f,  20.0f, -20.0f, D3DCOLOR_XRGB(rand() % 256, rand() % 256, rand() % 256) },
        { -20.0f, -20.0f, -20.0f, D3DCOLOR_XRGB(rand() % 256, rand() % 256, rand() % 256) },
        { -20.0f, -20.0f,  20.0f, D3DCOLOR_XRGB(rand() % 256, rand() % 256, rand() % 256) },
        {  20.0f, -20.0f,  20.0f, D3DCOLOR_XRGB(rand() % 256, rand() % 256, rand() % 256) },
        {  20.0f, -20.0f, -20.0f, D3DCOLOR_XRGB(rand() % 256, rand() % 256, rand() % 256) },
    };
    VOID* pVertices;
    if(FAILED(g_pVertexBuffer->Lock(0,sizeof(Vertices),(void**)&pVertices,0)))
        return E_FAIL;
    memcpy( pVertices, Vertices, sizeof(Vertices) );
    g_pVertexBuffer->Unlock();

    WORD *pIndices = NULL;
    g_pIndexBuffer->Lock(0, 0, (void**)&pIndices, 0);

    // 顶面
    pIndices[0] = 0, pIndices[1] = 1, pIndices[2] = 2;
    pIndices[3] = 0, pIndices[4] = 2, pIndices[5] = 3;
    // 前面
    pIndices[6] = 0, pIndices[7] = 3, pIndices[8] = 7;
    pIndices[9] = 0, pIndices[10] = 7, pIndices[11] = 4;
    // 左侧面
    pIndices[12] = 0, pIndices[13] = 4, pIndices[14] = 5;
    pIndices[15] = 0, pIndices[16] = 5, pIndices[17] = 1;
    // 右侧面
    pIndices[18] = 2, pIndices[19] = 6, pIndices[20] = 7;
    pIndices[21] = 2, pIndices[22] = 7, pIndices[23] = 3;
    // 后面
```

```cpp
        pIndices[24] = 2, pIndices[25] = 5, pIndices[26] = 6;
        pIndices[27] = 2, pIndices[28] = 1, pIndices[29] = 5;
        // 底面
        pIndices[30] = 4, pIndices[31] = 6, pIndices[32] = 5;
        pIndices[33] = 4, pIndices[34] = 7, pIndices[35] = 6;
        g_pIndexBuffer->Unlock();

    return S_OK;
}
//------------------------------【Matrix_Set( )函数】------------------
//   函数中封装了教材中讲到的视图变换,投影变换和视口变换
//-----------------------------------------------------------------
VOID Matrix_Set()
{
    //-----------------------------------------------------------------
    //视图变换矩阵的设置
    //-----------------------------------------------------------------
    D3DXMATRIX matWorld, Rx, Ry, Rz;
    D3DXMatrixIdentity(&matWorld);                              // 将矩阵单位化
    D3DXMatrixRotationX(&Rx, D3DX_PI *(::timeGetTime() / 1000.0f));
                                                                // 绕 X 轴旋转
    D3DXMatrixRotationY(&Ry, D3DX_PI *( ::timeGetTime() / 1000.0f/2));
                                                                //绕 Y 轴旋转
    D3DXMatrixRotationZ(&Rz, D3DX_PI *( ::timeGetTime() / 1000.0f/3));
                                                                //绕 Z 轴旋转
    matWorld = Rx * Ry * Rz * matWorld;                         // 得到最终的变换矩阵
    g_pd3dDevice->SetTransform(D3DTS_WORLD, &matWorld);         //设置变换矩阵


    //-----------------------------------------------------------------
    //设置 D3DXMatrixLookAtLH 函数进行相关视图变换
    //-----------------------------------------------------------------
    D3DXMATRIX matView;
    D3DXVECTOR3 vEye(0.0f, 0.0f, -200.0f);                      //定义摄像机的位置
    D3DXVECTOR3 vAt(0.0f, 0.0f, 0.0f);                          //定义观察目标点位置
    D3DXVECTOR3 vUp(0.0f, 1.0f, 0.0f);                          //定义向上的矢量
    D3DXMatrixLookAtLH(&matView, &vEye, &vAt, &vUp);            //计算出对应的变换矩阵
    g_pd3dDevice->SetTransform(D3DTS_VIEW, &matView);           //设置对应的变换矩阵

    //-----------------------------------------------------------------
    //设置投影变换矩阵
```

```cpp
    //----------------------------------------------------------------
    D3DXMATRIX matProj;
    D3DXMatrixPerspectiveFovLH(&matProj, D3DX_PI / 4.0f, 1.0f, 1.0f,
1000.0f); //计算投影变换矩阵
    g_pd3dDevice->SetTransform(D3DTS_PROJECTION, &matProj);//设置投影变换矩阵

    //----------------------------------------------------------------
    //设置视口变换矩阵
    //----------------------------------------------------------------
    D3DVIEWPORT9 vp;         //实例化一个D3DVIEWPORT9结构图,并进行相关的参数设置
    vp.X      = 0;                   //视口相对于窗口的X坐标
    vp.Y      = 0;                   //视口相对于窗口的Y坐标
    vp.Width  = WINDOW_WIDTH;        //视口的宽度
    vp.Height = WINDOW_HEIGHT;       //视口的高度
    vp.MinZ   = 0.0f;                //视口深度缓存中最小深度值
    vp.MaxZ   = 1.0f;                //视口深度缓存中最大深度值
    g_pd3dDevice->SetViewport(&vp);//视口的设置
}

void Direct 3D_Render(HWND hwnd)
{
    g_pd3dDevice->Clear(0,NULL,D3DCLEAR_TARGET|D3DCLEAR_ZBUFFER,D3DCOLOR_XRGB(255, 214,158), 1.0f, 0);

    RECT formatRect;
    GetClientRect(hwnd, &formatRect);
    g_pd3dDevice->BeginScene();
    Matrix_Set();//调用该函数进行视图变换、投影变换和视口变换
    if (::GetAsyncKeyState(0x31) & 0x8000f)         // 按下1,进行线框绘制
        g_pd3dDevice->SetRenderState(D3DRS_FILLMODE,D3DFILL_WIREFRAME);
    if (::GetAsyncKeyState(0x32) & 0x8000f)         // 按下2,进行实体绘制
        g_pd3dDevice->SetRenderState(D3DRS_FILLMODE,D3DFILL_SOLID);

    g_pd3dDevice->SetStreamSource(0,g_pVertexBuffer,0,sizeof (CUSTOMVERTEX));
    g_pd3dDevice->SetFVF( D3DFVF_CUSTOMVERTEX );
    g_pd3dDevice->SetIndices(g_pIndexBuffer);
    g_pd3dDevice->DrawIndexedPrimitive(D3DPT_TRIANGLELIST, 0, 0, 8, 0, 12);

    g_pd3dDevice->EndScene();
```

```
        g_pd3dDevice->Present(NULL, NULL, NULL, NULL);
}


void Direct 3D_CleanUp()
{
    SAFE_RELEASE(g_pIndexBuffer)
    SAFE_RELEASE(g_pVertexBuffer)
    SAFE_RELEASE(g_pFont)
    SAFE_RELEASE(g_pd3dDevice)
}
```

11.5 Direct 3D 固定功能渲染流水线概述

Direct 3D 固定功能渲染流水线可以理解为模型从模型坐标系到视口输出的整个过程，分为两个阶段，第一阶段称为坐标变换和光照处理阶段（Transforming &Lighting，T&L 阶段），如图 11-3 所示。在这个阶段中，每个对象的顶点从一个抽象的浮点坐标变换到基于像素的屏幕空间当中，这里的坐标变换不仅包含物体顶点位置，还包括顶点的法线、纹理坐标等，并根据场景中光源和物体表面的材质对物体顶点进行相关的光照计算，另外视口的设置和裁剪也是在第一阶段进行的。第二阶段称为光栅化处理阶段，在第二阶段，Direct 3D 将这些已经完成变换和光照阶段的顶点组织为以点、线、面为基础的图元，应用纹理贴图和物体顶点的颜色属性，并根据相关渲染状态的设置，决定每个像素最终的颜色值，并且在屏幕上显示出来。

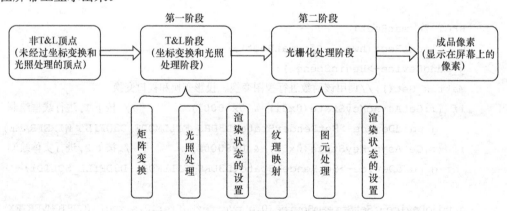

图 11-3　Direct 3D 固定功能渲染流水线

本章前三节的内容包含在 Direct 3D 固定功能渲染流水线的第一阶段中，即坐标变换和光照处理阶段，在这个过程中，未经过变换和光照处理的顶点在流水线内部完成世界变换、取景变换、光照处理、投影变换以及视口变换等处理。在 Direct 3D 中，在默认情况下观察坐标系的原点处于应用程序窗口的中心位置，观察方向是世界坐标系的 Z 轴正方向，也就是垂直程序窗口并向里观察的方向。Direct 3D 的坐标变换主要由视图变换、投影变换和视口变换组成。模型变换表示坐标系内对三维模型进行移动、旋转和缩放等，投影变换表示三维坐标投影到二维平面上，视口变换控制图形窗口的位置和大小。

程序是通过指定相关的变换矩阵、视口以及光照模型建立 T&L 流水线，将顶点送入流水线，对这些顶点在流水线中进行坐标变换、光照处理以及裁剪，将其投影到屏幕空间当中，并根据视口的尺寸对图形进行缩放，具体过程如图 11-4 所示。

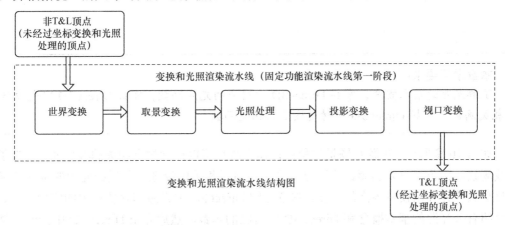

图 11-4　固定功能渲染流水线第一阶段的功能示意图

固定功能渲染流水线的第二阶段主要是完成面片内部各个像素的颜色设置，面片内部各个像素点的颜色和亮点由两个方面决定，一个方面是纹理映射中图片对应的像素点的颜色；另一个是构成面片的顶点的颜色和亮点通过插值得到的该点的颜色和亮点。这两个值相加就形成了最终该像素点的颜色和亮度。

思考题

1. 复习 Direct 3D 中视图变换的种类及相关的实现函数的使用。
2. 复习 Direct 3D 中投影变换的种类及相关的实现函数的使用。
3. 复习 Direct 3D 中相关的视口变换函数的使用。

第 12 章
Direct 3D 光照与材质

> **本章学习要求：**
> 了解光照的基本概念，掌握 Direct 3D 中对应的光照函数，掌握 Direct 3D 中光源类型的相关函数，掌握 Direct 3D 中材质设定的相关函数。

如第 10 章所述，在游戏场景与角色构建完成后可以得到的是相关的模型面片。为了使游戏场景和角色具有真实感，需要给模型面片赋予相关的纹理，并根据光源的位置和模型的材料属性计算出模型各点的亮度。本章介绍 Direct 3D 中光照和材质相关的实现方法，首先介绍有关光照的基本概念和 Direct 3D 中对应的函数，然后介绍 Direct 3D 中光源类型的相关函数，最后介绍 Direct 3D 中材质设定的相关函数。

12.1 光照类型

根据自然界中的光照特点，在计算机图形学中将光照类型分为环境光（Ambient Light）、漫反射光（Diffuse Light）和镜面反射光（Specular Light）。

12.1.1 环境光

环境光不直接来自光源，而是来自周围环境对光的反射，照射在物体上的光来自周围各个方向，又均匀地向各个方向反射，因此可以认为，同一环境下的环境光是恒定不变的，对任何物体的表面都相等。理论上环境光强度的计算公式为：

$$I_e = I_a K_a$$

其中，I_e 是环境光反射强度；K_a 为物体表面对环境光的反射系数。在同一环境光的照射下，物体表面呈现的光强度未必相同，就是因为它们具有不同的 K_a。

在 Direct 3D 中环境光的设置使用函数 SetRenderState()，代码如下：

```
pd3dDevice->SetRenderState(D3DRS_AMBIENT,D3DCOLOR_XRGB(36, 36, 36));
```

参数说明：
- 第一个参数为 D3DRS_AMBIENT，代表环境光的设置。
- 第二个参数是颜色值。

12.1.2 漫反射光

如图 12-1 所示,漫反射光的入射光 L 沿着特定的方向传播,到达某一表面时,将沿着各个方向均匀反射,无论从哪个方向观察,物体表面的亮度都是相同的。所以采用漫反射这种光照模型时,无需考虑观察者的位置,但是需要考虑入射光 L 的方向,因为在计算机图形学中,漫反射的强度计算公式为:

$$I_d = I_p K_d \cos\theta, \quad \theta \in [0, 90]$$

其中,I_p 为入射光的强度,即点光源的光强;K_d 为漫反射系数,且有 $K_d \in [0,1]$,它由物体的材料属性以及入射光的波长决定;θ 为光线的入射角。

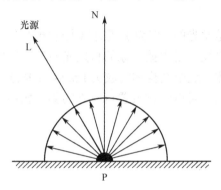

图 12-1 漫反射示意图

12.1.3 镜面反射光

镜面反射遵循反射定律,即反射角等于入射角。对于理想的高光泽度反射面(如镜子等),观察者在等于入射角的反射角方向上,才能看到反射光,这个过程如图 12-2 所示。对于这种理想的反射面,镜面反射的光强要比环境光和漫反射的光强高出很多倍,如果观察者正好处在 P 点的镜面反射方向上,就会看到一个比周围亮得多的高光点。

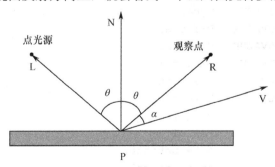

图 12-2 镜面反射示意图

理论上镜面反射的计算公式为:

$$I_s = I_p K_s \cos^n \alpha$$

其中，I_s 为镜面反射光在观察方向上的光强；I_p 为点光源的强度；K_s 为镜面反射系数；α 为视点方向 V 与镜面反射方向 R 之间的夹角；n 为与物体表面光滑度有关的一个常数，表面越光滑，n 越大。

由于镜面光比其他类型的光计算量要大很多，Direct 3D 在默认情况下是把镜面反射关闭的，如果想启用镜面反射，需要把把渲染状态 D3DRS_SPECULARENABLE 设置为 true，如下：

```
pd3dDevice->SetRenderState(D3DRS_SPECULARENABLE,true);
```

12.1.4 自发光

场景中有些物体本身是发光的，但为了避免增大光照计算量，不将该物体设置为光源，这时候就定义了自发光，自发光是根据对象的自发光材质实现的，在讲解材质部分时会讲到 D3DMATERIAL9 结构体，这个结构体的成员 Emissive 描述自发光的颜色和透明度。自发光影响着一个对象的颜色，可以通过设置自发光的颜色属性，把一些灰暗的材质变得明亮一些。

12.2 光源类型

在 Direct 3D 中的光源类型和光照类型是两个完全不同的概念，光照模型描述的是光线的反射特征，而光源类型主要强调的是能够产生这些光照模型的方式以及光线的位置、方向、强度等特征。Direct 3D 中主要有 3 种类型的光源，分别为点光源（Point Light）、方向光（Directional Light）和聚光灯（Spot Light）。

而在 Direct 3D 9.0c 中，光源的设置与 D3DLIGHT9 结构体密切相关，在 MSDN 中该结构体的原型为：

```
typedef struct D3DLIGHT9 {
    D3DLIGHTTYPE    Type;
    D3DCOLORVALUE   Diffuse;
    D3DCOLORVALUE   Specular;
    D3DCOLORVALUE   Ambient;
    D3DVECTOR       Position;
    D3DVECTOR       Direction;
    float           Range;
    float           Falloff;
    float           Attenuation0;
    float           Attenuation1;
    float           Attenuation2;
    float           Theta;
    float           Phi;
} D3DLIGHT9,*LPD3DLIGHT;
```

参数说明：

- 第一个参数为 D3DLIGHTTYPE 类型的 Type，表示光源的类型，在 D3DLIGHTTYPE 枚举体中取值，而 D3DLIGHTTYPE 枚举体有如下定义：

```
typedef enumD3DLIGHTTYPE {
  D3DLIGHT_POINT          = 1,
  D3DLIGHT_SPOT           = 2,
  D3DLIGHT_DIRECTIONAL    = 3,
  D3DLIGHT_FORCE_DWORD    = 0x7fffffff
} D3DLIGHTTYPE,*LPD3DLIGHTTYPE;
```

- 第二个参数到第四个参数都为 D3DCOLORVALUE 类型的颜色值，而参数名分别为 Diffuse、Specular、Ambient，分别表示光源的漫反射、镜面反射和环境光的颜色值。
- 第五个参数为 D3DVECTOR 类型的 Position，表示光源的位置。
- 第六个参数为 D3DVECTOR 类型的 Direction，表示光源的光照方向。
- 第七个参数为 float 类型的 Range，表示光源的光照范围，只在某些光源类型中有意义。
- 第八个参数以及第十二、第十三个参数又是一个类型的，为 float 类型的 Falloff、Theta 以及 Phi，这三个参数都是用在聚光灯光源类型中的，即第一个参数 Type 设置为 D3DLIGHT_SPOT 聚光灯类型的时候，这三个参数才有意义。
- 第九到第十一这三个参数 Attenuation0～Attenuation2 都为衰减系数，定义了光强随着距离衰减的方式，衰减公式如下：

$$\text{AttenuationValue} = \frac{-1}{A_0 + A_1 D + A_2 D^2}$$

其中，D 为光源到顶点的距离，A_0～A_2 分别对应于 Attenuation0~ Attenuation2。

在设置光源时，首先对这个结构体的参数进行赋值，再调用 IDirect 3DDevice9 接口的 SetLight 方法设置光源，SetLight 方法的原型如下：

```
HRESULT SetLight(
    [in] DWORD Index,
    [in] const D3DLIGHT9 *pLight
);
```

参数说明：

- 第一个参数为 DWORD 类型的 Index，取值在 0～7 之间，表示选择第 1～8 个光源。
- 第二个参数为 const D3DLIGHT9 类型的*pLight，即指向 D3DLIGHT9 结构体的指针，包含设置好的灯光类型。

最后调用 IDirect 3DDevice9 接口的 LightEnable 方法启用光照就可以了：

```
HRESULT LightEnable(
    [in] DWORD LightIndex,
    [in] BOOL bEnable
);
```

参数说明：
- 第一个参数为 DWORD 类型的 Index，取值在 0~7 之间，表示选择第 1~8 个光源。
- 第二个参数为 BOOL 类型的 bEnable，填 true 或者 flase 表示启用或者禁用第一个参数里面指定的光照。

12.2.1 点光源

点光源（Point Light）具有颜色和位置，没有方向，向所有方向发射的光都一样，是一个从中心向空间中各个方向发射相等强度光线的光源，且光的亮度不会随着距离而衰减。

定义点光源首先实例化一个 D3DLIGHT9 结构体，将第一个参数设置为 D3DLIGHT_POINT，然后进行其余参数的设置，下面给出看一个点光源设置的实例：

```
D3DLIGHT9 light;
::ZeroMemory(&light,sizeof(light));
light.Type = D3DLIGHT_POINT;        //点光源
light.Ambient    = D3DXCOLOR(0.8f, 0.8f, 0.8f, 1.0f);
light.Diffuse    = D3DXCOLOR(1.0f, 1.0f, 1.0f, 1.0f);
light.Specular   =D3DXCOLOR(0.3f, 0.3f, 0.3f, 1.0f);
light.Position   = D3DXVECTOR3(0.0f, 200.0f, 0.0f);
light.Attenuation0 = 1.0f;
light.Attenuation1 = 0.0f;
light.Attenuation2 = 0.0f;
light.Range      = 300.0f;
pd3dDevice->SetLight(0,&light);      //设置光源
pd3dDevice->LightEnable(0,true);     //启用光照
```

其中，ZeroMemory 函数将参数 D3DLIGHT9 结构体实例置零。

12.2.2 方向光源

方向光源是从无穷远处发出的一组平行、均匀的光线，在场景中以相同的方向传播，只具有颜色和方向，不受到衰减和范围的影响。

定义一个方向光源需要首先实例化一个 D3DLIGHT9 结构体，将第一个参数设置为 D3DLIGHT_DIRECTIONAL，然后进行其余参数的设置，实例化出的这个结构体即为一个方向光源了。下面给出一个方向光源设置的实例：

```
D3DLIGHT9 light;
::ZeroMemory(&light,sizeof(light));
light.Type       = D3DLIGHT_DIRECTIONAL;//方向光源
light.Ambient    = D3DXCOLOR(0.5f, 0.5f, 0.5f, 1.0f);
light.Diffuse    = D3DXCOLOR(1.0f, 1.0f, 1.0f, 1.0f);
light.Specular   = D3DXCOLOR(0.3f, 0.3f, 0.3f, 1.0f);
light.Direction  = D3DXVECTOR3(1.0f, 0.0f, 0.0f);
```

```
pd3dDevice->SetLight(0,&light);          //设置光源
pd3dDevice->LightEnable(0,true);         //启用光照
```

12.2.3 聚光灯光源

聚光灯发出的光由一个明亮的内锥体（Inner Cone）和大一点的外锥体（Outer Cone）组成。显然内锥体中的光是最亮的，内锥体到外锥体外围的光强逐渐衰减，到了外锥体以外，已经衰减得没有光了。光线强度从内锥体到外锥体逐渐衰减，是通过聚光灯的 Falloff、Theta、和 Phi 这三个属性共同来控制其衰减规律，Falloff 用于控制光强如何从内锥体的外侧向外锥体的内侧减弱。

因为聚光灯受到衰减规律和光照范围的影响，场景中的每个顶点在计算光照时，聚光灯成为在 Direct 3D 中计算量最大的光源，因此程序中要谨慎使用聚光灯。

定义一个聚光灯光源首先实例化一个 D3DLIGHT9 结构体，将第一个参数设置为 D3DLIGHT_SPOT，然后进行其余参数的设置，这样实例化出的这个结构体就是一个聚光灯光源了。下面给出一个设置聚光灯光源的实例：

```
D3DLIGHT9 light;
::ZeroMemory(&light,sizeof(light));
light.Type           = D3DLIGHT_SPOT;//聚光灯光源
light.Position       = D3DXVECTOR3(100.0f, 100.0f, 100.0f);
light.Direction      = D3DXVECTOR3(-1.0f, -1.0f, -1.0f);
light.Ambient        = D3DXCOLOR(0.3f, 0.3f, 0.3f, 1.0f);
light.Diffuse        = D3DXCOLOR(1.0f, 1.0f, 1.0f, 1.0f);
light.Specular       = D3DXCOLOR(0.3f, 0.3f, 0.3f, 0.3f);
light.Attenuation0   = 1.0f;
light.Attenuation1   = 0.0f;
light.Attenuation2   = 0.0f;
light.Range          = 300.0f;
light.Falloff        = 0.1f;
light.Phi            = D3DX_PI / 3.0f;
light.Theta          = D3DX_PI / 6.0f;
pd3dDevice->SetLight(0,&light);          //设置光源
pd3dDevice->LightEnable(0,true);         //启用光照
```

12.3 材质

对于光照计算，光照和材质两者缺一不可。物体表面的材质属性决定了它能反射什么颜色的光线以及能反射多少。在 Direct 3D 中，物体表面的材质属性由一个结构体 D3DMATERIAL9 来负责管理。

MSDN 中的 D3DMATERIAL9 结构体有如下原型：

```
typedef struct D3DMATERIAL9 {
```

```
D3DCOLORVALUE      Diffuse;
D3DCOLORVALUE      Ambient;
D3DCOLORVALUE      Specular;
D3DCOLORVALUE      Emissive;
float              Power;
} D3DMATERIAL9, *LPD3DMATERIAL9;
```

参数说明：
- 第一个参数为 D3DCOLORVALUE 类型的 Diffuse，表示物体表面对漫反射光的反射率，D3DCOLORVALUE 是 Direct 3D 中的颜色类型，可以用 D3DXCOLOR(A ,R, G, B)表示某种颜色，例如：D3DXCOLOR(0.5f, 0.5f, 0.7f, 1.0f)。
- 第二个参数为 D3DCOLORVALUE 类型的 Ambient，表示物体表面对环境光的反射率。
- 第三个参数为 D3DCOLORVALUE 类型的 Specular，表示物体表面对镜面反射光的反射率。
- 第四个参数为 D3DCOLORVALUE 类型的 Emissive，表示物体的自发光颜色值。
- 第五个参数为 float 类型的 Power，表示镜面反射指数，它的值越大，高光强度和周围亮度相差就越大。

物体的顶点颜色的亮度总和为 $I_{total} = I_{ambient} + I_{diffuse} + I_{specular} + I_{emissive}$。

通过这个式子可以知道，物体的颜色亮度总和=物体环境光亮度+物体漫反射光亮度+物体镜面反射光亮度+自发光亮度。也就是说，物体最终颜色和亮度值由 D3DMATERIAL9 结构体中设置的四种颜色值共同决定。

设置好材质属性后，需要调用一个 SetMaterial 方法来设置当前使用的材质属性，在 MSDN 中 SetMaterial 函数有如下原型：

```
HRESULT SetMaterial (
    [in]   const D3DMATERIAL9 *pMaterial
);
```

下面给出一个设置材质的实例：

```
D3DMATERIAL9 mtrl;
::ZeroMemory(&mtrl, sizeof(mtrl));
mtrl.Ambient  = D3DXCOLOR(0.5f, 0.5f, 0.7f, 1.0f);
mtrl.Diffuse  = D3DXCOLOR(0.6f, 0.6f, 0.6f, 1.0f);
mtrl.Specular =D3DXCOLOR(0.3f, 0.3f, 0.3f, 0.3f);
mtrl.Emissive =D3DXCOLOR(0.0f, 0.0f, 0.0f, 1.0f);
g_pd3dDevice->SetMaterial(&mtrl);
```

另外需要注意，如果没有在程序中用代码来指定材质属性的话，Direct 3D 有默认材质，默认材质反射所有的漫反射光，但没有环境反射光和镜面反射光，也没有自发光颜色。

GetMaterial 用于获取 Direct 3D 使用的当前材质，其原型如下：

```
HRESULT GetMaterial (
    [out]  D3DMATERIAL9 *pMaterial
```

);

在使用光照所绘制的 3D 场景中，计算物体顶点的颜色值除了需要光源和物体的材质信息外，还需要知道每个顶点的法向量，因为在各个光照亮度计算模型中都要用法向量。

一个平面的法向量很容易理解，那顶点法线又从何而来呢，因为从法线的定义上来说，顶点是不存在法线的。其实一个顶点的法线向量是人为规定的，一般规定为构成这个顶点的各个平面的法向量的平均值。

顶点法线可以在定义的顶点结构中进行描述，顶点结构体中添加一组用于描述顶点法向量的数据成员。当然若修改了顶点结构体，对应的 FVF 灵活顶点格式的宏需要和结构体对应，也需要添加一句 **D3DFVF_NORMAL**。具体示例如下：

```
structCUSTOMVERTEX
{
    FLOAT x, y, z;
    FLOAT nx,ny,nz;
    DWORD color;
};
#defineD3DFVF_CUSTOMVERTEX (D3DFVF_XYZ|D3DFVF_NORMAL|D3DFVF_DIFFUSE)
                                                        //FVF 灵活顶点格式
```

在变换过程中，顶点法线有可能不再是规范化的了，处理的方法是在变换完成之后，通过在 SetRenderState 方法中将 **D3DRS_NORMALIZENORMALS** 这个参数设为 true 来把所有的法向量规范化：

```
pd3dDevice->SetRenderState(D3DRS_NORMALIZENORMALS,true);
```

12.4 灯光与材质示例

```
……包含文件，库文件与框架程序相同……
LPDIRECT 3DDEVICE9           g_pd3dDevice = NULL;
ID3DXFont*                   g_pFont=NULL;
LPD3DXMESH                   g_teapot = NULL;        //茶壶对象
LPD3DXMESH                   g_cube = NULL;          //立方体对象
LPD3DXMESH                   g_sphere = NULL;        //球体对象
LPD3DXMESH                   g_torus = NULL;         //圆环对象
D3DXMATRIX                   g_WorldMatrix[4],R;   LRESULT CALLBACK
WndProc( HWND
…… ……/*函数声明与框架程序相同*/
Void Light_Set(LPDIRECT 3DDEVICE9 pd3dDevice, UINT nType);
                                                 //封装了 Direct 3D 光照函数

int WINAPI WinMain(HINSTANCE hInstance, HINSTANCE hPrevInstance,LPSTR
```

```cpp
lpCmdLine, int nShowCmd)
{
    …… ……/*与框架程序相同*/
}

    LRESULT CALLBACK WndProc( HWND hwnd, UINT message, WPARAM wParam, LPARAM lParam )
    {
        …… ……/*与框架程序相同*/
    }

    HRESULT Direct 3D_Init(HWND hwnd)
    {
    …… ……/*与框架程序相同*/
    }

    HRESULT Objects_Init(HWND hwnd)
    {
        if(FAILED(D3DXCreateFont(g_pd3dDevice,36,0,0,1,false,DEFAULT_CHARSET,
            OUT_DEFAULT_PRECIS, DEFAULT_QUALITY, 0, _T("微软雅黑"), &g_pFont)))
            return E_FAIL;
        srand(timeGetTime());

        // 创建物体
        if(FAILED(D3DXCreateBox(g_pd3dDevice, 2, 2, 2, &g_cube, NULL)))
                                                    //立方体的创建
            return false;
        if(FAILED(D3DXCreateTeapot(g_pd3dDevice, &g_teapot, NULL)))
                                                    //茶壶的创建
            return false;
        if(FAILED(D3DXCreateSphere(g_pd3dDevice, 1.5, 25, 25,&g_sphere, NULL)))
                                                    //球体的创建 return false;
        if(FAILED(D3DXCreateTorus(g_pd3dDevice, 0.5f, 1.2f, 25, 25&g_torus, NULL)))
                                                    //圆环的创建
            return false;

        //材质的设置
        D3DMATERIAL9 mtrl;
        ::ZeroMemory(&mtrl, sizeof(mtrl));
        mtrl.Ambient  = D3DXCOLOR(0.5f, 0.5f, 0.7f, 1.0f);
        mtrl.Diffuse  = D3DXCOLOR(0.6f, 0.6f, 0.6f, 1.0f);
        mtrl.Specular = D3DXCOLOR(0.3f, 0.3f, 0.3f, 0.3f);
        mtrl.Emissive = D3DXCOLOR(0.3f, 0.0f, 0.1f, 1.0f);
        g_pd3dDevice->SetMaterial(&mtrl);
```

第 12 章 | Direct 3D 光照与材质

```cpp
    // 光照的设置
    Light_Set(g_pd3dDevice, 1);
    g_pd3dDevice->SetRenderState(D3DRS_LIGHTING, true);
    g_pd3dDevice->SetRenderState(D3DRS_NORMALIZENORMALS, true);
    g_pd3dDevice->SetRenderState(D3DRS_SPECULARENABLE, true);

    g_pd3dDevice->SetRenderState(D3DRS_CULLMODE, D3DCULL_CCW);   //开启背面消隐

    return S_OK;
}

//-------------------------------【Light_Set( )函数】------------------------
// 该函数封装了光源类型及相关光源类型参数的设置
//--------------------------------------------------------------------------
VOID Light_Set(LPDIRECT3DDEVICE9 pd3dDevice, UINT nType)
{
    //定义一个光照对象并初始化
    static D3DLIGHT9 light;
    ::ZeroMemory(&light, sizeof(light));

    //设置光源类型
    switch (nType)
    {
    case 1:        //点光源
        light.Type         = D3DLIGHT_POINT;
        light.Ambient      = D3DXCOLOR(0.6f, 0.6f, 0.6f, 1.0f);
        light.Diffuse      = D3DXCOLOR(1.0f, 1.0f, 1.0f, 1.0f);
        light.Specular     = D3DXCOLOR(0.3f, 0.3f, 0.3f, 1.0f);
        light.Position     = D3DXVECTOR3(0.0f, 200.0f, 0.0f);
        light.Attenuation0 = 1.0f;
        light.Attenuation1 = 0.0f;
        light.Attenuation2 = 0.0f;
        light.Range        = 300.0f;
        break;
    case 2:        //平行光
        light.Type         = D3DLIGHT_DIRECTIONAL;
        light.Ambient      = D3DXCOLOR(0.5f, 0.5f, 0.5f, 1.0f);
        light.Diffuse      = D3DXCOLOR(1.0f, 1.0f, 1.0f, 1.0f);
        light.Specular     = D3DXCOLOR(0.3f, 0.3f, 0.3f, 1.0f);
        light.Direction    = D3DXVECTOR3(1.0f, 0.0f, 0.0f);
        break;
    case 3:        //聚光灯
        light.Type         = D3DLIGHT_SPOT;
        light.Position     = D3DXVECTOR3(100.0f, 100.0f, 100.0f);
```

```cpp
        light.Direction     = D3DXVECTOR3(-1.0f, -1.0f, -1.0f);
        light.Ambient       = D3DXCOLOR(0.3f, 0.3f, 0.3f, 1.0f);
        light.Diffuse       = D3DXCOLOR(1.0f, 1.0f, 1.0f, 1.0f);
        light.Specular      = D3DXCOLOR(0.3f, 0.3f, 0.3f, 0.3f);
        light.Attenuation0  = 1.0f;
        light.Attenuation1  = 0.0f;
        light.Attenuation2  = 0.0f;
        light.Range         = 300.0f;
        light.Falloff       = 0.1f;
        light.Phi           = D3DX_PI / 3.0f;
        light.Theta         = D3DX_PI / 6.0f;
        break;
    }

    pd3dDevice->SetLight(0, &light);  //设置光源
    pd3dDevice->LightEnable(0, true);//启用光源
    pd3dDevice->SetRenderState(D3DRS_AMBIENT, D3DCOLOR_XRGB(36, 36, 36));
//设置环境光
}

VOID Matrix_Set()
{
    D3DXMATRIX matView;
    D3DXVECTOR3 vEye(0.0f, 0.0f, -15.0f);
    D3DXVECTOR3 vAt(0.0f, 0.0f, 0.0f);
    D3DXVECTOR3 vUp(0.0f, 1.0f, 0.0f);
    D3DXMatrixLookAtLH(&matView, &vEye, &vAt, &vUp);
    g_pd3dDevice->SetTransform(D3DTS_VIEW, &matView);

    D3DXMATRIX matProj;
    D3DXMatrixPerspectiveFovLH(&matProj, D3DX_PI / 4.0f, 1.0f, 1.0f, 1000.0f);
    g_pd3dDevice->SetTransform(D3DTS_PROJECTION, &matProj);

    D3DVIEWPORT9 vp;
    vp.X      = 0;
    vp.Y      = 0;
    vp.Width  = WINDOW_WIDTH;
    vp.Height = WINDOW_HEIGHT;
    vp.MinZ   = 0.0f;
    vp.MaxZ   = 1.0f;
    g_pd3dDevice->SetViewport(&vp);

}
```

```
void Direct 3D_Render(HWND hwnd)
{
    g_pd3dDevice->Clear(0,NULL,D3DCLEAR_TARGET|D3DCLEAR_ZBUFFER,D3DCOLOR_X
RGB(0, 0, 0), 1.0f, 0);

    RECT formatRect;
    GetClientRect(hwnd, &formatRect);

    g_pd3dDevice->BeginScene();

    Matrix_Set();
    if (::GetAsyncKeyState(0x31) & 0x8000f)
        g_pd3dDevice->SetRenderState(D3DRS_FILLMODE,D3DFILL_SOLID);
    if (::GetAsyncKeyState(0x32) & 0x8000f)
        g_pd3dDevice->SetRenderState(D3DRS_FILLMODE,D3DFILL_WIREFRAME);

    if (::GetAsyncKeyState(0x51) & 0x8000f)             //按a键,则设置为点光源
        Light_Set(g_pd3dDevice, 1);
    if (::GetAsyncKeyState(0x57) & 0x8000f)             //按w键,则设置为平行光
        Light_Set(g_pd3dDevice, 2);
    if (::GetAsyncKeyState(0x45) & 0x8000f)             //按e键,则设置为聚光灯
        Light_Set(g_pd3dDevice, 3);

    //物体的公转
    D3DXMatrixRotationY(&R, ::timeGetTime() / 1440.0f);
    //立方体的绘制
    D3DXMatrixTranslation(&g_WorldMatrix[0], 3.0f, -3.0f, 0.0f);
    g_WorldMatrix[0] = g_WorldMatrix[0]*R;
    g_pd3dDevice->SetTransform(D3DTS_WORLD, &g_WorldMatrix[0]);
    g_cube->DrawSubset(0);

    //茶壶的绘制
    D3DXMatrixTranslation(&g_WorldMatrix[1], -3.0f, -3.0f, 0.0f);
    g_WorldMatrix[1] = g_WorldMatrix[1]*R;
    g_pd3dDevice->SetTransform(D3DTS_WORLD, &g_WorldMatrix[1]);
    g_teapot->DrawSubset(0);

    //圆环的绘制
    D3DXMatrixTranslation(&g_WorldMatrix[2], 3.0f, 3.0f, 0.0f);
    g_WorldMatrix[2] = g_WorldMatrix[2]*R;
    g_pd3dDevice->SetTransform(D3DTS_WORLD, &g_WorldMatrix[2]);
    g_torus->DrawSubset(0);

    //球体的绘制
    D3DXMatrixTranslation(&g_WorldMatrix[3], -3.0f, 3.0f, 0.0f);
```

```
        g_WorldMatrix[3]  =  g_WorldMatrix[3]*R;
        g_pd3dDevice->SetTransform(D3DTS_WORLD, &g_WorldMatrix[3]);
        g_sphere->DrawSubset(0);

        g_pd3dDevice->EndScene();

        g_pd3dDevice->Present(NULL, NULL, NULL, NULL);
}
void Direct 3D_CleanUp()
{
    SAFE_RELEASE(g_torus);
    SAFE_RELEASE(g_sphere);
    SAFE_RELEASE(g_cube);
    SAFE_RELEASE(g_teapot);
    SAFE_RELEASE(g_pFont);
    SAFE_RELEASE(g_pd3dDevice);
}
```

思考题

1. 掌握光照类型的一般分类及对应的计算函数。
2. 掌握 Direct 3D 中光源的种类及相关的实现函数有哪些？
3. 掌握 Direct 3D 中材质的设置方法。

第 13 章

Direct 3D 纹理映射

本章学习要求：
了解纹理映射的相关概念，掌握 Direct 3D 中纹理映射过程，本章的难点也是理解纹理映射过程。

13.1 纹理映射的概念

现实世界中的物体，其表面往往有各种纹理，即表面细节。例如，刨光的木材表面有木纹，建筑物墙壁上有装饰图案，机器外壳表面有文字说明它的名称、型号等。它们是通过颜色色彩或明暗度的变化体现出来的表面细节。这种纹理称为颜色纹理。另一类纹理则是由于不规则的细小凹凸造成的，例如，橘子皮表面的皱纹和未磨光石材表面的凹痕，通常称为几何纹理。本章介绍颜色纹理的相关概念。

简单的为建立好的模型和场景设定相应的颜色很难使人获得真实感，为了使建立的 3D 模型更接近现实世界中的物体，需要引入纹理映射技术，纹理映射是一种将 2D 图像映射到 3D 物体上的技术。

一般来说，纹理是表示物体表面细节的一副或者几幅二维图形，也称纹理贴图（Texture）。

在真实世界中，纹理表示一个对象的颜色、图案或者触觉特性，在计算机图形学中，纹理只表示对象表面的彩色图案，它不能改变对象的几何形式，只是像贴在几何体表面上的贴画一样。

13.2 Direct 3D 中纹理映射的实现方法

在 Direct 3D 中进行纹理映射需要四个步骤，分别是纹理坐标的定义、顶点坐标与纹理坐标的对应、纹理的创建和纹理的启用。

13.2.1 纹理坐标的定义

一般把纹理映射所使用的 2D 图像称作纹理贴图。Direct 3D 支持多种格式的图像作为纹理贴图，如以.bmp、.dib、.png、.tga 作后缀的 2D 图像。Direct 3D 对纹理贴图的大小没有限制，但为了提高程序使用纹理的效率，通常使用边长为 2 的 N 次方幂的正方形图片，如 128×128，256×256，512×512 等。

纹理贴图往往都通过一个二维数组存储每个点的颜色值，该颜色值被称作纹理元素，而每个纹理元素在纹理中都有唯一的地址。而为了将纹理贴图映射到三维图形中，Direct 3D 使用了纹理坐标确定纹理贴图上的每个纹理元素。纹理坐标由一个二维坐标系指定，这个坐标系由沿水平方向的 u 轴和沿垂直方向的 v 轴构成，则以 (u,v) 表示纹理坐标，u，v 的取值范围为[0,1]。

纹理坐标定义在纹理空间中，是相对坐标。当把纹理贴到三维模型表面上时，纹理元素首先被映射到物体模型的局部坐标系中，再变换到屏幕坐标系中对应像素的位置。

在 Direct 3D 中，纹理坐标是通过纹理层和纹理联系到一起的，通常情况下只需使用一层纹理就够了。FVF 灵活顶点格式中允许最多定义八组纹理坐标，而每组纹理坐标都对应一个纹理层，这就是说每个顶点最多可以使用八层纹理。具体示例如下：

```
struct CUSTOMVERTEX
{
    FLOAT _x, _y, _z;              // 顶点的位置
    FLOAT _u1, _v1;                // 第一层纹理坐标
    FLOAT _u2, _v2;                // 第二层纹理坐标
    FLOAT _u3, _v3;                // 第三层纹理坐标
};
#define D3DFVF_CUSTOMVERTEX  (D3DFVF_XYZ  |D3DFVF_TEX1|  D3DFVF_TEX2| D3DFVF_TEX3)
```

13.2.2 顶点坐标与纹理坐标的对应

在 FVF 灵活顶点格式中定义好纹理坐标后，需要访问顶点缓存，设定顶点的几何坐标和该点对应的纹理坐标。比如定义的顶点格式为：

```
struct CUSTOMVERTEX
{
    FLOAT _x, _y, _z;              // 顶点的位置
    FLOAT _u, _v;                  // 纹理坐标
    CUSTOMVERTEX(FLOAT x, FLOAT y, FLOAT z, FLOAT u, FLOAT v)
                :_x(x), _y(y), _z(z), _u(u), _v(v) {}
};
#define D3DFVF_CUSTOMVERTEX (D3DFVF_XYZ |D3DFVF_TEX1)
```

则具体设定顶点的几何坐标和纹理坐标的相关代码为：

```
CUSTOMVERTEX*pVertices;
    if(FAILED(        g_pVertexBuffer->Lock(0,sizeof(CUSTOMVERTEX),(void**)&pVertices, 0 ) ) )
                return E_FAIL;
pVertices[0]= CUSTOMVERTEX(-10.0f,10.0f,-10.0f,0.0f, 0.0f);
```

```
pVertices[1]= CUSTOMVERTEX( 10.0f,  10.0f, -10.0f,1.0f, 0.0f);
pVertices[2]= CUSTOMVERTEX( 10.0f, -10.0f, -10.0f, 1.0f, 1.0f);
pVertices[3]= CUSTOMVERTEX(-10.0f, -10.0f, -10.0f, 0.0f, 1.0f);
g_pVertexBuffer->Unlock();
```

在这段代码中,四个顶点 pVertices[0]~pVertices[3]联合在一起定义了一个包含了顶点坐标和纹理坐标的矩阵。例如,pVertices[0] = CUSTOMVERTEX(-10.0f, 10.0f, -10.0f, 0.0f, 0.0f)中定义了顶点坐标_x, _y, _z 和纹理坐标_u, _v,其中前三个参数-10.0f, 10.0f, -10.0f 就分别对应着顶点坐标_x, _y, _z,后两个参数 0.0f, 0.0f 就分别对应着纹理坐标_u, _v。所以代码 pVertices[0] =CUSTOMVERTEX(-10.0f, 10.0f, -10.0f,0.0f, 0.0f)就将顶点坐标与纹理坐标对应起来了:

```
CUSTOMVERTEX(FLOATx, FLOAT y, FLOAT z, FLOAT u, FLOAT v)
        :_x(x),  _y(y),  _z(z),  _u(u),  _v(v) {}
```

为顶点结构体定义的一个默认构造函数,方便了后面的赋值操作。

13.2.3 纹理的创建

本步骤创建一个纹理对象,从文件中读取一副纹理并保存在这个对象中。在 Direct 3D 中,纹理是以 COM 对象的形式存在的,也就是 IDirect 3DTexture9 这个接口。如果要对物体表面进行纹理映射,首先要创建纹理对象,创建时需要指定纹理的宽度、高度、格式等属性,然后还需要将图形文件加载到纹理对象中。

D3DX 库中的 D3DXCreateTexture 函数用来创建一个纹理对象,该函数的原型为:

```
HRESULT D3DXCreateTexture(
    __in  LPDIRECT 3DDEVICE9 pDevice,
    __in  UINT Width,
    __in  UINT Height,
    __in  UINT MipLevels,
    __in  DWORD Usage,
    __in  D3DFORMAT Format,
    __in  D3DPOOL Pool,
    __out LPDIRECT 3DTEXTURE9 *ppTexture
);
```

参数说明:
- 第一个参数是 LPDIRECT 3DDEVICE9 类型的 pDevice,是 Direct 3D 设备对象。
- 第二个参数是 UINT 类型的 Width,表示创建的纹理对象的宽度。
- 第三个参数是 UINT 类型的 Height,表示创建的纹理对象的高度。
- 第四个参数是 UINT 类型的 MipLevels,表示我们创建的纹理的渐进级别,通常取默认值 D3DX_DEFAULT 就可以了,表示创建一个完整的 MIP 贴图链。
- 第五个参数是 DWORD 类型的 Usage,指定了纹理的使用方式,取值在 0、

D3DUSAGE_RENDERTARGET、D3DUSAGE_DYMANIC 中三取一。
- 第六个参数是 D3DFORMAT 类型的 Format,用于指定纹理中每个保存每个颜色成分所使用的位数,在 D3DFORMAT 枚举体中取值,这个参数也可以设为 0,表示使用默认值。
- 第七个参数是 D3DPOOL 类型的 Pool,指定了纹理对象停驻的内存的类别,在 D3DPOOL 枚举体中取值,经常取这个枚举体其中的两个成员 D3DPOOL_DEFAULT 和 D3DPOOL_MANAGED 之间取一个。
- 第八个参数是 LPDIRECT 3DTEXTURE9 类型的*ppTexture,指向最终创建的纹理。

更常用的从文件中读取纹理图形的方法是 D3DXCreateTextureFromFile 函数,该函数的原型为:

```
HRESULT D3DXCreateTextureFromFile(
    __in    LPDIRECT 3DDEVICE9 pDevice,
    __in    LPCTSTR pSrcFile,
    __out   LPDIRECT 3DTEXTURE9 *ppTexture
);
```

参数说明:
- 第一个参数为 LPDIRECT 3DDEVICE9 类型的 pDevice,是 Direct 3D 设备对象。
- 第二个参数为 LPCTSTR 类型的 pSrcFile,指向了用于创建纹理的图标文件名字的字符串,即纹理图片的文件地址,该函数支持的图片格式有.bmp、.dib、.png 以及.tga 等。
- 第三个参数为 LPDIRECT 3DTEXTURE9 类型的*ppTexture,指向最终创建的纹理。

下面给出一个创建纹理接口对象的示例:

```
LPDIRECT 3DTEXTURE9         g_pTexture  = NULL;      // 纹理接口对象
D3DXCreateTextureFromFile(g_pd3dDevice,L"darksider.jpg", &g_pTexture);
                                                     // 创建纹理
```

13.2.4 纹理的启用

加载完纹理后,就可以调用 IDirect 3DDevice9 接口的 SetTexture 方法设置当前需要启用的纹理,MSDN 中 SetTexture 方法原型如下:

```
HRESULT SetTexture(
    [in]    DWORD Sampler,
    [in]    IDirect 3DBaseTexture9 *pTexture
);
```

参数说明:
- 第一个参数为 DWORD 类型的 Sampler,指定了应用的纹理是哪一层。Direct 3D 最多可以设置 8 层纹理,所以这个参数取值就在 0~7 之间。
- 第二个参数为 IDirect 3DBaseTexture9 类型的*pTexture,表示将要启用的纹理的 IDirect 3DBaseTexture9 接口对象。

第 13 章 Direct 3D 纹理映射

如果场景中绘制每个物体模型所使用的纹理不相同,那么在绘制每个物体模型之前都需要调用该方法设置对应的纹理。下面给出纹理启用的示例:

```
g_pd3dDevice->SetTexture(0,&g_pTexture1);      //设置第一个物体的纹理
g_pMesh1->DrawSubset(0);                        //进行第一个物体的绘制

g_pd3dDevice->SetTexture(0,&g_ pTexture2);     //设置第一个物体的纹理
g_pMesh2->DrawSubset(0);                        //进行第二个物体的绘制
```

下面给出纹理映射四个步骤的综合示例:

```
//------------------------------------------------------------
//【纹理绘制步骤一】:顶点的定义
//------------------------------------------------------------
struct CUSTOMVERTEX
{
    FLOAT _x, _y, _z;              // 顶点的位置
    FLOAT _u, _v;                  // 纹理坐标
    CUSTOMVERTEX(FLOATx, FLOAT y, FLOAT z, FLOAT u, FLOAT v)
        :_x(x), _y(y), _z(z), _u(u), _v(v) {}
};
#define D3DFVF_CUSTOMVERTEX (D3DFVF_XYZ |D3DFVF_TEX1)
//------------------------------------------------------------
//【纹理绘制步骤二】:顶点坐标与纹理坐标的对应
//------------------------------------------------------------
//填充顶点缓存
        CUSTOMVERTEX*pVertices;
        if(FAILED( g_pVertexBuffer->Lock( 0, sizeof(CUSTOMVERTEX),
(void**)&pVertices, 0 ) ) )
                returnE_FAIL;
        //填充数据
        pVertices[0]= CUSTOMVERTEX(-10.0f,  10.0f, -10.0f,0.0f, 0.0f);
        pVertices[1]= CUSTOMVERTEX( 10.0f,  10.0f, -10.0f,1.0f, 0.0f);
        pVertices[2]= CUSTOMVERTEX( 10.0f, -10.0f, -10.0f, 1.0f, 1.0f);
        pVertices[3]= CUSTOMVERTEX(-10.0f, -10.0f, -10.0f, 0.0f, 1.0f);
g_pVertexBuffer->Unlock();
//------------------------------------------------------------
// 【纹理绘制步骤三】:纹理的创建
//------------------------------------------------------------
LPDIRECT 3DTEXTURE9     g_pTexture  = NULL;    // 纹理接口对象
D3DXCreateTextureFromFile(g_pd3dDevice,L"pal5q.jpg", &g_pTexture);
                                                // 创建纹理
//------------------------------------------------------------
// 【纹理绘制步骤四】:纹理的启用
//------------------------------------------------------------
```

```
g_pd3dDevice->BeginScene();
g_pd3dDevice->SetTexture(0, g_pTexture);

/*纹理设置完之后,就开始绘制,用 DrawIndexedPrimitive, DrawSubset 等函数*/
g_pd3dDevice->EndScene();
```

第四步纹理的启用,必须在 BeginScene 和 EndScene 之间进行,因为在 BeginScene 和 EndScene 之间就是用来写绘制图形的相关代码的,在绘制过程如果要用到纹理的话就需要启用,启用后再调用相关绘制函数进行图形的绘制。

13.3 纹理绘制示例

```
…… ……/*与框架程序一样*/
//--------------------------------------------------------------
// 【纹理绘制步骤一】: 顶点的定义
//--------------------------------------------------------------
struct CUSTOMVERTEX
{
    FLOAT _x, _y, _z;              // 位置坐标
    FLOAT _u, _v;                  // 纹理坐标
    CUSTOMVERTEX(FLOAT x, FLOAT y, FLOAT z, FLOAT u, FLOAT v)
        : _x(x), _y(y), _z(z), _u(u), _v(v) {}
};
#define D3DFVF_CUSTOMVERTEX (D3DFVF_XYZ | D3DFVF_TEX1)

//------------------------【全局变量声明】--------------------------
LPDIRECT 3DDEVICE9          g_pd3dDevice=NULL;         //Direct 3D 设备对象
D3DXMATRIX                  g_matWorld;                //世界矩阵
LPDIRECT 3DVERTEXBUFFER9    g_pVertexBuffer = NULL;    //顶点缓存对象
LPDIRECT 3DINDEXBUFFER9     g_pIndexBuffer  = NULL;    //索引缓存对象
LPDIRECT 3DTEXTURE9         g_pTexture      = NULL;    //纹理接口对象

//------------------------【全局函数声明】--------------------------
LRESULT CALLBACK        WndProc( HWND hwnd, UINT message, WPARAM wParam,
LPARAM lParam );
    HRESULT             Direct 3D_Init(HWND hwnd,HINSTANCE hInstance);
    HRESULT             Objects_Init();
    void                Direct 3D_Render( HWND hwnd);
    void                Direct 3D_CleanUp( );
    void                Matrix_Set();

    int WINAPI WinMain(HINSTANCE hInstance, HINSTANCE hPrevInstance,LPSTR
lpCmdLine, int nShowCmd)
    {
```

```
        …… ……/*与框架程序一样*/
    }
    LRESULT CALLBACK WndProc( HWND hwnd, UINT message, WPARAM wParam, LPARAM lParam )
    {
        …… ……/*与框架程序一样*/
    }

    HRESULT Direct 3D_Init(HWND hwnd,HINSTANCE hInstance)
    {
        …… ……/*与框架程序一样*/
    }

    HRESULT Objects_Init()
    {
        if( FAILED( g_pd3dDevice->CreateVertexBuffer( 24*sizeof(CUSTOMVERTEX),
            0, D3DFVF_CUSTOMVERTEX,
            D3DPOOL_DEFAULT, &g_pVertexBuffer, NULL ) ) )
        {
            return E_FAIL;
        }
        if( FAILED(g_pd3dDevice->CreateIndexBuffer(36* sizeof(WORD), 0,
            D3DFMT_INDEX16, D3DPOOL_DEFAULT, &g_pIndexBuffer, NULL)) )
        {
            return E_FAIL;
        }
    //-----------------------------------------------------------------
    // 【纹理绘制步骤二】：顶点的访问
    //-----------------------------------------------------------------
    //填充顶点缓存
    CUSTOMVERTEX* pVertices;
        if( FAILED(g_pVertexBuffer->Lock(0,24*sizeof(CUSTOMVERTEX), (void**)&pVertices, 0 ) ) )
            return E_FAIL;

    //前面顶点数据
        pVertices[0] = CUSTOMVERTEX(-10.0f,  10.0f, -10.0f, 0.0f, 0.0f);
        pVertices[1] = CUSTOMVERTEX( 10.0f,  10.0f, -10.0f, 1.0f, 0.0f);
        pVertices[2] = CUSTOMVERTEX( 10.0f, -10.0f, -10.0f, 1.0f, 1.0f);
        pVertices[3] = CUSTOMVERTEX(-10.0f, -10.0f, -10.0f, 0.0f, 1.0f);

    //后面顶点数据
        pVertices[4] = CUSTOMVERTEX( 10.0f,  10.0f,  10.0f, 0.0f, 0.0f);
```

```cpp
pVertices[5] = CUSTOMVERTEX(-10.0f,  10.0f,  10.0f, 1.0f, 0.0f);
pVertices[6] = CUSTOMVERTEX(-10.0f, -10.0f,  10.0f, 1.0f, 1.0f);
pVertices[7] = CUSTOMVERTEX( 10.0f, -10.0f,  10.0f, 0.0f, 1.0f);

//顶面顶点数据
pVertices[8]  = CUSTOMVERTEX(-10.0f,  10.0f,  10.0f, 0.0f, 0.0f);
pVertices[9]  = CUSTOMVERTEX( 10.0f,  10.0f,  10.0f, 1.0f, 0.0f);
pVertices[10] = CUSTOMVERTEX( 10.0f,  10.0f, -10.0f, 1.0f, 1.0f);
pVertices[11] = CUSTOMVERTEX(-10.0f,  10.0f, -10.0f, 0.0f, 1.0f);

//背面顶点数据
pVertices[12] = CUSTOMVERTEX(-10.0f, -10.0f, -10.0f, 0.0f, 0.0f);
pVertices[13] = CUSTOMVERTEX( 10.0f, -10.0f, -10.0f, 1.0f, 0.0f);
pVertices[14] = CUSTOMVERTEX( 10.0f, -10.0f,  10.0f, 1.0f, 1.0f);
pVertices[15] = CUSTOMVERTEX(-10.0f, -10.0f,  10.0f, 0.0f, 1.0f);

//左侧面顶点数据
pVertices[16] = CUSTOMVERTEX(-10.0f,  10.0f,  10.0f, 0.0f, 0.0f);
pVertices[17] = CUSTOMVERTEX(-10.0f,  10.0f, -10.0f, 1.0f, 0.0f);
pVertices[18] = CUSTOMVERTEX(-10.0f, -10.0f, -10.0f, 1.0f, 1.0f);
pVertices[19] = CUSTOMVERTEX(-10.0f, -10.0f,  10.0f, 0.0f, 1.0f);

//右侧面顶点数据
pVertices[20] = CUSTOMVERTEX( 10.0f,  10.0f, -10.0f, 0.0f, 0.0f);
pVertices[21] = CUSTOMVERTEX( 10.0f,  10.0f,  10.0f, 1.0f, 0.0f);
pVertices[22] = CUSTOMVERTEX( 10.0f, -10.0f,  10.0f, 1.0f, 1.0f);
pVertices[23] = CUSTOMVERTEX( 10.0f, -10.0f, -10.0f, 0.0f, 1.0f);

g_pVertexBuffer->Unlock();

//填充索引数据
WORD *pIndices = NULL;
g_pIndexBuffer->Lock(0, 0, (void**)&pIndices, 0);

//前面索引数据
pIndices[0] = 0; pIndices[1] = 1; pIndices[2] = 2;
pIndices[3] = 0; pIndices[4] = 2; pIndices[5] = 3;

//后面索引数据
pIndices[6] = 4; pIndices[7] = 5; pIndices[8]  = 6;
pIndices[9] = 4; pIndices[10] = 6; pIndices[11] = 7;

//顶面索引数据
pIndices[12] = 8; pIndices[13] = 9;  pIndices[14] = 10;
pIndices[15] = 8; pIndices[16] = 10; pIndices[17] = 11;
```

```
//底面索引数据
pIndices[18] = 12; pIndices[19] = 13; pIndices[20] = 14;
pIndices[21] = 12; pIndices[22] = 14; pIndices[23] = 15;

//左侧面索引数据
pIndices[24] = 16; pIndices[25] = 17; pIndices[26] = 18;
pIndices[27] = 16; pIndices[28] = 18; pIndices[29] = 19;

//右侧面索引数据
pIndices[30] = 20; pIndices[31] = 21; pIndices[32] = 22;
pIndices[33] = 20; pIndices[34] = 22; pIndices[35] = 23;

g_pIndexBuffer->Unlock();

//-------------------------------------------------------------------
// 【纹理绘制步骤三】：纹理的创建
//-------------------------------------------------------------------
D3DXCreateTextureFromFile(g_pd3dDevice, L"pal5q.jpg", &g_pTexture);

// 设置纹理
D3DMATERIAL9 mtrl;
::ZeroMemory(&mtrl, sizeof(mtrl));
mtrl.Ambient  = D3DXCOLOR(1.0f, 1.0f, 1.0f, 1.0f);
mtrl.Diffuse  = D3DXCOLOR(1.0f, 1.0f, 1.0f, 1.0f);
mtrl.Specular = D3DXCOLOR(1.0f, 1.0f, 1.0f, 1.0f);
g_pd3dDevice->SetMaterial(&mtrl);

D3DLIGHT9 light;
::ZeroMemory(&light, sizeof(light));
light.Type      = D3DLIGHT_DIRECTIONAL;
light.Ambient   = D3DXCOLOR(1.0f, 1.0f, 1.0f, 1.0f);
light.Diffuse   = D3DXCOLOR(1.0f, 1.0f, 1.0f, 1.0f);
light.Specular  = D3DXCOLOR(0.0f, 0.0f, 0.0f, 1.0f);
light.Direction = D3DXVECTOR3(1.0f, 1.0f, 0.0f);
g_pd3dDevice->SetLight(0, &light);        //设置光源
g_pd3dDevice->LightEnable(0, true);       //启动光照

//设置渲染状态
g_pd3dDevice->SetRenderState(D3DRS_NORMALIZENORMALS, true);
                                          //初始化顶点法向
g_pd3dDevice->SetRenderState(D3DRS_CULLMODE, D3DCULL_CCW);
                                          //开启背面消隐
g_pd3dDevice->SetRenderState(D3DRS_AMBIENT, D3DCOLOR_XRGB(36, 36, 36));
                                          //设置环境光
```

```
        return S_OK;
    }

    void Matrix_Set()
    {
        static FLOAT fPosX = 0.0f, fPosY = 0.0f, fPosZ = 0.0f;
        D3DXMatrixTranslation(&g_matWorld, fPosX, fPosY, fPosZ);

        static float fAngleX = D3DX_PI/6, fAngleY =D3DX_PI/6 ;
        D3DXMATRIX Rx, Ry;
        D3DXMatrixRotationX(&Rx, fAngleX);
        D3DXMatrixRotationY(&Ry, fAngleY);

        g_matWorld = Rx * Ry * g_matWorld;
        g_pd3dDevice->SetTransform(D3DTS_WORLD, &g_matWorld);


        D3DXMATRIX matView;
        D3DXVECTOR3 vEye(0.0f, 0.0f, -50.0f);
        D3DXVECTOR3 vAt(0.0f, 0.0f, 0.0f);
        D3DXVECTOR3 vUp(0.0f, 1.0f, 0.0f);
        D3DXMatrixLookAtLH(&matView, &vEye, &vAt, &vUp);
        g_pd3dDevice->SetTransform(D3DTS_VIEW, &matView);

        D3DXMATRIX matProj;
        D3DXMatrixPerspectiveFovLH(&matProj, D3DX_PI / 4.0f, (float)((double)
WINDOW_WIDTH/WINDOW_HEIGHT),1.0f, 1000.0f);
        g_pd3dDevice->SetTransform(D3DTS_PROJECTION, &matProj);

        D3DVIEWPORT9 vp;
        vp.X      = 0;
        vp.Y      = 0;
        vp.Width  = WINDOW_WIDTH;
        vp.Height = WINDOW_HEIGHT;
        vp.MinZ   = 0.0f;
        vp.MaxZ   = 1.0f;
        g_pd3dDevice->SetViewport(&vp);

    }

    void Direct 3D_Render(HWND hwnd)
    {
        g_pd3dDevice->Clear(0,NULL,D3DCLEAR_TARGET|D3DCLEAR_ZBUFFER, D3DCOLOR_
XRGB(100, 100, 100), 1.0f, 0);
```

```
    RECT formatRect;
    GetClientRect(hwnd, &formatRect);

    Matrix_Set();
    g_pd3dDevice->BeginScene();
    g_pd3dDevice->SetStreamSource(0,g_pVertexBuffer,0,sizeof (CUSTOMVERTEX) );
    g_pd3dDevice->SetFVF( D3DFVF_CUSTOMVERTEX );
    g_pd3dDevice->SetIndices(g_pIndexBuffer);
    //--------------------------------------------------------------
    // 【纹理绘制步骤四】：纹理的启用
    //--------------------------------------------------------------
    g_pd3dDevice->SetTexture(0, g_pTexture);   //启用纹理

    g_pd3dDevice->DrawIndexedPrimitive(D3DPT_TRIANGLELIST, 0, 0, 24, 0, 12);
    g_pd3dDevice->EndScene();

    g_pd3dDevice->Present(NULL, NULL, NULL, NULL);

}

void Direct3D_CleanUp()
{
    SAFE_RELEASE(g_pVertexBuffer)
    SAFE_RELEASE(g_pIndexBuffer)
    SAFE_RELEASE(g_pTexture)
    SAFE_RELEASE(g_pd3dDevice)
}
```

思考题

试举例说明 Direct 3D 中纹理映射的绘制过程。

第 14 章　游戏引擎

> **学习目标：**
> 了解什么是游戏引擎；了解目前流行的游戏引擎有哪些；完成 Unity 的下载与安装。
> **知识点：**
> 游戏引擎的概念。
> **难点与重点：**
> Unity 的下载与安装。

14.1　什么是游戏引擎

游戏引擎一词源于"engine"的英文翻译，很多地方将游戏引擎比喻为汽车中的引擎（发动机），再好一些的解释成动力，这些解释都没问题但又都不全面，不能完整反映出游戏引擎在游戏中的作用与地位。

百度百科中解释如下：

游戏引擎是指一些已编写好的可编辑电脑游戏系统或者一些交互式实时图像应用程序的核心组件。这些系统为游戏设计者提供各种编写游戏所需的各种工具，其目的在于让游戏设计者能容易和快速地做出游戏程序而不用由零开始。

为了更好地理解引擎，我们先看一个案例。

在某款游戏中的一个场景中：玩家控制的角色在屋子里面，而此时敌人正在屋子外面搜索玩家。突然，玩家控制的角色不小心碰倒了一个椅子，椅子倒地会发出"哐当"的碰撞声，如果是碰倒了桌子上的杯子，杯子落地会发出"啪"的破碎声。而此时敌人在屋子外面听到屋子内的声音之后会聚集到玩家所在位置，双方发生激烈交火。射击声、爆炸声，以及各种燃烧的效果都有可能会发生。在这个过程中，我们会感觉到玩家角色、敌人和周围的场景，场景中的声音，都在被后台的游戏引擎所控制着。

玩家角色也就是人物模型，由引擎中的动画系统赋予了运动能力。人物的真实程度则取决于 3D 模型渲染引擎的能力，这也是游戏引擎最重要的功能之一，游戏的画质高低便由它来决定。

上面的例子中玩家角色碰倒了椅子，摔碎杯子，这个过程中用到了引擎的碰撞检测，它可以决定不同的物体在接触的时候会产生什么样的结果。当玩家角色摔碎杯子、开枪射击或者当玩家角色或者敌人死亡时会发出某种声音,这种特定事件触发的同时发出相应的声音的情况属于引擎中的音效处理。而屋外的敌人察觉到屋内的声响,然后向屋内的玩家聚集的事件,是引擎中的 AI 智能运算在起作用。随后双方相遇并交火,引发爆炸、爆炸物飞散,引起火焰、产生烟雾,这些则是引擎中的物理效果在起作用了。

通过这个例子我们发现,游戏引擎实际上行使的是类似人类大脑的职责,是类似于计算机中央处理器的功能,指挥控制着游戏中各种资源。游戏引擎可以更准确地解释为:"用于控制所有游戏功能的主程序,从计算碰撞、物理系统和物体的相对位置,到接受玩家的输入,以及按照正确的音量输出声音等都依附于这个程序"。通常游戏引擎必须包含以下系统:渲染引擎(即渲染器,含二维图像引擎和三维图像引擎)、物理引擎、碰撞检测系统、音效、脚本引擎、电脑动画、人工智能、网络引擎以及场景管理。

游戏引擎的出现促进着游戏开发。目前由于硬件价格的下降以及性能的上升,我们可以使用更强性能的显卡,游戏的画质因此越来越高,而游戏开发周期相应也越来越长,通常都会达到 3~5 年。如果使用自主开发的游戏引擎的话时间还会更长,所以大多数游戏公司还是选择购买目前比较成熟的游戏引擎,从而简化游戏的开发过程。

游戏引擎在整个开发过程中所处的位置可以通过图 14-1 来体现。

图 14-1 游戏引擎在开发过程中所处位置

从图 14-1 可以看出在 GPU 之上是目前主流的 DirectX 和 OpenGL。显卡是游戏的物理基础,所有游戏效果都需要一款高性能显卡才能实现,在显卡之上是各种图形 API,我们所说的 DX10 就是这种规范,游戏引擎建立在这种 API 基础之上,控制着游戏中的各个组件以实现不同的效果。引擎之上则是引擎开发商提供给游戏开发商的 SDK 开发套件,程序员和美工可以利用现成的 SDK 为游戏添加模型、动画、特效,最终生成各种游戏。

现阶段游戏引擎已从早期游戏开发的附属变为主导利器,开发一款游戏想要能达到怎样的效果,很大程度上取决于所用引擎提供的功能和性能。对于引擎来说,要有完整的引擎功能,同时有强大的编辑器并支持第三方插件,还需要有高效的 SDK 接口等,这样才能称之为一款好的引擎。

14.2 目前比较流行的几款主流引擎

UDK:虚幻游戏开发工具,最优秀的商用游戏开发引擎之一,从主机到台式电脑再到手持设备都支持。

Unity：比较全能的游戏开发引擎，相对 UDK 要轻量些，有 PC 和 Mac 两个版本。最大的优点是横跨多种平台。

Cocos2D/Cocos3D：目前国内二维游戏的主要游戏引擎。

Ogre：图像引擎，也可以用来开发游戏，支持 PC、Mac、Linux、iPhone、 MIT 协议。

SDL：游戏引擎，支持 PC、Mac、Linux、LGPL 协议。

Love 2D：很小巧的一个 2D 游戏引擎，用 Lua 开发，适合没有编程经验的人使用或用来制作游戏原型。支持 PC、Mac、Linux。

14.3　Unity 游戏引擎简介

Unity 引擎是由 Unity Technologies 开发的一个让开发者轻松创建诸如三维视频游戏、建筑可视化、实时三维动画等类型互动内容的多平台的综合型游戏开发工具，是一个全面整合的专业游戏引擎。

Unity 类似于 Director、Blender、Virtools 或 Torque Game Builder 等利用交互的图型化开发环境为首要方式的软件，其编辑器运行在 Windows 和 Mac OS X 下，可发布游戏至 Windows、OS X 或 iOS 平台。也可以利用 Unity Web Player 插件发布网页游戏，支持 Mac 和 Windows 的网页浏览。它的网页播放器也被 Mac widgets 所支持。Unity 引擎大大减少了游戏开发的时间和成本，让开发者可以把更多的精力投入在开发游戏和 3D 互动内容本身。在 Unity 引擎的帮助下，开发者可以把创作成果一键发布到所有主流游戏平台而不需要任何修改。用户可以在 Asset Store （资源商店: http://unity3d.com/asset-store/）上分享和下载相关的游戏资源。Unity 还提供了一个知识分享和问答交流的社区（http://udn.unity3d.com/），方便用户的学习和交流。

读者都知道 Unity 支持多平台发布，实际上 Unity 支持 20 多个主流平台的开发和发布，可以发布到所有的移动平台、Mac、PC 和 Linux、Web 或游戏主机平台。如图 14-2 所示，为 Unity 支持的各平台示例。

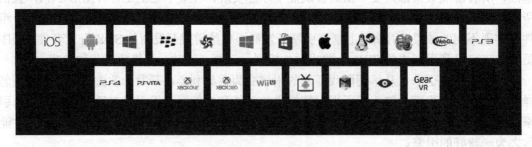

图 14-2　平台示例

Unity 编辑器功能非常强大且易于使用，它集成了完备的所见即所得的编辑功能。在编辑器里可以调整场景的地形、灯光、动画、模型、材质、音频、物理等参数，而这些调整的效果可以即时反映在 Unity 的场景编辑器中，这也让 Unity 更受开发者欢迎。

另外，用户编写的脚本变量也作为属性参数可以在编辑器里进行调整并实时地看到调整后的效果，这让 Unity 的脚本开发变得更直观更容易。

Unity 支持丰富的第三方插件，包括 GUI、网络、材质、动画等都有非常好的第三方插件解决方案。

Unity 具有极强的通用性，支持目前所有主流 3D 动画创作软件，例如，Maya、3ds Max、Cinema 4D、Cheetah 3D、Modo、Blender 等，而且支持与其中大部分软件的协同工作。

Unity 官方 2014 年公布的市场数据是 Unity 占到市场份额 45%以上，开发者市场 47%，注册开发人员 3.3Million，玩家有 600Million，尤其是在 Unity 5 推出免费个人版以后可以预见到 Unity 的前景。

2015 年 3 月中旬，新推出的 Unity 5 是 Unity 的重要里程碑。开发人员能够通过 Unity 5 制作出更精美绝伦的游戏和应用，在更多的平台更受用户欢迎。同时最令人振奋的是 Unity 5 增加了免费的个人版。Unity 5 专业版具备 Unity 5 的基本功能，增加了拥有增值功能的一些工具，如 Unity Cloud Build Pro 和 Team License。而 Unity 5 个人版是针对刚起步的开发者，并免费提供引擎和编辑器的所有功能。

Unity 的版本发展情况如下：
- 2005 年 6 月，Unity 1.0 发布。
- 2007 年 10 月，Unity 2.0 发布。
- 2009 年 3 月，Unity 2.5 加入了对 Windows 的支持。Unity2.5 完全支持 Windows Vista 与 Windows XP 和 Mac OS X，并且各操作系统上的编辑器外观和功能都进行了统一。从 2.5 开始，Unity 已经开始实现了真正的跨平台。
- 2009 年 10 月，发布 Unity 2.6 且独立版开始免费。
- 2010 年 9 月，发布 Unity 3.0，进行了相当功能改进并增加了新功能。
- 2012 年 11 月，发布 Unity 4.0，在 Unity 4.0 中最大的变化是新的对 DirectX 11 的支持，并且加入了 Mecanim 动画系统。Mecanim 动画系统的加入极具里程碑意义。
- 2013 年 11 月，Unity 跟 XBOX ONE 合作，XBOX ONE 将可以使用 Unity 开发游戏。Unity 4.3 发布，并且从 4.3 开始 Unity 发布了 2D 工具，从此 Unity 具有了同时支持二维和三维的开发。
- 2014 年 5 月，Unity 4.5 发布，加入了在 iOS 装置上支持 OpenGL ES 3.0。
- 2014 年 11 月，Unity 4.6 发布，正式导入新的 UI 系统"UGUI"。
- 2015 年 3 月，Unity 5.0 于 GDC 2015 发布，开始支持 WebGL。

Unity 5 是目前颇受开发者欢迎的引擎，而新一代引擎加入了全新的物理着色器，实时光影系统。Unity 引擎开发的游戏能展现出高品质角色、环境、照明和效果。由于采用全新的整合着色架构，可以即时从编辑器中预览光照贴图，还有一个让开发者创造动态音乐和音效的全新音源混音系统。

目前 Unity 3D 也越来越受到页游开发者欢迎，新发布的 Unity 5 可支持 WebGL 3D 游戏开发，并且其画质优美流畅，不输单机游戏。

Unity 引擎开发的游戏很多，下面是一些比较典型的例子。网页游戏方面有蒸汽之城、绝代双骄、新仙剑、极限摩托车 2（Trial Xtreme 2）、梦幻国度 2 等。手机游戏方面有失落帝国、炉石传说、神庙逃亡 2（Temple Run 2）、极限摩托车 2（Trial Xtreme 2）、神庙逃亡：勇敢传说（Temple Run：Brave）、三国之杀场、王者之剑、死亡扳机（DEAD TRIGGER）、神庙逃亡：魔境仙踪、血之荣耀：传奇（Blood & Glory 2：Le）、天天飞车、全民炫舞等。单机游戏有捣蛋猪（Bad Piggies）、轩辕剑六、御天降魔传、凡人修仙传单机版、新剑侠传奇、轩辕剑外传：穹之扉、Sc 竞技飞车、永恒之柱等。

14.4　Unity 下载与安装

　　Unity 可以部署在 Mac OS 或 Windows 操作系统上，因此客户要根据自己的操作习惯选择一种，引擎自身在功能上是没有任何差异的。

　　Unity 3D 是一款标准的商业游戏引擎，需要收费，但是作为研究学习，并不需要购买相应的许可证，许可证是用来发布项目的（研究学习的时候可以不需要）。

　　目前官方提供 Unity 5 的免费下载和学习使用，因此本教程中所有的演示和实例均在 Unity 5 中完成，由于 Unity 5 推出时间极短，目前没有见到市面上任何用 Unity 5 所写的教程。

　　用户登录官网直接进入下载页面选择自己所需的版本下载即可，下面我们以 Windows 操作系统的下载和安装为例来讲解，在 Mac 下的安装大同小异，这里不再赘述。

　　（1）首先在地址栏输入 Unity 引擎官方下载地址：http://unity3d.com/unity/download/ 打开如图 14-3 所示界面。

　　（2）登录后如图 14-4 所示，单击【CHOOSE YOUR UNITY + DOWNLOAD】按钮，当前版本为 Unity 5，单击【FREE DOWNLOAD】按钮，进入图 14-5 所示的界面，单击【DOWNLOAD INSTALLER】，将下载安装助手文件。下载完毕 Assistant 文件后，双击 Assistant 安装文件"UnityDownloadAssistant.exe"进入如图 14-6 所示的安装界面。在安装过程中单击【Next】，进入如图 14-7 所示的"Choose Components"界面，在这里用户需要选择安装组件，全部勾选后单击【Next】按钮（建议全部勾选这些组件，方便以后的学习和使用），进入如图 14-8 所示的【Choose Download and Install locations】界面，用户需要选择下载和安装目录，也可以选择默认路径，单击【Install】进入安装过程直到安装完成即可。

图 14-3　打开 Unity 引擎官方下载网页　　图 14-4　单击【CHOOSE YOUR UNITY + DOWNLOAD】按钮

第 14 章 | 游戏引擎

图 14-5　下载安装助手文件

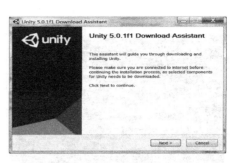

图 14-6　安装界面

图 14-7　"Choose Components"界面

图 14-8　"Choose Download and Install locations"界面

（3）安装完成后，运行 Unity 3D，可以看到如图 14-9 所示的"Activate your license"界面，在这里用户需要选择是使用"Professional Edition"还是"Personal Edition"，对于学习者我们这里选择"Unity 5 Personal Edition"，勾选如图 14-9 所示两处复选框，然后单击【OK】按钮，进入如图 14-10 所示的"Log into your Unity Account"界面，用户需要登入自己的 Unity 账户，新用户若没有自己的 Unity 账户，单击如图 14-10 所示的【Create Account】按钮进入如图 14-11 所示的"Create a Unity Account"页面进行创建，输入图中要求的四项信息并同意后单击【OK】按钮。进入"Just a few questions"调查问卷界面，这里用户需要再回答几个问题，就可以得到"License"了，如图 14-11 和图 14-12 所示。当你看到 You're done! 时，恭喜你已经安装并注册完成，可以使用 Unity 了。

图 14-9　"Activate your license"界面

图 14-10　"Log into your Unity Account"界面

	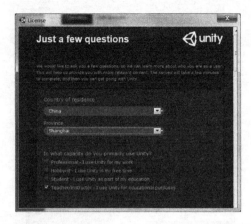
图 14-11 "Create a Unity Account"界面	图 14-12 "Just a few questions"调查问卷界面

图 14-13 安装并注册完成

这里对图 14-7 中的选项进行一下补充说明，在"Choose Components"界面用户可以选择性安装一些插件或工具，用户可以根据自己的需要安装，各项具体含义如下：

◆ Web Player：Web 开发者的安装包，同时也是 Unity Web 播放器，其功能类似于 Flash Player。

◆ Standard Assets：Unity 标准资源包，当用户创建新项目时，勾选的所有 assets 都是 Standard Assets，如果没有勾选则在工程栏里没有 Standard Assets，需要手动导入。

◆ Example Project：示例程序。给用户提供参考和学习使用。

注意：整个注册过程必须在网络连通的状态下进行，并且需要登录自己注册使用的邮箱去进行确认。此外由于版本的不断更新下载界面可能稍有不同，读者只需要自行注意一下提示信息即可。

思考题

1. 登录 Unity 官方网站下载 Unity 最新版本。
2. 安装并注册 Unity。

第 15 章
Unity 程序开发框架和编辑器使用

> **学习目标：**
> 理解 Unity 程序开发框架，理解工程、应用、场景等之间的关系；掌握工程的创建和资源包的导入；掌握 Unity 编辑器的基本操作，能够创建简单的场景。
>
> **知识点：**
> 工程、应用和场景的概念。
>
> **难点与重点：**
> Unity 编辑器的基本操作。

15.1 Unity 程序开发框架、工程和应用以及场景的关系

首先我们要了解两个概念，工程和应用。那么什么是 Unity 工程呢？工程（Project）和应用（Application）有什么关系呢？

通俗地讲其实我们玩的各种游戏，每个游戏就是一个应用程序，而开发人员在创建这个游戏的时候首先要创建工程项目。在游戏中我们会遇到各种关卡，这些关卡在开发过程中称作场景。因此创建游戏应用就是首先要创建工程项目，然后将其打包生成游戏应用。

我们再从专业角度陈述一下：工程是组织项目的基本方式，通过文件夹分类的方式来达到合理整合、分类所需要的资源。而我们说的应用，通常分为个人用户应用（面向个人消费者）与企业级应用（面向企业），在移动端系统分类上主要包括 iOS App 和 Android Apk（如 AirDroid、百度应用等）。

因此我们知道了，工程是从开发者角度讲的；而应用是面向用户的。在 Unity 中，通常一个工程对应一个应用。当开发者使用 Unity 引擎制作完成一款游戏后，导出的可执行文件的一个版本即为一个应用程序。

Unity 的游戏工程一般包含多个场景文件，打开任意一个场景文件都会打开该游戏工程，并对应的打开用户选定的场景。开发者每创建一个 Unity 工程，工程根文件夹中都会自动生成四个文件夹，如图 15-1 所示。

- ◆ Assets：储存所有的资源文件，包括模型、图片、声音、脚本文件等。
- ◆ Library：储存记录文件之间连接和资源设置的文件。
- ◆ ProjectSettings：储存工程中的一些设置。

◆ Temp：存储一些中间文件，如历史记录等。

CreateProjectExample

名称	修改日期	类型
☑ Assets	2015/4/29 9:26	文件夹
Library	2015/4/29 9:28	文件夹
ProjectSettings	2015/4/29 9:27	文件夹
Temp	2015/4/29 9:27	文件夹

图 15-1　Unity 工程根文件夹

这里重点介绍 Assets 文件夹。Assets 文件夹下储存了所有的资源，那么什么是资源呢？资源（Source），是指工程中所需要使用的，能被引擎所识别并通过编译的素材文件，统称为 Unity 3D 资源。Unity 3D 资源的种类非常多，例如，有模型（Models）、材质（Materials）、2D 纹理（Texture 2D）、音频文件（Audio Files）等。用户可以在 Unity 项目中自己创建资源也可以从外部导入资源。

Unity 工程 Assets 目录通常有如下几个主要文件夹：

◆ Scenes:：场景文件夹，存放当前项目的场景。
◆ Scripts：存放脚本代码文件。
◆ Sounds：存放音效文件。
◆ Textures：存放所有的贴图文件。
◆ Models：模型文件，其中会包括自动生成的材质球文件。
◆ Editor：存放编辑器脚本。以 Editor 命名的文件夹允许其中的脚本访问 Unity Editor 的 API。如果脚本中使用了在 Unity Editor 命名空间中的类或方法，它必须被放在名为 Editor 的文件夹中。Editor 文件夹中的脚本不会在 build 时被包含。
◆ Gizmos: Gizmos 文件夹存放贴图、图标等资源，通常为 TIF 格式的图片，在 OnDraw Gizmos 函数内使用。放在 Gizmos 文件夹中的贴图资源可以直接通过名称使用，可以被 Editor 作为 Gizmo 画在屏幕上。
◆ Resource：存放资源，可以是图片、模型等不同类型的资源。Resources 文件夹允许开发者在脚本中通过文件路径和名称来访问资源，但还是推荐使用直接引用来访问资源。放在这一文件夹的资源永远被包含进 Build 中，即使它没有被使用。
◆ Standard Assets：标准 Unity 资源包，该文件夹中的脚本将最先被编译。

15.2　工程的创建和导入

Unity 的一个工程就是一个游戏项目，由若干个游戏场景组成。不同的游戏场景完成不同任务，产生不同的游戏效果。游戏的所有业务逻辑也需要在游戏场景中实现。

首先创建一个新的工程（Project）以及场景（Scene）。

（1）双击运行 Unity，弹出如图 15-2 所示的窗口，给新项目命名，如命名为

"MyFirstUnityProject",还可以更改项目保存路径,此次我们选择默认。单击【3D】或【2D】按钮,选择创建 3D 或 2D 游戏,在此界面可以单击【Asset package】按钮选择你需要的资源包,设定完毕后单击【Creat project】按钮即可。

图 15-2　打开 Unity

(2)完成前面的创建以后,自动创建了一个默认的 Unity 场景,如图 15-3 所示,场景

图 15-3　默认的 Unity 场景

中包含了一个叫做 MainCamera 的摄像机和一个默认的 DirectionalLight（方向光也译做平行光）。同时可以看到 Unity 的编辑器界面非常清晰，系统大部分的开发工作用户都可以通过可视化的方式来完成。图中标题栏显示的"MyFirstUnityProject"是我们自定义的项目名，随后的【PC，Mac&Linux Standalon】是当前默认的发布平台。

在 Unity 打开的默认编辑器窗口中能看到 Project 视图在左下角的位置，其中显示了一个 Assets 文件夹，由于当前我们创建的是一个空项目，因此其 Assets 文件夹是空的。

需要注意的是：Unity 对中文支持并不理想，因此无论项目名、项目存储的路径名、自己命名的文件夹和文件都不能含有中文。

（3）如果想要创建另外一个场景，只需要单击【File】→【New Scene】菜单项，或者按快捷键【Ctrl+N】即可。保存当前场景需单击【File】→【Save Scene】菜单项，对应快捷键为【Ctrl+S】。

15.3 Unity 编辑器介绍

Unity 已经经过了多个版本的更新和打磨，目前 Unity 编辑器逐步走向成熟。Unity 的界面操作足够稳定，也足够完整，操作上有自己的特色，拥有一部分独特的贴心细节和创新功能。Unity 的编辑器能完成大部分开发工作，大大节约了开发者的时间，也使开发变得更加简单和直观，这种可视化开发方式使得 Unity 非常受欢迎。为了便于讲解 Unity 编辑器，我们通过引入一个官方工程案例来介绍。

用户可以到登录 Unity 的资源商店——Asset Store 下载官方资源。

网址：assetstore.unity3d.com。

网站上拥有很多免费的和商业的资源，在我们学习或开发过程中的各种可用资源都可以登录该网站下载。

Asset Store 可以获得的资源包括：3D Models（3D 模型资源），Animation（动画资源），Audio（声音资源），Complete Projects（已完成的工程资源），Editor Extensions（编辑器的扩展），Particle Systems（粒子资源），Scriptings（功能脚本资源），Services（服务资源），Shaders（着色器资源），Textures&Materials（纹理与材质资源）等。

15.3.1 官方资源导入方法

（1）首先登录 Asset Store 网站，或者在 Unity 引擎中单击【Windows】→【Asset Store】菜单项，都可进入该资源商城。

（2）登录 Asset Store 后，查找官方资源"AngryBots"，该资源分类于 Complete Projects/Tutorials 目录下，用户可以通过搜索栏来查找。

（3）下载好该案例将弹出如图 15-4 所示的对话框，单击【Import】即可导入。

导入工程后 Unity 会自动打开该工程，如果你已经下载好了该案例，只需要在文件夹中找到游戏工程的场景文件双击打开，打开效果如图 15-5 所示。Unity 的场景文件都是以.unity 为扩展名的，如"AngryBots.unity"或者"Scene1.unity"。

图 15-4 "Importing package"对话框

图 15-5 打开场景文件

15.3.2 场景中的 6 个视图

编辑器此时有 6 个视图分布在整个编辑器中，这是默认呈现方式。

- Project（项目视图）：显示资源目录下所有可用的资源列表（如调色板等）。
- Hierarchy（层次视图）：显示所有在目前场景视图中的游戏对象。
- Inspector（检视视图）：显示当前所选中游戏对象的属性信息。
- Scene（场景视图）：显示游戏的场景，场景中摆放所有游戏对象。
- Game（游戏视图）：显示游戏运行后的样子。
- Console（控制台视图）：显示从游戏输出的消息、警告、错误或调试。

15.3.3 编辑器界面设置

Unity 允许开发者根据自己的使用习惯调整界面并保存,拖放这些视图选项卡到自己习惯的摆放位置完成布局,完成布局后单击【Windows】→【Layouts】→【Save Layout】选项,为自己的版面配置命名,单击【Save】按钮储存自己的版面就可以了。

如图 15-6 所示是一种比较方便使用的布局方式。用户可以设定自己的界面,调整好个人习惯的版面后如图 15-6 所示。如果感觉 Game 视图不需要时刻显示在最前面,可将其拖放到 Scene 视图的位置,使其和 Scene 视图共用一块区域,这种布局方式也比较常用。

图 15-6 布局方式

15.3.4 Unity 编辑器——Project(项目视图)

如图 15-7 所示的就是"AngryBots"导入以后对应的 Project 视图。可以在 Project 视图中清晰的看到项目所包含的所有文件都有序地组织在相应的文件夹中。当用户想要创建一个新游戏时,首先要创建一个 Project 文件,游戏中的所有文件(游戏场景、游戏脚本、游戏对象、材质、预设、纹理等任何文件)都组织到其 Project 对应的文件夹中,每个 Project 文件夹都会包含一个 Assets(游戏资源)文件夹。Assets 文件夹包含你所创建或是导入并包含在这个游戏中的任何东西,包括网格(mesh)、贴图、脚本、摄像机、关卡等。

Project 视图中显示了这个游戏的 Assets 文件夹中直接包含的各种文件夹和文件,并且和它们在计算机硬盘上的组织方式完全一致。在 Project 视图中简单地单击和拖曳可以在不同文件夹中移动和组织文件。如果用户忘记了文件存储位置,可以直接在 Project 视图中任意选中的资源上右键单击并在弹出的快捷菜单中选择【Show in Explorer】选项,就可以定位到文件在磁盘上的位置,如图 15-8 所示。

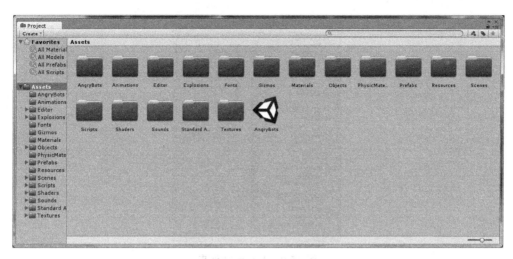

图 15-7　Project 视图

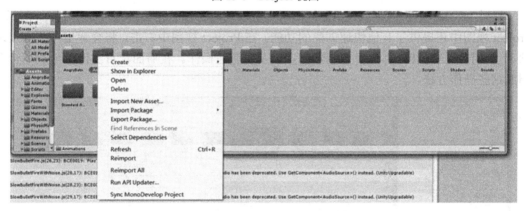

图 15-8　【Show in Explorer】选项

我们以"AngryBots"项目资源为例分析一下其 Assets 文件夹下的文件。

可以看到如图 15-9 所示的 Project 视图中包含一个 Assets 文件夹下的资源组织情况。其中 Scenes 文件夹包含该项目的所有场景。场景文件其实是在 Assets 文件夹内的一个 .unity 文件，在 Unity 中，"Scene"其实是一个视图，我们通过"Scene"来编辑、布置游戏中玩家所能见到的图像和声音。双击某个游戏场景，该场景进入编辑状态，那么其所有游戏对象会在 Hierarchy 视图中通过层级关系列出来，Scence 视图也会自动切换到该场景。

列表中的每类文件对象还具有自己的描述图标或缩略图，用户可以方便地浏览到内容。另外 Project 视图中提供的搜索栏可以让用户方便地在项目各个层次的子目录中进行资源的查找。当开发者进行输入要查找的资源名称时，该列表会在用户输入了每个字母后动态地匹配，这使得用户即便没有记住确切的名字也可以很容易地进行查找。

需要注意的是：如果必须要移动资源或者重新组织资源应尽可能多的在 Project 视图内部进行移动资源的操作，否则可能会损坏或是删除和这个资源相关联的元数据或是链接，甚至可能在此过程中损坏游戏。

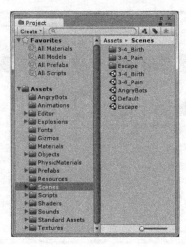

图 15-9 Assets 文件夹

通过 Project 视图中的【Creat】按钮用户可以创建游戏的相关资源，如图 15-10 所示。Project 视图中还提供了其他快速创建的功能。在 Project 视图中右击，将会弹出一些高级选项，包含导入资源和外部项目控制器同步以及资源包操作。在后面项目实例部分我们会介绍到这些操作方法。

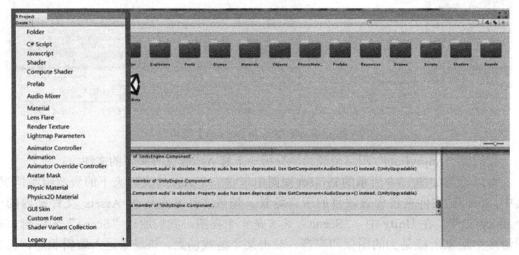

图 15-10 通过【Creat】按钮创建游戏相关资源

15.3.5 Unity 编辑器——Hierarchy（层次视图）

上一节我们介绍了 Project 视图中的 Project（场景），现在双击 "AngryBots" 的一个场景 "Escape"，可以看到 Hierarchy 视图中包括所有在当前游戏场景的 GameObject（即游戏对象），有摄像机、游戏界面、灯光、模型、各种 Prefabs（预设）、自定义对象等。Prefabs 在 Hierarchy 视图中呈现蓝色，用户可以在 Project 视图的 Prefabs 中查找到所有的 Prefabs，用户只需要从 Project 视图找到所需的 Prefabs，如图 15-11 所示，将其拖放到 Scene 视图中或者拖放到 Hierarchy 视图中即可在当前 Scene 添加一个预设的实例。

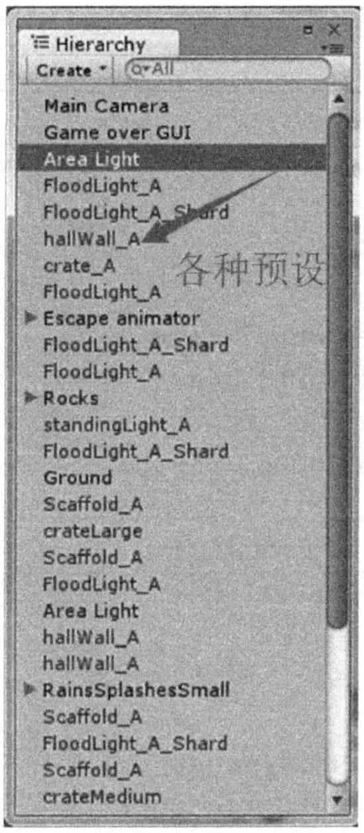

图 15-11　Prefabs

在 Hierarchy 视图中可以选择并拖曳一个对象到另一个对象上来创建父子级关系。在 Scene（场景）中添加和删除对象时，对象会在 Hierarchy 视图中出现或消失。

这里有两个概念：

◆ Prefabs（预设）。预设是一种资源类型，是存储在项目视图中的一种可重复使用的游戏对象。预设可以多次放入到多个场景中，因此当用户添加一个预设到场景中时，就创建了它的一个实例，所有的预设实例链接到原始预设上，是原始预设的克隆。预设的实例对原预设有继承关系，即当用户对预设进行任何更改时，该更改将应用于所有已链接的预设的实例。

◆ Parenting 父子级。Unity 中使用了父子级（Parenting）概念，要使任意对象成为另一个的子级，在层级面板拖曳所需的子对象到所需的父对象上即可，创建了父子级关系后可以使得对大量对象的移动和编辑变得更方便，因为用户对父对象的操作将会影响其所有子对象，即子对象将继承父对象的移动和旋转等数据。对比一下如图 15-12 所示的两个 GameObject 的非父子级关系和如图 15-13 所示的父子级关系。

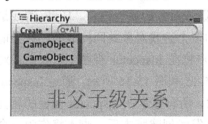

图 15-12　非父子级关系

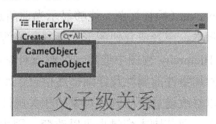

图 15-13　父子级关系

如图 15-14 所示的 AngryBots 的 Hierarchy 视图中可以看到其中游戏对象的父子级关系。

图 15-14　Hierarchy 视图

如何创建父子级关系呢，如我们可以创建两个 GameObject，现在拖曳其中一个 GameObject 到另一个 GameObject 上松开，两者即建立了父子级关系。

用户在 Hierarchy 视图中可以创建各种游戏对象。单击 Hierarchy 视图中的【Create】按钮选择想要创建的游戏对象类型即可创建，新创建的游戏对象将直接在 Scene 视图中显示。需要注意的是 Project 视图中的资源也可以拖曳到 Hierarchy 视图中并直接添加到 Scene 视图中，如游戏的资源模型。不过模型的贴图资源文件只能在 Project 视图中。此外 Scene 视图中的游戏对象容易因重叠和遮挡造成不能清晰查看，而 Hierarchy 视图可以清楚的看到全部的游戏对象，对于资源的识别、查找和管理都更准确。

15.3.6　Unity 编辑器——Inspector（检视视图）

Inspector（检视视图）能够显示当前所选中游戏对象的属性信息。Unity 游戏是由包含网格、脚本、声音或其他图形元素（如光源）的多个游戏对象共同构成的，在当前场景中或者在 Hierarchy 视图中选定一个游戏对象，用户将在 Inspector 视图中看到游戏对象以及其所有附加组件的属性及详细描述信息，如图 15-15 和图 15-16 所示。通过 Inspector 视图，用户可以修改场景中的游戏对象的相关属性参数。所有显示在 Inspector 面板的属性都可以直接修改，即使脚本变量也可以改变。因为当开发者创建脚本后，脚本将作为一个自定义的组件（Component）类型，如果将该脚本组件添加到一个游戏对象中，该脚本的成员变量将作为可直接编辑的属性陈列在 Inspector 中。开发者通过这种方式修改脚本变量，而无须打开脚本编辑器修改。

图 15-15　打开组件参考手册图标

图 15-16　打开上下文菜单图标

在 Inspector 视图中修改参数后，在 Game 视图中可以看到修改后的效果。Inspector 视图中每项组件后面都有一个问号图标，单击将打开组件参考手册。旁边的齿轮图标也可以单击，将弹出组件具体的上下文菜单。

1. 值属性的修改

当前场景中或者在 Hierarchy 视图中选定一个游戏对象，可以直接到 Inspector（检视视图）中修改其可编辑的值属性，包括一些数值和选择弹出窗口，也可以是颜色、矢量、曲线和其他类型。如图 15-16 所示，开发者可以直接修改其【Position】的"X、Y、Z"属性值等。

2. 指定引用

引用属性是一种可以引用其他对象的属性，例如，可以引用游戏对象、组件、资源。属性对应的引用槽将显示可用于该引用的对象类型。引用的使用非常方便，可以通过拖放或使用对象选取器（Object Picker）为引用属性指派对象，两种方法都非常简单。

在 Hierarchy 或者 Project 中选择所需对象，按住鼠标左键，将它拖曳到引用属性槽释放，即可完成引用属性的制定。如果对象拖到引用属性上而不能被识别，无法正确完成拖放时，说明对象是错误的类型或者没有包含正确的组件。

如果使用对象选取器（Object Picker）为引用属性指派对象，需要单击如图 15-16 所示的小圆圈，弹出如图 15-17 所示的对话框，选择想要的属性参数即可完成指定。

3. 在 Inspector 中设定游戏平台属性

单击【Edit】→【Project Settings】→【Player】菜单选项，弹出如图 15-18 所示的"Inspector"视图，在这里可以修改游戏平台的相关设置。包括游戏开发公司、游戏名以及程序默认图标、游戏发布平台、游戏的屏幕尺寸、开机预览图等。下面简要列出下面几个设定：

- ◆ Resolution and Presentation：设置分辨率描述和位置等信息。
- ◆ Icon：设置游戏的图标及尺寸。
- ◆ Splash Image：添加自定义开机画面，将在游戏开始时显示。
- ◆ Other Settings：其他设定，主要是一些平台相关特性。

图 15-17　属性参数修改对话框

图 15-18　"Inspector"视图

15.3.7　Unity 编辑器——Scene（场景视图）

Scene 视图是游戏的场景，摆放着所有游戏对象。Scene 视图非常重要，因为它给用户提供可视化编辑环境，用户可以使用 Scene 视图来选择和定位场景、模型、相机、角色模型以及其他游戏对象。在场景视图中调动和操控场景中的游戏对象是非常重要以及频繁的操作，因此 Unity 提供了一些快捷操作方式。

1. Scene 视图基本操作

首先工具栏提供了快捷按钮，通过这些按钮可以操作 Scene 场景及其中的对象，如图 15-19 所示。

- ◆ 第一个为"手型"工具，单击选中该手型工具可以拖动相机，整体平移 Scene 视图，选中该工具的快捷键为【Q】。
- ◆ 第二个为"平移"工具，单击该按钮可以对游戏对象进行三个轴向的平移，该工具的快捷键为【W】。

- ◆ 第三个为"旋转"工具，可以对 Scene 中选中的对象进行三个轴向的旋转操作，该工具的快捷键为【E】。
- ◆ 第四个为"缩放"工具，可以对 Scene 中选中的对象进行三个轴向的缩放操作，该工具的快捷键为【R】。
- ◆ 第五个为"调整"工具，可以对 Scene 中选中的对象进行尺寸调整，若同时按住【Alt】键时可以实现等比例调整。

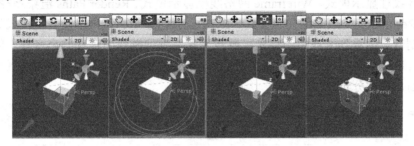

15-19　Scene 视图快捷按钮

此外还有一些快捷操作，掌握之后可以提高开发者的效率。

- ◆ "按住鼠标右键"进入漫游模式，此时单击【W】/【A】/【S】/【D】/【Q】/【E】键快速进入第一人称预览导航，如果按下【Shift】键会加快移动速度。
- ◆ 在 Hierarchy 选择游戏对象时，"双击鼠标左键"会让选择的对象最大化显示在场景视图中心。
- ◆ 使用【↑】【↓】【←】【→】键场景会沿 X/Y/Z 平面移动浏览。
- ◆ 按【Alt】+"鼠标左键"拖曳，围绕当前轴心点旋转进行动态观察。
- ◆ 按【Alt】+"鼠标中键"拖曳，拖动场景中的相机，平移观察场景视图。
- ◆ 按【Alt】+"鼠标右键"拖曳，可以缩放场景视图，和鼠标滚轮滚动作用相同。

2. 场景 Gizmo

在 Scene 视图的右上角是 Scene Gizmo（场景小图示），显示场景相机的当前方向，并允许快速修改视图角度，如图 15-20 所示。

图 15-20　Scene Gizmo

Gizmo 的每个有色的臂表示一个几何轴，通过单击任意臂可以设置场景相机到该轴正交视图，单击 Persp 文字可以在"Iso"（等距视图）和"Persp"（正交视图）之间切换。

也可以拖曳或按【Alt】键加鼠标左键单击来拖曳摇移视图。单击中间的灰色立方体，视角会还原为默认的 45°角方向。此外每个对象也都有相对应的 Gizmo，在 Scene 视图中会出现在当前选择的游戏对象上。用户可以使用鼠标操作任意 Gizmo 的轴来改变游戏对象的（Transform Component）变换组件，或者也可以在监视面板的 Transform 组件数值属性那里直接输入值来更改。

3. Scene View Control Bar 场景视图控制条

场景视图控制条如图 15-21 所示，通过它用户可以切换 Scene 视图中的显示模式，包括 Textured 纹理显示模式、Wireframe 网格线框显示模式、Render Paths 渲染路径显示模式、Lightmap Resolution 光照贴图显示模式、RGB 三原色显示、透视以及其他模式等。因此这些设置控制着让你看到游戏中的灯光、游戏元素并听到游戏中存在的声音等。修改视图显示模式，可以让开发用户在 Scene 中更清楚地看到模型的位置，否则由于场景中模型种类过多会使用户很难分辨。

图 15-21　场景视图控制图

需要注意的是，这些绘图模式或者渲染模式的选择，仅仅是改变游戏场景物体在 Scene 视图中的显示方式，对于游戏最终的显示方式和效果并没有影响。

15.3.8　Unity 编辑器——Game（游戏视图）

Game 视图用于显示游戏运行后的样子。在 Game 视图的预览窗口将能看到游戏的完整运行效果，运行时将包含完整的纹理和照明等信息。当单击播放按钮后，该窗口将进行游戏预览，如图 15-22 所示。

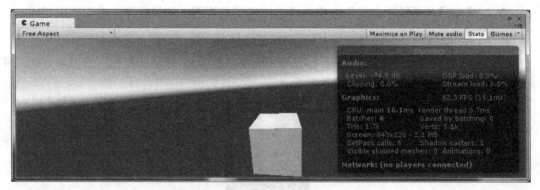

图 15-22　游戏预览

如果在 Game 视图中，你无法预览到你的游戏场景，原因可能是摄像机和场景的位置关系不正确，摄像机没有找到正确的朝向。单击 Main Camera（主相机），你会发现 Scene 视图中的 Main Camera 上出现一个倒金字塔线框，这就是相机的视野。如果游戏对象不在摄像机视野范围内，则需要先选中 Main Camera，选择【Game Object】→【Align With View】菜单选项，Game 将会与 Scene 视图完成自动匹配。用户也可以自行通过移动和选择工具调整 Camera，使其能观察到游戏对象，或者到 Inspector 中改变 transform 值来匹配场景中的 Object（游戏对象）和 Camera（摄像机）。

Game 视图的顶部是视图控制条，可以控制 Game 视图中显示的属性，包括显示比例、当前游戏参数显示等，通过单击三角符号可以切换场景画面的显示比例，用户可以模拟在不同发布比例时游戏的显示情况。如图 15-23 所示的是控制条上第一个下拉列表的内容——宽高比下拉列表（Aspect Drop-down），可以调节游戏视图窗口的宽高比，用于测试在不同宽高比显示器上的显示效果。

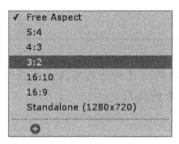

图 15-23　宽高比下拉列表

单击 Game 视图的 Stats 菜单，弹出 Statistics 面板，能够显示运行场景的渲染的帧频率等渲染状态统计数据，用于监控游戏的图形性能。最后一个是 Gizmos 开关，启用后显示在视图中的 Gizmos 也将在游戏视图中显示，包括所有使用 Gizmos 类函数绘制的 Gizmos。单击 Gizmos 弹出菜单将显示各种不同类型的游戏中使用的组件。每个组件名字的旁边能够设置与之关联的图标和 Gizmos。

在 Unity 编辑器的工具栏上有这样几个控制按钮 ▶ ‖ ▶| 用来控制编辑器播放，是 Game 视图工具栏。单击播放按钮可以查看游戏的发布效果，此时游戏场景处于交互状态，可以进行场景漫游，再次单击播放键游戏将停止。在播放模式时编辑器界面会变暗，此时如果用户尝试修改游戏场景中的参数，那么任何改变都是临时的，在退出播放模式时会重置。

15.3.9　Unity 编辑器——Console（控制台视图）

Console 视图是 Unity 中调试的工具，在用户进行项目的测试和导出时，Console 将显示相关信息。项目中的错误、消息以及警告都会在 Console 中呈现，可以辅助程序员定位有问题的脚本代码。也可以使用 Debug.Log()、Debug.LogWarning()等方法来定义自己的信息发送至控制台。

双击 Console 视图状态栏中导致错误提示的信息，即可进入错误位置进行编辑修改。

思考题

1. 新建一个 Unity 工程。
2. 登录 Asset Store 网站，查找官方资源"AngryBots"，导入该资源并查看该工程文件夹。

第 16 章 资源和游戏对象

> **学习目标:**
> 了解资源的概念,掌握资源的创建和导入方法;掌握常用的组件,对 Transform 组件有深层次的理解;明确层次关系的作用。
>
> **知识点:**
> 资源、预设和组件等概念。
>
> **难点与重点:**
> 预设的使用,常用组件的使用。

16.1 Unity 资源

游戏制作离不开游戏对象中的资源文件。资源通常被用于制作纹理、模型、音效和行为脚本。通过 Unity 中的 Project 视图可快速访问游戏包含的所有资源。

Project 视图用以显示工程资源文件夹中的文件组织结构,无论何时更新其中一个资源文件,所做更改将立即运用到游戏中。将文件添加至 Project 文件夹的 Assets(资源)文件夹后,Unity 将自动检测文件,并且将资源显示在工程视图中。

需要注意的是:尽量不要从 Explorer(资源管理器)或 Finder(查找)中移动任何资源或整理文件夹,应该尽可能使用 Project(工程)视图进行资源的操作。由于 Unity 中存储了大量资源文件之间的关系元数据,用户在 Project 视图中移动资源的操作,将正确保留这些关系,而如果在 Unity 外移动资源,资源之间的关系将会被破坏。因此应该始终使用 Project 视图进行资源的管理。当然在资源文件夹中可以安全打开文件,文件将自动在支持的程序中打开并可以进行编辑。

如果用户进行了资源更新,需要注意保存资源,保存后 Unity 可检测到所做的更新并重新导入资源。用户可以把工作重点放在优化资源上,而完全不必担心更新所造成的 Unity 对资源的支持问题。通常,使用本地应用程序更新和保存资源可让工作流程以最佳状态顺畅进行。

16.1.1 场景、资源、游戏对象、组件间的关系

场景、资源、游戏对象、组件间的关系可以解释如下:一个游戏工程由一个或若干个

场景组成，而场景是由许许多多的游戏对象组成。对象有可见对象，比如我们常见的游戏对象有角色、建筑物等，此外还包括一些不可见的游戏对象，如声音。组件正是把相关资源组织并赋予到游戏对象上从而形成了不同的功能及属性。

1. 游戏对象：GameObject

在 Unity 中必须要了解对象的范畴，包括 3D 场景中所存在的所有物体，有建筑、角色、道具、载具等。当然除了我们在场景中可见的物体以外，还存在着一些不可见的游戏对象，例如，光源、音源等都属于游戏对象。

2. 组件：Component

组件是 Unity 中的一个重要的概念。组件是对数据和方法的简单封装，"属性"是组件数据的简单访问者。"方法"则是组件的一些简单而可见的功能。在 Unity 引擎中，对象和所具有的相关属性都是绑定在一起的，即绑定到游戏对象上的一组相关属性和游戏对象本身被都被称为组件。常见的组件有：Transform（变幻）组件、Mesh Filter（网格适配器）、Mesh Renderer（网格渲染器）、Animation（动画）组件等。用户可以通过几种方法添加组件，常用方法有下面两种。

◆ 方法一：首先单击菜单栏的【Component】选项，然后选择自己所需要的组件名类型和组件名就可以了，如图 16-1 所示。
◆ 方法二：在场景中单击需要添加组件的游戏对象，或者在 Hierarchy 视图中选中你想要添加组件的游戏对象，然后到 Inspector 视图中单击【Add Component】按钮，选择所需类型的组件即可，如图 16-2 所示。

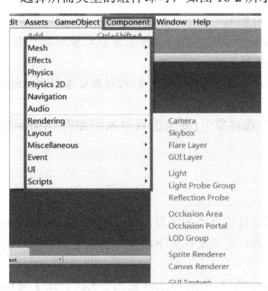

图 16-1 【Component】下拉菜单

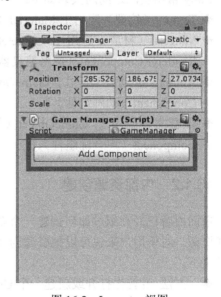

图 16-2 Inspector 视图

Inspector 视图中的所有组件其组件名右侧都有问号手册图标，单击可以查阅关于此组件的具体介绍。添加完组件后，用户可在组件编辑器中进行参数的修改。这部分操作可以参看第 2 章 Inspector 视图介绍中关于"值属性的修改"和"指定引用"部分的内容。

在每个组件属性视图的右上角还有一个齿轮图标。单击它进行一系列选择就可以进行组件的相关操作。其中有几个非常常用的操作，如【Reset】（恢复默认值）、【Remove Component】（移去组件），如图 16-3 所示。

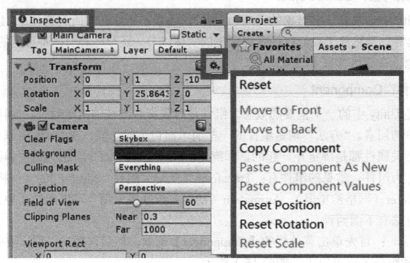

图 16-3　齿轮图标下拉按钮

3. 资源之间的关系

Unity 常用资源之间的关系如下：

- Texture（纹理）应用于 Material（材质）。
- Material（材质）应用于 GameObject（游戏对象）[首先游戏对象要添加有 Mesh Renderer Component（网格渲染器组件）]。
- Animation（动画）应用于 GameObject（游戏对象）[首先游戏对象要添加有 Animation Component（动画组件）]。
- 声音文件应用于 GameObject（游戏对象）[要求游戏对象添加有 Audio Source Component（声音源组件）]。

16.1.2　内部资源创建

前面内容已经介绍过如何创建一个新项目以及添加场景，现在我们看如何在 Unity 中创建资源。对于用户来说可以把资源创建到自定义文件夹下，也可以创建到 Assets 的相关文件夹下。

- 方法一：首先打开或新建一个 Unity 项目，单击 Project 视图中的【Create】→【Folder】选项可以自定义一个新的文件夹。然后，选中该文件夹，单击【Create】按钮进行资源创建，此时创建的资源将保存在新建的文件夹中。
- 方法二：从主菜单栏选择【Assets】→【Create】选项，然后选择相关资源进行资源的创建。对于创建的资源或者文件夹都可以在 Project 视图中选中并单击【Delete】按钮删除。

如果用户需要创建脚本资源,只要选择相应的类型即可。前面介绍过 Unity 所支持的三种脚本类型,这里以 C#脚本为例进行创建。

单击【Create】→【C# Script】选项,在 Assets 目录下看到新创建了一个图标为 C#的文件,默认名为"NewBehaviourScript1",双击该文件或者单击 Inspector 面板中的【Open】按钮,即可进入脚本编辑器对脚本进行编辑,如图 16-4 所示。创建其他类型资源的方式与此类似这里不再赘述。

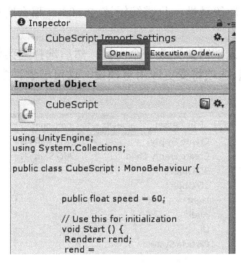

图 16-4　Inspector 面板

16.1.3　外部资源导入

要导入资源文件到当前的项目中,常用的方法有以下三种:

◆ 方法一:移动(或拖曳)文件或文件夹到项目所在的 Assets 文件夹,它会自动导入到 Unity 中。

◆ 方法二:在菜单栏单击【Assets】→【Import New Asset】选项。

◆ 方法三:在 Project 视图的【Assets】目录下右击,在弹出的快捷菜单中选择【Import New Asset】选项即可导入外部资源。当需要应用该资源时,只要从 Project 视图中拖动资源文件到 Hierarchy 视图或者场景视图中即可。

如果已经完成了一个预设的导入、实例化和链接到资源,则现在需要编辑相关资源。那么用户只需要双击并编辑它,系统将自动启动相应的程序,当完成更新后进行保存。回到 Unity 场景中,刚才所进行的资源的更新将被检测到并自动重新导入,资源到预设的链接也将维持不变,如果使用了预设可以从 Scene 中看到你的预设的更新。用户要知道的是在 Unity 编辑器中找到想要更新的资源的内容,双击打开并编辑它,最后保存它,就可以准确无误的对资源进行想要的修改而不会破坏相关的元数据。

16.1.4 Unity 中预设的创建

1. 预设的概念及使用

Prefabs（预设）在前面我们已经提及多次，我们知道预设是一种可重复用于场景中的游戏对象和组件的集合。我们可以首先创建一个 Prefab（预设），然后用该预设创建多个相同对象，用预设创建对象的过程称为实例化。比如我们创建了敌人，将其创建为敌人 Prefab，那么我们可以实例化多个敌人对象放入场景中。所有敌人对象都与"敌人"Prefab 链接在一起，当开发人员对 Prefab 进行任何更改操作时，更改都将自动应用到所有"敌人"实例上。尤其是更改网格、材质等属性，只需编辑该 Prefab，那么所有的在场景中的预设的实例都会继承这些更改。

另外一种方法是，首先按需要更改一个实例，然后选择主菜单上的【GameObject】→【Apply Changes to Prefab】选项将变更应用至预设，这可节省许多设置和更新资源的时间，如图 16-5 所示。

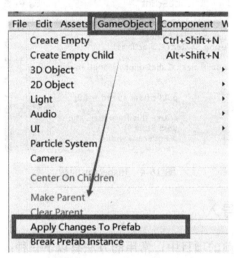

图 16-5 将变更应用至预设

2. 创建预设

创建预设的方法很简单，只需要选择已经定制好的游戏对象，单击并拖放该游戏对象到 Project 视图中即可，此时，你会看到游戏对象的名称文字变成蓝色。然后在 Project 视图中为新创建的 Prefab 命名，这样我们就完成了预设的创建，以后当开发过程中需要添加该游戏对象时，只需要选择预设并将其拖放到场景中即可完成实例化的操作。

16.1.5 Unity 中图片、模型和音频、视频的支持

1. 图片导入

Unity 支持的图片文件格式有 .jpg、.png、.gif、.bmp、.tiff、.psd、.tag 等。值得注意的是，Unity 可以很好地导入多层 PSD 和 TIFF 文件。它们在导入时自动进行平展，但是各

层会自己保存在资源中,因此在以本机方式使用这些文件类型时不会丢失任何工作。这十分重要,因为这使用户可以只需创建一个纹理副本,可以从 Photoshop 中修改该副本,通过 3D 建模应用程序修改并应用于 Unity。从性能角度去考虑,模型贴图使用 Mip Maps 是比较好的方式,这样消耗一定的内存但是可以换取更好的渲染性能和效果。

Unity 是一款可以跨平台发布游戏的引擎,那么对于图片等资源,当发布于不同的平台的硬件环境时是有一定区别的,Unity 为用户提供了专门的解决方案,使得开发者可以根据平台的不同对资源进行不同的设置。

Unity 中导入图片资源有多种操作方法,参见前面所列外部资源导入的方法。

Unity 支持几乎所有主流的三维文件格式,如.fbx、.dae、3ds、.dxf、.obj 等。用户在 Maya、3ds Max、Cinema 4D、Cheetah 3D 或 Blender 中导出文件到项目工程资源文件夹后,Unity 会立即刷新该资源,并将变化应用于整个项目。

导入三维模型时,Unity 会将其表示为拆分为不同对象,包括游戏对象、网格、动画片段等的层次结构。网格必须使用 Mesh Filter(网格过滤器)组件附加到游戏对象上。若要使网格可见,游戏对象必须附加网格渲染器或其他适用渲染组件。只有模型拥有了这些组件,网格才会在游戏对象位置可见,网格的外观取决于渲染器使用的材质。

2. 音频、视频导入

音频和视频是构成背景音乐、游戏特效、旁白、游戏过场动画等内容必需的资源,对于这两种重要的游戏元素,Unity 都有良好的支持。

Unity 可以导入的音频文件格式有 .mpeg、.wav、.mp3、.aiff、.ogg、.xm、.mod、.it、.s3m 格式的 tracker modules(跟踪器模块),跟踪器模块资源的行为方式与 Unity 中的任何其他音频资源相同,但资源导入检视器中不提供波形预览。在 Unity 中使用 Audio Files(音频文件)时,需要注意以下几点:

- Unity 中的音频可以是原生(Native)或压缩(Compressed)音频。默认模式为原生,即导入原始文件中的音频数据时,不做任何更改。但 Unity 在导入时也可启用导入程序中的压缩(Compressed)选项压缩音频数据。
- 游戏中短音游戏音效或者较短的音乐适合使用原生(.wav,.aiff)音频,虽然其音频数据较大,但音质更好,并且无须在运行时对声音解码。
- 对于比较长的音乐和游戏音效则适合使用压缩音频,但是因为压缩过经过解码会产生系统开销,而且经过解码后,会有轻微的损失。一般游戏背景音乐多使用压缩音频。

其实任何导入的音频文件都必须与 Audio Sources(音频源)和 Audio Listener(音频侦听器)配合使用才可生成声音。Audio Listener(音频侦听器)其实就是一个监听组件,开发者常常把侦听组件放到 Main Camera 上。如果我们把 Audio Listener(音频侦听器)比喻成人的耳朵还是比较形象的,它接收着在游戏场景中所有的 Audio Sources(音频源),并通过计算机的扬声器播放声音。如果音频片段标记为三维声音(3D Sound),那么播放方式会模拟游戏世界坐标三维空间中的位置,即三维声音通过衰减音量并在扬声器间平移的方式来仿真声音的距离和位置,下面试一下在 Main Camera 上添加 Audio Listener 和 Audio Source 组件。

- 为游戏对象添加 Audio Listener 组件:

- 选中游戏对象（Main Camera），单击【Component】→【Audio】→【Audio Listener】选项添加。
- 为游戏对象添加 Audio Source 组件：
- 选中游戏对象（Main camera），单击【Component】→【Audio】→【Audio Source】选项即可。

添加完两个组件以后进入 Game 视图运行游戏你就可以听到声音了。

16.2 Unity 常用组件介绍

Unity 拥有良好的可视化编辑器，所有的组件及其基本参数的修改都可以在编辑器中完成。每个游戏对象都包含各种组件，前面介绍了组件的添加方法，又为 Main Camera 添加了 Audio Listener 和 Audio Source 组件。接下来介绍几种常用组件。

16.2.1 Transform（变换组件）

Transform（变换组件）是最重要的组件之一，因为游戏对象的变换属性都是由这个组件启用的。在游戏场景中，它决定了场景中每个对象的 Position（位置）、Rotation（旋转）和 Scale（缩放）。如果一个游戏对象没有 Transform 组件，则实际上并不存在于场景世界中。因此，用户必须要了解，即使是最简单的一个游戏对象仍然包含一个名字、一个标签、一个层，还包含一个变换组件——Transform。

为了解释最简单的游戏对象仍然拥有这些基本属性，并理解这个 Transform 组件，我们创建一个空物体和一个 Cube 对比来查看。

1. 创建一个空物体

在 Hierarchy 层级视图中单击【GameObject】→【Create Empty】菜单项，如图 16-6 所示，空物体当前作为 GameObject 会出现在 Hierarchy 面板中，同时 Inspector 面板中可以看到这个空物体仅具有 Transform 组件，如图 16-7 所示。

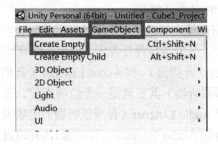

图 16-6 Hierarchy 层级视图

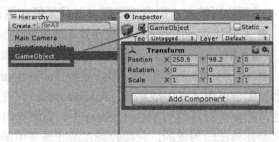

图 16-7 Inspector 面板

2. 创建一个立方体

单击【3D Object】→【Cube】菜单项，新建一个 Cube，对其进行位移、旋转、缩放操作。添加一个立方体还可以通过菜单方式进行，单击【Game Object】→【3D Object】→

【Cube】菜单项添加。

3．使用快捷键调整场景中的对象

分别单击【Q】/【W】/【E】/【R】快捷键和鼠标来操作场景中的 Cube 对象，观察 Cube 坐标轴的变化，可以通过这些快捷键进行场景移动、游戏对象移动、游戏对象旋转、游戏对象缩放的操作。

4．调整 Transform 中的属性值

修改 Transform 中各项参数的值，并观察 Cube 的变化。在 Transform 中单击齿轮展开下拉菜单选择【Reset】选项进行参数复位，观察执行 Reset 之后 Transform 各个参数值的变化。

5．观察 Scene 与 Game 两视图和 Camera 之间的关系

现在请移动 Cube 使其在当前场景视图中无法观察到，在 Game 游戏视图中观察 Scene 与 Game 视图之间的关系。然后到 Hierarchy 视图中双击 Cube，快速定位到 Cube 并将其放入场景中心。再移动点光源到 Cube 附近。再次调整 Cube 的位置或者摄像机的位置，分别观察两者的关系，以及 Game 视图的变化，如图 16-8 所示。

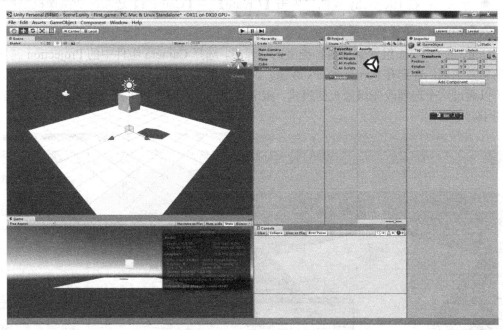

图 16-8　Scene 与 Game 两视图和 Camera 之间的关系

6．尝试在 Hierarchy 视图中添加其他的 Unity 内置游戏对象

16.2.2　Camera（摄像机组件）

上一节我们尝试调整了一下 GameObject（游戏对象）和 Camera（摄像机）之间的位置，那么要想在 Unity 中展示 2D 或 3D 效果，就必须要首先了解 Unity 中的 Camera（摄像机组件）。

| 游戏程序设计基础 |

　　Camera 是游戏中不可或缺的组件，Camera 是为玩家捕捉场景并展示游戏世界的一种设备，用户可以自定义和设置 Camera，让游戏呈现出不同状态。

　　前面我们创建一个新项目的时候，场景 Scene 中就有默认的 Main Camera。用户可以对场景中的相机进行自定义、脚本化或父子化，从而实现可以想到的任何效果。例如，2D 游戏中，可以让相机处于静止状态，因为这样完全可以看到 2D 的全视图。如果是第一人称射击游戏，需要将相机父子化至玩家角色，并将其放置在与角色眼睛等高的位置。这样玩家就可以看到自己的双手以及自己眼前的游戏场景。如果是汽车竞速游戏，可能就希望相机追随玩家的车辆。在游戏中，玩家看到的场景是通过一个或多个摄像机进行播放的，在 Unity 中用户可以像其他游戏对象一样对 Camera 定位、旋转及父子化操作。其实相机本身仍然是游戏对象，只是该对象附加了相机组件。Unity 本身提供了一些有用的摄像机脚本，这些脚本在用户创建新工程时随标准资源包一起安装好了。

1. 添加 Camera（摄像机组件）

◆ 方法一：单击菜单【Components】→【Rendering】→【Camera】选项添加。
◆ 方法二：在 Hierarchy 视图中单击【Create】→【Camera】选项添加摄像机组件。

2. Camera（摄像机）类型

　　Unity 的 Camera 组件支持两种类型的摄像机，选择 Camera 组件中的 Projection 属性对应的参数选项，看到有 Perspective（透视）以及 Orthographic（正交）摄像机两种类型。用户可以通过这个选项改变摄像机的模式，指定摄像机的类型，并将其应用到游戏场景当中，如图 16-9 所示。

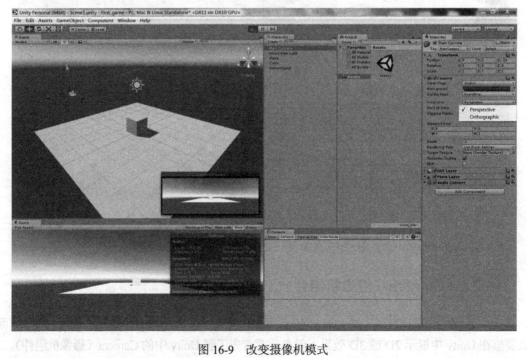

图 16-9　改变摄像机模式

也可以通过脚本来动态修改摄像机的类型，这样可以实现在游戏过程中根据需要动态修改设定的摄像机类型。

注意：Camera 还有一个 Depth（深度）参数，Main Camera 的默认参数值为-1。该值通常用在多个摄像机的情况下，根据 Depth 参数可以设置摄像机的渲染次序，使得一个摄像机的内容叠加到另一个摄像机上，深度值比较大的摄像机渲染的内容会叠加在深度小的摄像机上面。例如，Depth 值为 2 的摄像机会叠加绘制在 Depth 值为 1 的摄像机上方。

此外，用户可以调节 Normalized View Port Rectangle（规范化视口矩形）这个属性值来改变 Camera 在屏幕上的视图大小和位置，即用该参数定义当前相机视图绘制在屏幕上的哪一部分。用于创建多个像地图视图、后视镜等这样的微视图。

16.2.3 Lights（光源）

在游戏场景中，除了极特殊的情况，场景中总是需要添加光源，由于光源决定了场景环境的明暗和色彩，可以创造特殊的视觉氛围。灯光可以模拟太阳光效果，模拟燃烧的火柴，手电筒以及爆炸效果等，因此 Lights（光源）是场景非常重要的组成部分。Unity 的每个场景中可以使用一个或多个光源，合理的使用光源可以创造完美的游戏场景效果。

Unity 提供了四种光源，用户可以进行参数设置，模拟出自然界的光源效果。

- ◆ Directional Light：方向光，也叫平行光。平行光的照射范围非常大，主要用于模拟室外场景的阳光与月光，通常就可以用平行光来照亮整个游戏世界。一般在游戏开发中，如果是室内场景则必须设置平行光，这样游戏世界才能被照亮，同时平行光将影响游戏场景中对象的所有表面，而且在图形处理器中平行光是最不耗费资源的。
- ◆ Point Light：点光源，点光源光线是从某一点向各个方向发射，在 Scene 中可以看到点光源好像被包围在一个球形内部，类似灯泡。点光源是电脑游戏中最常用的灯光。点光源通常用于爆炸效果、灯泡效果。点光源可以有 cookies – 带有 alpha 通道的 Cubemap（立方图）纹理。Cubemap 可在各个方向得出投影。
- ◆ Spot Light：聚光灯，聚光灯只在一个方向上，在 3D 世界中以一个点为起点向另一个点为圆心的平面发射一组光，即光在一个圆锥体范围内发射光线，类似手电筒的效果。因此它用作手电筒灯、汽车的头灯或者灯柱的模拟效果很好。但在图形处理器上它是最耗费资源的。聚光灯也可以带有 cookies，这使得在 Unity 中可以很好地创建类似光芒透过窗户的效果。纹理的边缘是黑色的，打开边框 Border Mipmaps（多层纹理）选项和它的 wrapping mode（循环模式）设置为 Clamp（强制拉伸），这是非常重要的。
- ◆ Area Light：区域光，无法用作实时光照，一般用于光照贴图烘培。

其中聚光灯在游戏中的使用比较广泛，它常常用在第一人称游戏的主角身上，将聚光灯绑定在主角身上以后，当角色移动时光源也随着角色一起移动，将能够始终照亮角色所在的区域。

灯光创建以后和普通游戏对象的操作是一样的，用户可以到 Light 组件视图中去修改其参数，包括 Color（色彩）和 Intensity（强度）等。在 Unity 中 Baking 选项中选择 Realtime 光照会随着每一帧的变化实时进行计算，是一种实时光照。由于实时运算耗费大量的资源，可能会影响游戏的运行速度，因此对于 Scene 中一些游戏对象如果不需要实时变化，常常通过"灯光贴图"来模拟灯光的照射效果。通常建筑物和场景中固定不变的大型游戏对象常用贴图来模拟光照效果。

注意：当场景对光源要求不高时，请尽量选用 Directional Light（平行光）光源，因为 Point Light 和 Spot Light 会相对消耗较多内存资源。另外一个影响游戏性能的参数是 Rendering Path（渲染路径），游戏发布的时候选择不同的渲染路径对游行中的灯光和阴影效果影响很大。

16.3 常用物理引擎组件

在 Unity 中所谓物理引擎就是通过内置的 Physics 在游戏中模拟物理效果。例如，模拟重物从空中掉落到地面的自由落体效果，物理掉落到地面与地面发生碰撞的效果，物体落地后会弹跳的效果，以及一些布料的效果，等等。这一切物理效果都能使游戏画面生动，真实感更强。

16.3.1 Rigidbody（刚体组件）

Rigidbody 组件是 Unity 常用也是非常重要组件。用户在场景中新创建的对象是不具备任何物理效果的，仅仅是一个游戏对象而已。如果想要给这个游戏对象加上一些物理属性，就要为其添加 Rigidbody 组件。

刚体组件可使游戏对象在物理系统的控制下运动，使得游戏对象可接受外力与扭矩力，用来保证其像在真实世界中那样进行运动。任何游戏对象只有添加了刚体组件才能受到重力的影响，也只有为游戏对象添加了刚体组件以后，才可以通过脚本为游戏对象添加作用力或者通过物理引擎与其他的游戏对象发生互动运算。需要注意的是，如果对象之间有父子化关系，当对象处于物理控制下时，其移动方式与其变换父级的移动方式半独立。如果移动任何父级，则会随它们一起拉动 Rigidbody（刚体）子级。

1. 创建 Cube 并为其添加刚体

首先创建 Cube 立方体对象，然后选择该对象，单击菜单栏的【Component】→【Physics】→【Rigidbody】选项为该 Cube 添加刚体组件。

2. 创建 Plan 并为其添加刚体

再创建一个 3D 游戏对象 Plan。选择 Cube 调整它和 Plan 的相对位置，将其置于 Plan 上方，如图 16-10 所示。单击播放按钮查看效果。可以发现 Cube 坠落并在落到 Plan 上之后停止，这就是 Rigidbody 组件在起作用。

图 16-10　将 Cube 放至 Plan 上方

3. 简单介绍一下其中的几个参数

- ◆ Mass：质量，用于设置游戏对象的质量。Mass 值越大物体下落的越快。通常设置该值不超过 10。
- ◆ Drag：阻力，当游戏对象运动时受到的空气阻力。0 表示没有空气阻力，阻力极大时游戏对象会立即停止运动。
- ◆ Use Gravity：开启重力。若勾选此项，游戏对象会受到重力的影响。
- ◆ Collision Detection：碰撞检测，用于控制避免高速运动的游戏对象穿过其他的对象而未发生碰撞。有 3 个选项，Discrete：离散碰撞检测，该模式与场景中其他的所有碰撞体进行碰撞检测；Continuous：连续碰撞检测；Continuous Dynamic：连续动态碰撞检测模式。
- ◆ Constraints：冻结，用于控制对于刚体运动的约束。勾选某个选项将停止该轴向感应物理引擎的效果。

16.3.2　Collider（碰撞器组件）

如果想要游戏对象模拟或感应到碰撞，都必须给该对象添加碰撞器。Collider 是最基本的触发物理的条件，例如，碰撞检测。基本上，没有 Collider 物理系统基本没有意义（除了重力）。所以通常创建游戏对象的时候，游戏对象中会自带碰撞器组件。

需要注意的是，Collides 是物理组件的一类，它必须与刚体一起添加到游戏对象上才能触发碰撞。如果两个刚体相互撞在一起，必须两个对象有 Collider 时物理引擎才会计算碰撞，在物理模拟中没有 Collider 的刚体会彼此相互穿过。

选中 Cube，可以看到 Cube 所对应的 Inspector 视图中有 Box Collider 组件。Unity 为对

象提供了六种碰撞器，单击【Component】→【Physics】选项能看到 Box Collider（盒子碰撞器）、Sphere Collider（球体碰撞器）、Capsule Collider（胶囊碰撞器）、 Mesh Collider（网格碰撞器）、 Wheel Collider（车轮碰撞器）和 Terrain Collider（地形碰撞器）。

各种碰撞器及使用如下。

- ◆ Box Collider：盒子碰撞器是一个立方体外形的基本碰撞体，也可以调整为不同大小的长方体，最适合用在盒状物或是箱型物上，通常可用作门、墙以及平台等，也可以用于人物角色的躯干或者汽车等交通工具的外壳。其中几个重要的参数有 Is Trigger：触发器，勾选该项，则该碰撞体可用于触发事件，并将被物理引擎所忽略。Material：材质，可以设定游戏对象的表面材质，不同表面材质可以影响碰撞后的物理效果。
- ◆ Sphere Collider：球形碰撞器是一个基于球体的基本碰撞器，球形碰撞器的尺寸可以等比例均匀的调节，但不能单独调节某个坐标轴方向的大小。球形碰撞器适用于乒乓球等类似球体的游戏对象。其常用的参数有 Radius：半径，用于调整球形碰撞体的大小。
- ◆ Capsule Collider：胶囊体碰撞器是由一个圆柱体和与其相连的两个半球体组成的，呈现胶囊形状所以称之为胶囊体碰撞器。胶囊体碰撞器的半径和高度都可以单独调节，可用在角色控制器或与其他不规则形状的碰撞检测中。其常用的参数有 Height：高度，该项用于控制碰撞体中圆柱的高度。Direction：方向，在对象的局部坐标中胶囊的纵向方向所对应的坐标轴，默认是 Y 轴。
- ◆ Mesh Collider：网格碰撞器通过获取网格对象并在其基础上构建碰撞，在与复杂网格模型上使用基本碰撞相比，优点显然是网格碰撞器更加精细，缺点是会占用更多的系统资源。Mesh Collider 常用的属性有 Smooth Sphere Collisions：平滑碰撞，在勾选该项后碰撞会变得平滑。

在碰撞器的属性面板可以添加物理材质 Material，Material 可以决定碰撞后的效果，物体碰撞后将出现反弹，而反弹的力度和效果由物理材质决定。用户如果想使用 Unity 标准资源包的材质资源，可以在 Project 视图右击，在弹出的快捷菜单中选择【Import Package】→【Physic Materials】菜单项来引入物理材质标准资源包。

思考题

1. Unity 中提供了几种光源类型？分别是什么？各有什么特点？
2. 物体发生碰撞的必要条件是什么？尝试给两个对象添加碰撞器及刚体，并测试碰撞效果。
3. 碰撞器和触发器有什么区别？
4. 什么情况下 Unity3D 中组件上会出现数据丢失？

第 17 章
Unity 脚本程序基础

> **学习目标：**
> 了解 Unity 支持哪些脚本语言；掌握 Unity 脚本的基本概念和开发方法；了解 Unity 常用事件的基本执行顺序；熟悉 Unity 脚本开发中常用的组件和常用的 API 函数。
>
> **知识点：**
> 脚本的概念，脚本的创建和编辑，脚本常用的事件，脚本是一种特殊组件。
>
> **难点与重点：**
> 常用事件的执行方法和执行次序，在脚本中访问组件和游戏对象，常用的 API 函数。

17.1 什么是脚本程序

在 Unity 中，游戏中的交互效果需要通过脚本程序来实现。脚本是一段指令代码集，或者说是一段程序，在 Unity 中以组件形式存在，可以附加在游戏对象上，以用于定义游戏对象的各种交互操作及其他功能。通过脚本程序，开发者可以控制每一个游戏对象的创建、销毁以及对象在各种情况下的行为，以实现游戏功能控制和预期的交互效果。

旧的 Unity 支持三种语言来编写脚本：Boo、JavaScript、C#。三种语言开发的效率其实差异不是很大，用户可以使用一种或者同时使用多种语言来实现脚本的开发，最后都会编译成 Unity 的内置中间代码。目前国内开发使用 C#的比例比较高。对于有一定 C/C++程序基础的开发者，以及有较深入开发需求的开发者都建议使用 C#开发。如图 17-1 所示，是 Unity 官方资源 Angrybots 的一个界面，可以看到所用脚本有 C#，也有 JS。

2015 年 3 月发布的 Unity 5 取消了原本对 Boo 的支持，同时加强了对 C#的支持，因此本教程中使用的都是 C#。

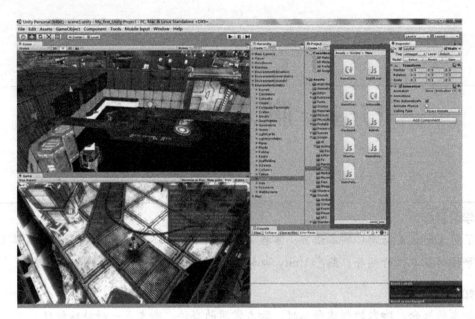

图 17-1　Angrybots 界面

17.2　Unity 脚本编辑器

　　Unity 中使用的编辑器 MonoDevelop 是一个跨平台的脚本编辑器，其中整合了很多脚本编辑和调试的功能，有语法高亮、自动完成、函数提示等方便的代码编辑功能，提供脚本与游戏对象的连接、变量修改的方法，能实时预览脚本修改后的游戏效果。MonoDevelop 在 Unity 中的使用大大提高了游戏开发的效率。MonoDevelop 是一个功能比较完备、使用方便的开发工具，但是如果用户习惯其他开发环境，Unity 也支持第三方编辑器。比如用户如果习惯使用微软的 IDE，可以在 Unity 里设置"Visual Studio C#"来编辑脚本。单击【Edit】→【Preferences】选项，在弹出的对话框中选择【External Tools】选项，可以看到当前默认的是 MonoDevelop 编辑器，如果需要修改只需要单击【Browse】按钮浏览并找到你所需要的编辑器即可，如图 17-2 和图 17-3 所示。

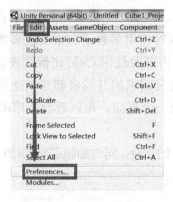

图 17-2　【Edit】菜单栏

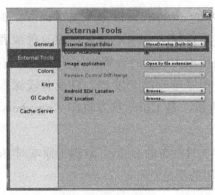

图 17-3　选取编辑器

在 Unity 5 发布后，微软也在不到一个月内发布了用于 Unity 引擎的 Visual Studio 工具 2.0 版的第二预览版（Visual Studio Tools for Unity 2.0 Preview 2）。该版本的主要改进体现在对于最新的 Unity 5 引擎支持，为 Unity 提供了更丰富的编程和调试体验，开发者可以利用 Unity 游戏工具和平台创造出更多意想不到的效果。

17.3　Unity 脚本的创建与编辑

17.3.1　Script（脚本）创建

要想创建游戏脚本，通常会在 Assets 文件夹下创建一个 Script 文件夹。选中该文件夹，新创建的脚本将会默认保存在该文件夹中。如果用户没有指定脚本的保存位置，新创建的脚本文件会自动保存在 Project 视图的根目录，下面以 C# Script 为例进行创建。

方法 1：单击【Assets】→【Create】→【C# Script】菜单项（或者 Java Script/Boo Script）即可，如图 17-4 所示。

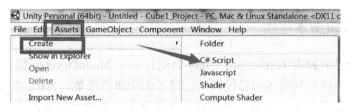

图 17-4　通过 Assets 菜单栏创建

方法 2：在 Project 视图上单击【Create】下拉按钮，或者在视图区域右击，在弹出的快捷菜单中选择【Create】→【C# Script】选项，如图 17-5 所示。

方法 3：在 Hierarchy 视图上单击想要添加脚本的游戏对象，单击【Component】→【Scripts】→【Cube Script】菜单项或者【Game Manager】，这种方法创建的脚本会自动以组件形式添加在所选游戏对象上，如图 17-6 所示。

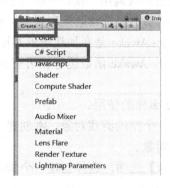

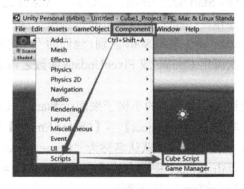

图 17-5　通过 Project 视图创建　　　图 17-6　在 Hierarchy 视图上添加

新建的脚本文件会出现在 Project 视图中，方法 1 和方法 2 创建的脚本默认名称为 NewBehaviourScript，用户要根据自身需求为脚本重新命名，这里重新命名为 TestScript。

在 Project 视图中双击脚本文件，Unity 会自动启动设置的脚本编辑器用于编辑脚本。
需要注意的是：脚本本身是依附于游戏对象的，无论是作用在一个具体的场景物体中还是管理着批量的物体，脚本首先必须依附于游戏对象或者其他游戏脚本的调用才会运行。当然一个脚本可以附加给多个游戏对象，这其实是生成脚本的多个实例。对于脚本来说，脚本的多个实例之间是互不干扰的。

要将脚本赋予物体的方式很简单，方法是按住鼠标左键将脚本文件拖放到 Hierarchy 视图的游戏对象上，也可以拖放到场景中的游戏对象上。实际上，脚本所作的工作就是对游戏对象的 Component 的属性进行添加、删除、停用、读写等，尽管脚本自身也是一个 Component。

为游戏对象添加脚本常用的有两种方式：

方法 1：用鼠标在 Project 视图中把脚本拖曳到游戏对象上，这样就为游戏对象添加了脚本。

方法 2：选择 Inspector 视图，单击 Inspector 视图中的 Add Component 按钮，选择弹出的下拉列表中的脚本，即可添加到当前对象。

17.3.2 编辑脚本程序

双击刚才新建的脚本 TestScript，Unity 自动打开了 MonoDevelop 编辑器，可以编辑脚本程序。查看代码能看到脚本中已经自动创建了两个事件函数，Start 和 Update。Start 和 Update 是系统预定义的事件函数，当预定义事件发生时系统会自动调用对应的脚本，这样的事件函数被称为 Certain Events（必然事件）。在脚本中用户可以添加其他函数或一些特殊函数，当满足特定条件时由系统自动调用。常用的事件函数有：Awake、Start、Update、FixUpdate 和 OnGUI。

1. Start 和 Update 事件

Start 和 Update 是在创建脚本时 Unity 默认为我们添加的两个函数，是十分常用且重要的必然事件。Start 会在 Update 函数第一次运行之前调用并只调用一次，一般用于进行脚本的初始化操作。Update 函数会每帧都调用一次，一般用于更新游戏场景和状态。常用的事件函数 Awake 要注意和 Start 区别，他们的不同之处在于：Awake 是在加载场景时运行，Start 是在第一次调用 Update 或 FixedUpdate 函数之前被调用，Awake 函数运行在所有 Start 函数之前。

下面通过一个简单的小例子来演示 Start 和 Update 事件的使用。

（1）单击【GameObject】→【Create Empty】创建一个空的游戏对象，刚创建完成会在 Hierarchy 视图出现一个默认名称为"GameObject"的对象。

（2）单击 Project 视图中的【Create】→【C# Script】选项，选择创建一个脚本，命名为"CubeScriptTest"，用于测试。

我们简单提一下 Unity 的脚本命名规范，在阅读范例和自己书写时注意首写字母，将有助于用户更好的理解对象之间的关系。

◆ 变量：变量首写为小写字母，用来存储游戏的状态信息。
◆ 函数：函数首写为大写字母，函数是一个代码块，在需要的时候可以被重复调用。
◆ 类：类的首写为大写字母，是函数的库中提供给用户的操作。

下面双击"CubeScriptTest"或者单击 Open 打开并编辑脚本，如图 17-7 所示，Unity 将自动打开 MonoDevelop 编辑器，可以看到默认脚本代码内容如下。

```
using UnityEngine;
using System.Collections;
public class CubeScriptTest : MonoBehaviour {
    // Use this for initialization
    void Start () {
    }
    // Update is called once per frame
    void Update () {
    }
}
```

现在在 Start 和 Update 事件中添加代码如下，将能看到如图 17-8 所示的 Console 视图中的输出信息：

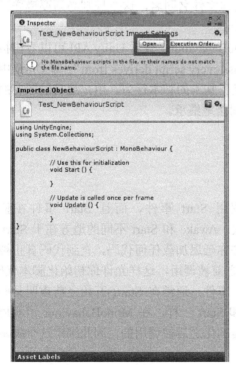

图 17-7　打开脚本

图 17-8　Console 视图中的输出信息

```
using System.Collections;
public class CubeScriptTest : MonoBehaviour {    //类名与文件名同名
```

```
//继承自MonoBehaviour
  // Use this for initialization
  void Start () {
      print ("Hello Unity!");   //添加此句
  }

  // Update is called once per frame
  void Update () {
      print("Your Game is now Updating! ");//添加此句
  }
}
```

即在创建了脚本文件后，脚本中已经添加了 Start 和 Update 两个空的事件。同时我们能够看到 CubeScript 脚本文件名自动成为了代码中的类名，也就是说类名和文件名一致，并且继承自 MonoBehaviour。两句 printf 不需要解释，但是由于我们将他们分别放在了 Start 事件和 Update 事件中，产生了不同的输出效果，对比结果就知道他们的调用时机了。下面详细分析一下代码的这几个细节：

- Update 和 Start 事件：从脚本中首先可以看到代码中自带的两个事件（方法），其中 Update 每帧调用一次，Start 则在第一次 Update 执行前调用，并且 Start 只执行一次。
- 类名 CubeScriptTest：即自动添加的类名与文件名同名，这个规则必须要遵守，因为只有这样脚本才能被添加到游戏对象上。
- MonoBehaviour：CubeTest 类继承自 MonoBehaviour，查看 Unity API 可以看出按照这个说明："MonoBehaviour is the base class every script derives from"。即 Unity 中的脚本都是继承自 MonoBehaviour，它定义了基本的脚本行为，用户编写的所有的脚本类均需要从 MonoBehaviour 直接或者间接地继承。

17.3.3 常用事件函数

下面介绍几个常用的事件函数及其触发条件。

- Start()：在 Update 被调用之前开始调用 Start 事件，而且 Start 事件在整个 MonoBehaviour 生命周期内只被调用一次。Awake 和 Start 不同的地方在于 Start 方法仅仅在脚本初始化后被调用，这样允许你延迟加载任何代码，直到代码真正被使用时。Awake 方法总是在 Start 方法执行之前被调用，这样允许你初始化脚本代码。
- Awake()：脚本被加载后立即调用 Awake 事件，通常在 Start()开始之前声明某些变量或者游戏的状态标记时使用。Awake 和 Start 一样，在 MonoBehaviour 声明周期内仅被调用一次。Awake 是在所有对象实例化之后被调用的，因此绑定这个脚本的对象能和其他对象相互作用。
- Update()：正常帧更新，用于更新逻辑。在 Start 事件执行过后调用，编辑器中 Update 的注释描述是：Update is called once per frame，可知游戏的每一帧都在调用此事件。当处理 Rigidbody 时，需要用 FixedUpdate 代替 Update。

- FixedUpdate()：每一帧都调用此事件。当处理 Rigidbody 时，FixedUpdate 应该代替 Update 方法，比如，当一个物体需要增加一个力时，应该将这个力的代码写在 FixedUpdate()里面。FixedUpdate 更适用于物理引擎的计算，因为它跟每帧渲染有关。而 Update 就更适合做控制。
- LateUpdate()：每一帧都调用此事件。当 Update 全部执行完后，此方法开始被调用。比如用于当摄像机跟随游戏对象移动时，摄像机的处理应该在 LateUpdate()里。
- OnGUI()：在渲染和处理 GUI 事件时调用。如果用户要画一个 button 或 label，就需要用到它。但是如果 MonoBehaviour 的 enabled 属性设置为 false，OnGUI()就不起作用。
- DontDestroyOnLoad()：当进入其他场景时，保证游戏对象仍然不被释放，此时需要绑定此脚本。也就是说绑定这个事件脚本的游戏对象在下一个场景中依然存在。
- OnDisable()：物体被销毁时调用此事件。脚本被卸载时，将调用 OnDisable 事件，而脚本被载入时将调用 OnEnable 事件。
- OnDestroy：当对象被被销毁时调用。OnDestroy 只会在预先被激活的游戏对象上调用。

17.3.4 游戏对象和组件访问

1. 游戏对象组件的访问

最常用的游戏对象成员的组件访问方式是通过对象层次进行访问，用户可以通过一个游戏对象中的 Transform 组件来查找其子对象和父对象，这就是 Unity 里面的 Transform 和 GameObject，它们就像两个双胞胎兄弟一样，我能找到你，你也能找到我。其实保存游戏对象的 Transform 是个很好的方法，比保存 GameObject 本身还要好用，因为 Transform 下方法的适用频率要高，同时其方法比 GameObject 多。

例如，我们要对前面场景中的 Cube 进行旋转。下面我们先调整一下 Cube 的尺寸，使其变成一个长方体以便更好地观察其旋转效果，然后在其 Update 事件中添加如下代码，保存代码并拖曳该脚本到 Cube 上，运行当前游戏场景察看效果。

```
    void Update () {
//gameObject.transform.Rotate(new Vector3(0,12,0));  //当前对象绕Y轴旋转
//this.Object.transform.Rotate(new Vector3(0,12,0)); //当前对象绕Y轴旋转
transform.Rotate(new Vector3(0,12,0));               //当前对象绕Y轴旋转
//transform.Rotate(0, 5, 0);                         //物体每帧在Y轴上旋转5度
    }
```

上面的 Update 事件中有一行起作用，其他两行是被注释掉的，但是三行代码的功能是相同的，也就是说对组件访问的方法有多种，这几种是等价的。

代码解析：

- gameObject：通过 gameObject 获取了当前对象，编译器将 transform 视为 gameObject 的成员变量，前面我写到两者互相能找到，因此这里的 gameObject.transform 与直

接用 transform 效果相同。或者用户为了清晰还可以写成 this.GameObject.transform，就是当前脚本链接的游戏对象的 transform。
- Rotate：上面给出了两种旋转的方法，用户可以查看 Unity C# API，关于 Rotate 方法的定义，根据该定义和参数说明进行设定即可。
- Vector3：Vector3 类是 Unity 中用来表现所有 3D 向量的类，实际是一个构造器，能够创建一个新的具有给定 x，y，z 组件的向量。用户可以通过他的 x，y 和 z 成员变量获得 3D 向量的组件。具体用法可以查看 Unity 的 API。

2. 访问游戏对象子对象

首先我们创建一个新对象 Capsule，为了便于观察其旋转效果将其 Rotation 参数的 x 值设置为 20，在 Hierarchy 视图中将其拖曳到 Cube 上面，松开鼠标使其成为 Cube 的子对象。如果想要在 Cube 中查找"Capsule"这个子对象，可以使用如下的语句：

```
transform.Find("Capsule").gameObject;
```

该语句可以通过名字查找子物体并返回，如果没有查找到子物体名字，将返回 null，并且名字可以包含路径。一旦找到了子层次中的 gameObject，用户就可以通过使用 GetComponent 获得其组件信息并对其参数进行修改。

```
using UnityEngine;
using System.Collections;

public class CubeScriptTest : MonoBehaviour {
public Renderer rend;          //定义一个 Renderer 变量使其获得 Capsule 的 Renderer
    // Use this for initialization
    void Start () {
    //定义一个变量 rend 使其获得 Capsule 的 Renderer
    //当然这句也可以不写,通过拖放的方式将 Capsule 赋值给 rend
        rend = GameObject.Find("Capsule").GetComponent<Renderer>();
    //通过修改 Capsule 的 Renderer 的 material 的 color 属性来修改 Capsule 的颜色
    rend.material.color = Color.red;
    }

    // Update is called once per frame
    void Update () {
        transform.Rotate(new Vector3(0,12,0))  //定义对象 y 轴旋转
    }
}
```

修改 CubeScript 脚本代码，保存并测试效果。发现 Cube 保持原来的旋转状态，同时 Capsule 作为 Cube 的子物体跟随 Cube 同时旋转，并且 Capsule 的颜色成为了红色。如图 17-9 所示。关于具体的脚本的编写和 C# API 这里不再赘述，后面的章节也将有直接的使用。

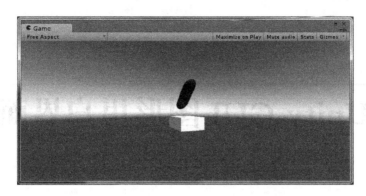

图 17-9 修改脚本代码后的测试效果

思考题

1. 创建一个 C#脚本，对场景中的某个对象进行自身旋转使用什么函数？如果要使游戏对象围绕某个点旋转应使用什么函数？
2. 获取、增加、删除组件的命令分别是什么？
3. 物理更新一般放在哪个系统函数中？
4. 加载其他关卡的命令是什么？

第 18 章
Unity GUI 图形用户界面

> **学习目标：**
> 了解 UI 的基本类型，能创建各个类型的 UI 并熟悉其操作。
>
> **知识点：**
> UI 的类型和应用。
>
> **难点与重点：**
> UI 常用控件与贴图。

GUI 是图形用户界面（Graphical User Interface）的缩写和简称，也称作图形用户接口。简单来说，我们每天使用浏览器上网，其中的前进按钮、后退按钮、地址栏、收藏栏、右键菜单以及整个浏览器窗口都可以叫 GUI。

GUI 在整个游戏中非常重要，因为游戏启动之后进入的就是游戏的 UI。用户会看到游戏开始菜单、游戏设定、开始按钮，也许还有输入对话框等，另外 RPG 游戏的菜单栏、功能栏和背包系统等都是 GUI，目前的游戏基本上都是以自定义图形界面来开始。2015 年 3 月中旬 Unity 5 发布，Unity 5 的 GUI 和以前的版本有一些改动，我们这里以 Unity 5 来进行讲解。

18.1 UGUI 的基本介绍

Unity 5 的 UI 系统和原来有了一些改变，首先可以看到 UI 的菜单都统一在 GameObject 菜单栏下面，同时看到 UI 中的选项有 11 个，名称和 Unity 4 几个版本也有了一些区别。Unity 5 的 UI 有下面这些类型。

- ◆ Canvas：画布。Unity 5 中所有的 UI 组件都位于 Canvas 上。所有的 UI 对象都用矩形表示，并且具有 Rect Transform 组件，该组件除了普通 transform 组件的 position、rotation、scale 之外，还增加了 width 和 height 等。
- ◆ Button：按钮。Button 控件由两个 GameObject 组成，第一层是 Button，包含 Image、Button 等组件，第二层是 Text，包含 Text 等组件。一般用 Button 来接收用户在程序中的一些操作行为，比如对话框中的"确定"和"取消"按钮，游戏的"开始"和"退出"等。按钮由三个基本状态组成：未点击、击中、点击状态。一般游戏界面的按钮只监听"未点击"与"击中"两种状态。Button 提供了 OnClick 方法，可以为按钮添加响应。单击加号，可以添加一个委托。
- Text：文本。文本控件向用户显示一块非交互式的文本。可以用于为其他 UI 提供标题、标签、显示指令或其他文本。
- Image：图片。Image 用于显示 Sprite（精灵），该控件是类似于 Raw Image Control 但提供更多的选择动画图像和准确归档控件的矩形。图像控件需要纹理是 Sprite，而 Raw Image 可以接受任何纹理。
- RawImage：向用户显示一个非交互式的图像，一般用于装饰、图标等。与 Image 的不同之处在于，Image 的参数是 Sprite，而 RawImage 的参数是 Texture。
- Slider：滑块。通常用于调节声音大小、灯光亮度等。Slider 滑块游戏对象可以是垂直或水平，它有一个子对象 Fill Area，控制其不能超过滑块的边界。可以设置 Min Value 和 Max Value 设置滑块的值的范围。
- Scrollbar：滚动条。滚动条游戏对象可以是垂直或水平。它有一个子对象叫 Sliding Area 以及一个 Handle 子对象。Handle 游戏对象的变换值是由其父对象变换值驱动的，所以，它不能超过滚动条对象的边界。
- Toggle：开关。Toggle 开关有附加的子对象 Image，Image 其实是 Toggle 的 Background，用于设置开关 Toggle 的背景。Toggle 的属性 Is On 确定目前 Toggle 是处于开还是关。还有一个重要的 On Value Changed()方法，定义了如果选择切换开关状态将会做什么。在该方法右下角是一个"+"的象征，需要用户添加委托。首先要选择一个对象到 None（Object），然后选择该对象的函数，最后去掉所选的函数中的变量。
- Input Field：输入框。输入字段用来使文本控件的文本可编辑。
- Event System：Event System 是一种将基于输入的事件发送到应用程序中的对象，无论是键盘、鼠标、触摸或自定义输入。Event System 由发送事件的几个组件共同组成。
- Panel：当用户想将 UI 渲染拆分到不同的 Draw Call 中时，需要手动创建 UIPanel，比如当用户需要创建一个分屏的游戏，用不同的摄像机进行渲染时，这时就需要两个 Panel 来避免控件互相重叠。

18.2 UGUI 的创建和基本操作

创建 UI 的方法和创建其他 GameObject 一样，在 GameObject UI 下选择或者在 Hierarchy 视图中单击 Create UI 或者在 Hierarchy 界面用鼠标右击在弹出的快捷菜单中选择 UI 即可，如图 18-1 和 18-2 所示。

UI 对象创建以后会发现其 Rect Transform 组件，该组件继承自 Transform。Rect Transform 中有 Anchor（相对父物体的锚点）、Pivot（中点）、Rotation（旋转）等属性，如图 18-3。

用户可以通过在 Hierarchy 面板中上下拖曳来对渲染进行排序，越靠近 Canvas 即越靠

游戏程序设计基础

上的 UI 会越先被渲染，但是这里的排序只是相对 UI 而言，场景中的其他对象不会受此影响，并且 UI 总是渲染在游戏对象的上面。

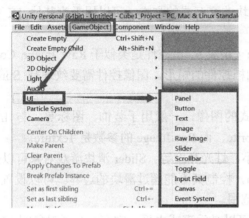

图 18-1 通过 GameObject 创建　　　　　　　图 18-2 在 Hierarchy 视图中创建

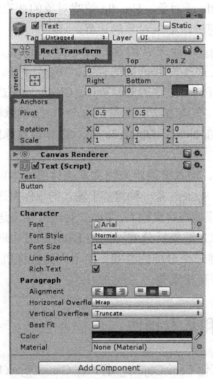

图 18-3 Rect Transform 组件

18.3 UGUI 实例演示

我们通过一个实例来演示 UGUI 的应用。前面的章节我们已经制作了一个项目并在其中添加了 CubeScene，现在我们在刚才的基础上添加一个新的 UI 场景，并通过该场景的按钮跳转到 CubeScene 场景。

18.3.1 GUI 之 Button 和 Text

（1）首先我们在上一章节创建的 CubeProject 里面新建一个 Scene，命名为"01-GUI"。当游戏中场景较多的时候我们可以很清楚的知道 01-GUI 是游戏开始界面。

当前新创建的"01-GUI"是作为游戏开始界面来使用的。我们可以先到 GameObject 菜单栏找到 UI 去创建一个 Canvas，即画布，其实很多时候不需要单独创建 Canvas，因为我们创建的所有的 UI 控件都是在 Canvas 之下的，因此这里我们不创建 Canvas。

（2）在"01-GUI"中，我们首先创建一个 Button。

看到 Hierarchy 视图中多出了 EventSystem 和 Canvas，Canvas 下面多了一个 Button。虽然我们只是创建了 Button，但是所有的 UI 都是在 Canvas 下的，系统自动为我们创建了 Canvas。这种操作等价于我们先创建 Canvas，然后再创建一个 Button。

（3）调整 Button 在 Canvas 上的位置，可以通过工具栏的五个快捷按钮操作。从左到右分别是平移、移动、旋转、缩放、调整。其中最后一个按钮可以自由调整，当按住【Alt】键时可以实现等比例调整。

由于我们创建的是 UI，因此在 Scene 中单击 2D，更便于我们的操作。

在 Button 上单击展开 Button，发现系统在 Button 下产生了一个 Text，可以理解为一个 Button 是由 Button 和一个 Text 组成的，Text 就是 Button 上面的文本。

（4）选中 Button，将其名称修改为"GameStartButton"，如图 18-4 所示。然后在 Inspector 视图中查看其属性，如图 18-5 所示，可以看到其中有一个【Image】属性，是 GameStartButton 的背景图片，取消勾选会发现 Scene 中的 GameStartButton 的背景消失了，这里我们保留 Image 属性，展开 Image 修改 Image 组件中的【Color】属性，这个属性决定了 GameStartButton 的背景颜色，在这里我们改为"蓝色"。

（5）单击 GameStartButton 下的 Text，可以在 Inspector 视图中查看 Text 的属性，如图 18-6 所示，其最常修改的就是【Text】的"Text"属性，即其所显示的文本。现在将其改成"Start Game"。

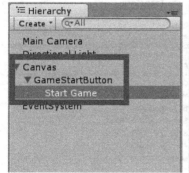

图 18-4　重命名 Button

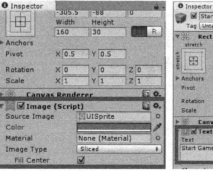

图 18-5　查看 Button 属性

图 18-6　查看 Text 属性

18.3.2 GUI 之 Toggle 应用

（1）右击 Canvas，在弹出的快捷菜单中找到 UI 中的 Toggle，创建一个 Toggle，命名为"AudioToggle"，用来控制背景音乐开关，如图 18-7 所示。在 Hierarchy 中展开 AudioToggle 会发现下面有 Background 和 Label 两个组件。选择 Label 到 Inspector 面板修改其属性，将 Label 的【Text】修改为"Audio"，然后根据自己的需要修改其 Charactor 中的【Font】、【FontSize】等属性，这里我们将【FontSize】设置为"40"。

图 18-7　创建 AudioToggle

（2）添加 Toggle 是为了控制音乐的开关，因此我们要从磁盘上找到一个音乐文件并拖曳到当前 Scene 的 Project 视图中。

首先在 Project 上单击【Create】选项，创建一个新的【Folder】，命名为"Audio"，把找到的音乐拖放到"Audio"文件夹下，这里作者使用的是名为"music.mp3"的资源。

（3）接下来给 AudioToggle 添加控制。

先回到 Hierarchy 中，右击，在弹出的快捷菜单中找到【Creat Empty】，创建一个空对象，将其命名为"AudioManager"，在 Inspector 视图中单击【Add Component】→【Audio Source】选项，然后到其 Inspector 视图中修改其【Audio Source】的【AudioClip】属性为"music"，方法是拖曳"music"到该处释放即可，如图 18-8 所示。

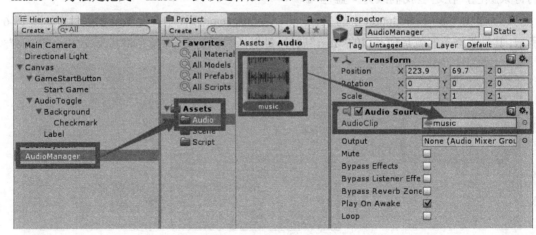

图 18-8　为 Audio Toggle 添加控制

（4）回到 Hierarchy 中选择 AudioToggle，如图 18-9 所示，选中后到其 Inspector 视图中修改其【Text】属性为"Audio"，如图 18-10 所示。再到其 Inspector 视图中找到 Toggle（Script）组件，看到下面有一个【On Value Changed（Boolean）】，单击"+"号，如图 18-11 所示。拖曳"AudioManager"到"None（Object）"的位置，如图 18-12 所示。然后单击该面板的【No Function】，在弹出的菜单中选择【AudioSource】，并找到【enabled】单击即可，如图 18-13 所示。这样就实现了 AudioToggle 对 music 播放的控制。

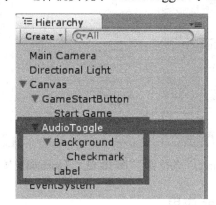

图 18-9　选择 AudioToggle　　　　图 18-10　修改【Text】属性

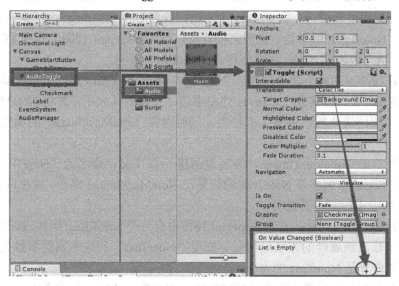

图 18-11　找到 Toggle（Script）进行相关操作

（5）现在运行游戏查看效果，默认勾选 Audio，此时音乐处于播放状态，单击取消该勾选，则音乐停止，即切换到 enabled 状态。既可以通过"enabled"属性，在运行时启用或禁用控件。运行时勾选该选项，会发现 AudioToggle 的"Is On"属性会出现勾选，取消后"Is On"也取消勾选，这样就产生了该属性能控制 AudioManager 的效果。

游戏程序设计基础

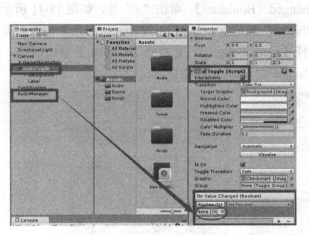

图 18-12　拖曳 "AudioManager" 到 "None（Object）" 的位置　　图 18-13　【enabled】菜单项

18.3.3　GUI 的 Image 和 Scrollbar 应用

（1）创建一个游戏公告。在 Canvas 上右击，找到 UI 中的 Image，创建一个 Image，修改其名称为 "NoteBg"，用于显示说明文档背景，在其 Inspector 视图上找到【Color】属性，修改其中的 "A" 值，即 Alpha 属性使得该区域成为半透明。

（2）现在在 NoteBg 下面再创建一个 Image，将其名称修改为 "NoteMaskImage"。到 Scene 中调整其位置，将其放在 Canvas 的左半边，并调整其大小，并将 NoteMaskImage 放在 NoteBg 中相同的位置，调整大小相当，同时也将 NoteMaskImage 的属性调整为基本透明。

（3）现在单击 NoteMaskImage，为其再创建一个 Text，命名为 "NoteText" 用来显示公告内容。在 Scene 中调整好 NoteText 的位置比 NoteMaskImage 略小。现在单击 NoteText，到其 Text 属性中添加游戏的说明。

（4）单击 NoteMaskImage，看到 Inspector 视图中有一个 ScrollRect 组件，修改其【Content】属性值，这里修改该属性的方法是用鼠标拖曳 "NoteText" 到这个属性参数位置，这样就制定了滚动的内容是 NoteText 的内容。

同时还要考虑到只需要上下滚动文字内容，因此修改【Note】的【Horizontal】属性，便只能上下滚动了。当前文本是全部显示的，我们需要的是只显示 Note 范围内的文字，所以找到 Note 的组件，勾选【Mask】复选框，如图 18-14 所示，这样 NoteText 中的内容就只显示和 Note 重合部分的内容了。同时取消【Show Mask Graphic】的勾选，将这个 Mask 的图片隐藏掉，需要注意的是，Mask 是在修改控件的子元素的外观，如果孩子大于父，那么只有在父内的孩子的内容可见，因此我们也就实现了 NoteMaskImage 的子元素 NoteText 的内容只在这个范围内可见了。

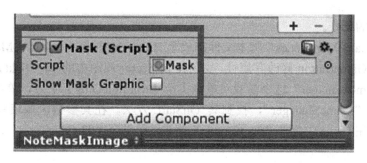

图 18-14　勾选【Mask】复选框

（5）接下来要为这段文字添加一个垂直滚动条 Scrollbar。在 NoteMaskImage 上右击，在弹出的快捷菜单中找到"Scrollbar"，设定 Scrollbar 的【Direction】属性为"Bottom To Top"，使得公告栏的文字能从下向上滚动。为了让 Scrollbar 的拖放按钮一开始在 Scrollbar 的上方，从而实现从上向下拖放的效果，需要修改 Scrollbar 的【Value】属性初值为"1"。再修改其【Target Graphic】属性为"NoteText"，方法是将 NoteText 拖放到此处。这样就可以实现滚动条的滚动目标是 NoteText 所对应的文字了。

（6）回到 NoteMaskImage，将其【Vertical Scrollbar】指定为"Scrollbar"，方法是拖动 Scrollbar 到 Vertical Scrollbar 的参数上。

现在单击游戏运行按钮查看效果。可以发现，公告栏的内容已经可以通过滚动条滚动了。同时取消勾选【Audio】选项，声音便停止播放，这样我们基本完成了一个游戏的开始界面。

18.3.4　通过 Button 调用其他场景

下面我们想通过这个"01-GUI"场景中的"Start Game"按钮进入到下一个场景中。我们先前已经做好了一个 CubeScene，CubeScene 中有一个 Cube 和一个 Capsule 会一同旋转。这里我将 CubeScene 的名称修改为"02-CubeScene"，便于更直观的指导该场景所在的关卡。

（1）首先在"01-GUI"场景中创建一个空物体，命名为"GameManager"。然后在 Assets 中单击 Script 文件夹，在下面新建一个 C#脚本，命名为"GameManager"并编辑这个脚本，添加代码如下：

```
using UnityEngine;
using System.Collections;
public class GameManager : MonoBehaviour {
    public void OnStart (string sceneName)  //自定义一个public类型的方法
    {
        Application.LoadLevel(sceneName);   //载入名为sceneName的场景
    }
}
```

我们自己所需要添加的只是一个 Public 类型的 OnStart 方法，其参数是一个 string 类型，是我们要传入的一个场景名，语句只有一句实现了载入 sceneName 参数所传入的 Scene。

从而跳转到新的场景。

（2）将"GameManager.cs"脚本文件拖放至 Hierarchy 视图中的 GameManager 对象上，然后单击 StartGameButton 修改其属性，找到其 Inspector 视图中的 On Click()面板，单击"+"号，再将"GameManager"这个游戏对象拖曳至【RuntimeOnly】下方，单击 RuntimeOnly 的参数项选择"GameManager"，找到其 OnStart 方法。在其参数区域填写场景名："02-CubeScene"。在 Game 中单击"Start Button"将自动跳转至"02-CubeScene"场景。

18.3.5　Slider 与游戏对象

为了让我们的游戏有一点交互，我们希望之前创建的 Cube 和 Capsule 的旋转能接受玩家的控制，前面我们定义了一个"Speed"值可以设定旋转的速度，现在尝试为其加一个 Slider 来控制其旋转的速度。

（1）首先保存"01-GUI"场景，再单击"02-CubeScene"进入该场景进行编辑。

（2）在"02-CubeScene"中新建一个 Slider，并调整到合适的位置。

（3）单击 Slider，修改其【Color】属性为蓝色，该颜色是其背景色。

（4）在 Hierarchy 视图中展开 Slider，可以看到 Slider 首先在 Canvas 下，和其他 UI 组件一样。其次，Slider 有几个下层组件。在 FillArea 中可以单击 Fill，看一下其 Inspector 视图中也有 Color 属性。为了产生明显对比，我们这里修改为红色。

现在运行并拖动滑块，可以了解红色和蓝色分别是滑块的哪个部分了。如图 18-15 所示。

（5）要想通过滑块能控制 Cube 的旋转，首先应该在 CubeScript 中添加一个新的方法，如下：

```
public float speed = 60;              //声明一个共有变量 speed 初值赋为 60
public void ChangeSpeed(float newSpeed)
{
    this.speed = newSpeed;            //传入的参数 newSpeed 赋给当前对象的 speed
}
```

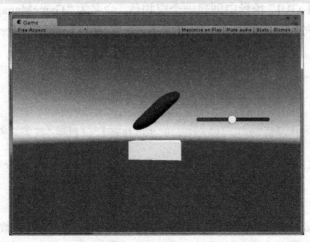

图 18-15　运行并拖动滑块

(6)单击 Slider,在其 Inspector 视图中查看属性,能看到下方有一个【On Value Changer(Single)】方法,单击"+"号,现在只需要到 Hierarchy 视图拖曳要控制的对象 Cube 到"None(Object)"上即可。然后单击【No Function】选项找到【CubeScript】,选择【ChangedSpeed】即可。

(7)为了让旋转的速度变化更明显,我们单击 Slider,修改其参数【Min Value】设定为"0",将【Max Value】设定为"300"。现在单击播放,并拖动 Slider,可以看到旋转的速度有明显变化。

(8)最后尝试一下自己动手在"02-CubeScene"场景中添加一个 AudioSource,让该场景也有背景音乐,效果会好很多。

18.4 打包与发布

选择 Unity 菜单栏的【File】→【Build Settings】选项,弹出"Build Settings"对话框,如图 18-16 所示。

图 18-16 "Build Settings"对话框

将 Scene 文件夹下的"01-GUI.unity"和"02-CubeScene.unity"拖放到"Scenes In Build"窗口进行添加,再在"Platform"窗口中选择想要发布的平台,这里我们选择【Pc,Mac&Linux Standalone】的选项,单击【Build And Run】按钮,Unity 将自动生成对应这些平台的游戏工程。由于本身 Unity 已经支持 18 多个发布平台,用户在这里只需要选择想要发布的平台即可轻松实现游戏的打包与发布,各个平台的操作并无差异。

单击【Player Settings】按钮,弹出【Player Setting】的属性设置对话框。在这里用户可以设定"Company Name"和"Product Name",单击"Resolution",取消勾选其【Default Is FullScreen】选项会弹出"Default Screen Width"和"Default Screen Height"的设定。用户还可以进行其他参数的设置。

|游戏程序设计基础|

发布完成后可以看到项目所存放的根目录下生成一个我们刚才定义的"UI&Cube.exe"文件,这就是我们发布的游戏。现在双击运行它,会弹出如图 18-17 所示的对话框。

设定一下屏幕尺寸,单击 Play 查看游戏效果。运行结果如图 18-18 所示。单击【Start Game】将进入 02-CubeScene,并看到可以通过 Scrollbar 调节 Cube 和 Capsule 的旋转速度。

图 18-17 运行游戏

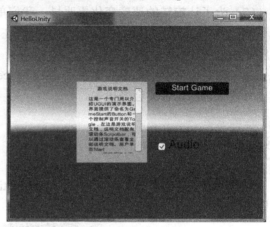

图 18-18 运行结果

思考题

创建一个简单的游戏开始界面,要求包含"游戏开始"和"退出游戏"按钮,及一个控制背景音乐的开关,完成单击"游戏开始"按钮能进入游戏场景,单击"退出游戏"按钮能退出游戏,单击音乐开关能控制音乐播放和停止的简单功能。

第 19 章
Mecanim 动画系统

> **学习目标：**
> 了解 Mecanim 动画系统的优势，学会人形角色动画的复用，了解状态机和融合树技术。
>
> **知识点：**
> Mecanim 动画系统，人形角色动画，状态机和融合树技术。
>
> **难点与重点：**
> 人形角色动画的复用，状态机和混合树技术。

19.1 Mecanim 动画系统及其优势

首先，看一下什么是 Mecanim 动画系统。在 Unity 中存在两套动画系统，一套是老版的 legacy 系统，这是一套并不强大的系统，所以在 Untiy 4.x 版本往后添加了更为强大的 Mecanim 动画系统。Mecanim 是一个强大的动画系统，提供了可视化编辑窗口，并为用户提供了状态机机制，用户可以创建动画状态机以控制各种动画状态之间的切换。对于美术和美工人员在处理角色动画的时候，完全不需要考虑代码的添加。同时 Mecanim 以其强大的动画重定向功能让不会设计动作的程序员也只需要动动鼠标就能为角色创建想要的动画效果。此外，开发者还可以足够精密地对两种以上的动画进行叠加并预览，而且极大的减少了代码的复杂度。

Mecanim 动画系统具有以下几点的优势：

◆ 为类人角色设计了简单的工作流程和动画创建功能。Mecanim 动画系统特别适合类人骨架使用。类人骨架广泛在游戏中使用。Unity 为类人动画提供了一个特别的工作流，还有一个扩展工具集。

◆ 运动重定向（复用）功能。即用户可以轻松地把一个相同的动画应用到各种不同的角色模型上。注意前提是人形动画，对于非人形动画并不适用，当然模型也要是类人模型。

◆ 使用可视化编程工具管理动画剪辑编辑，包括 Animation State Machine（动画状态机）、Blend Tree（融和树）、Inverse Kinematics（反向动力学）。

◆ 针对动画片段的简单工作流程。对于动画片段及过渡和交互过程都提供了预览的功能。动画师与程序员之间相对有一定的独立性，程序员在编写游戏脚本时也可以预览到动画效果。

19.2　Mecanim 工作流程

由于 Mecanim 动画系统对于类人角色动画的控制尤为强大，所以我们主要讲述类人角色的动画制作，其工作流程可以主要概括为以下几个步骤。

（1）准备资源。需要在第三方建模软件中创建好模型，一般是通过 3d Max，Maya，将模型导出成为 Unity 支持的格式备用，这一步完全独立于 Unity。

（2）资源导入。即将模型和动画导入 Unity 游戏引擎中。

（3）设定角色。对于导入的模型，有两种处理模式，如果是两足角色，即类人角色，我们要设定其 Animation Type（动画类型）为 Humanoid（类人），并为这个模型创建一个 Avatar（替身）。后面的实例中会以类人角色进行讲解。而如果模型是四足动物或者带动画的建筑等，其 Animation Type（动画类型）可以设置为 Legacy 或者 Generic，这类模型并不适用于动画重定向。

（4）角色交互。通过状态机和融合树以及反向动力学等功能对动画剪辑进行设置，包括设定动画剪辑、状态机、融和树、使用代码控制动画的播放等。

19.3　人形角色动画讲解

Unity 新的动画系统专为人类模型的角色动画设计了一套工作流程。因为人类模型在游戏中应用广泛，人类类型同时又都具有相似的骨骼结构，因此在动画中有相当的共性，基于此 Unity 专门为人形动画设计了一套特殊的工作流程和工具组以用来对人形动画进行处理。

通过 Mecanim 系统，我们的角色动画剪辑只需要制作一遍，便可以复用到不同的两足模型上。人形模型一般都具有头部、躯干和四肢等这样的基本结构，而 Mecanim 系统则利用这点简化了骨骼绑定和动画控制的过程。创建一个人形动画复用的过程就是从 Mecanim 系统的简化人形骨架结构到用户实际提供的骨架结构的映射。

注意：资源的准备有些注意事项，首先是模型的尺寸，一般在 1.7~1.8 之间最好。可以参照 Cube 的尺寸来衡量尺寸模型比例是否合适，角色的高度要控制在 Cube 的 1.5~2 倍高都算合理，如果角色尺寸不合适，可以设置角色输入设置中的缩放系数"Scale Factor"。其次，在三维建模软件中需要角色的最底部与世界坐标的中心点对齐。再次，要把模型做成 T 型姿势，并确保骨盆上的骨骼关节是所有骨骼的父级。最后，要确保骨骼结构至少有 15 个骨骼。最后，在使用角色资源时还要检测角色是否使用了正确的贴图及材质，如果不正确也可以在 Unity 中重新指定。

下面通过一个 Unity Asset Store 中提供的资源具体讲解 Mecanim 动画系统人形角色动画的制作。

（1）启动 Unity 5，在 Asset Store 中搜索"Mecanim Warrior Anim Free"并下载此模型。

在主菜单栏【Assets】→【Import Package】→【Custom Package】中选择下载好的模型包导入资源。有一点需要注意的是，资源包的存放路径中不允许存在中文。如果出现资源的升级提示，单击 I Made a Backup. Go Ahead! 按钮即可。

注意：通常模型包存放位置如下：

Windows 8: C:\Users\<username>\AppData\Roaming\Unity\Asset Store

Mac OS X: ~/Library/Unity/Asset Store

（2）在 Project 视图中找到【Assets】→【Mecanim Warrior Anim Fre】→【Scenes】中名为"Demo"的场景，双击打开。该资源中已经做好了三个动画模型。为了方便检查自己的操作是否正确，我们在这三个模型的附近来建立自己的动画模型。

（3）如图 19-1 所示，在 Project 视图中找到【Assets】→【Mecanim Warrior Anim Fre】→【Models】中名为"Soldier_0"的模型，拖入到 Scene 中。

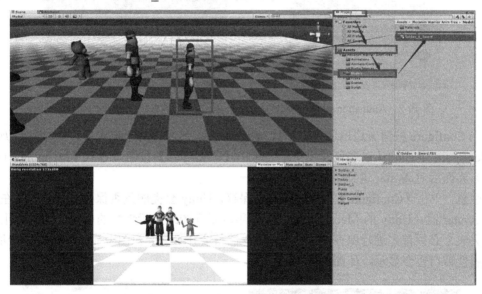

图 19-1　拖放"Soldier_0"模型到 Scene 中

为了方便观察和测试效果，请自主调整 Main Camera 和人物模型到合适位置，使人物出现在 Game 视图的中央位置。如果觉得模型大小不合适，可以通过菜单栏下方的 第四个按钮来调整模型大小。

（4）由于该场景中已经对这个士兵的模型资源进行过修改，所以当我们再次利用该资源时属性已经默认存在 Animator 组件中了。

注意，如果我们直接使用外部软件建立的模型，导入后的资源只存在 Animation 组件中（如图 19-2 所示），并没有 Animator 组件。这时我们需要重新在 Project 视图中找到"Dude"资源，单击选中该资源，在【Inspector】→【Rig】中调整【Animation Type】为"Humanoid"，调整【Avatar Definition】为"Create From This Model"，如图 19-3 所示。然后单击【Apply】按钮，模型下面会出现一个小人模样的 Avatar 替身，并进行了 Avatar 的自动匹配。

本质上，Unity 创建 Avatar 的过程，就是分析导入的角色资源的骨骼结构，与 Mecanim

中已有的标准的人类骨骼进行对比，最后将其转换或者表示为 Mecanim 可以识别的标准的骨骼结构的过程。

 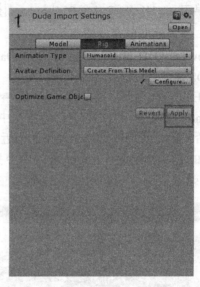

图 19-2　Animation 组件　　　　　图 19-3　调整"Dude"的属性

当 Configure 按钮旁边出现"√"时，表示 Avatar 已经自动匹配成功。此时我们仍需进入 Configure 界面确认以避免发生错误，单击【Configure】按钮，进入【Mapping】（替身编辑）界面后对 Avatar 进行手动配置。

注意：单击【Configure】按钮时，若未保存，Unity 会提醒是否保存。这是因为在手动配置 Avatar 时，Unity 的 Mecanim 系统会使用场景视图来显示骨骼的层次，为了防止原数据的丢失才必须首先进行保存，保存后角色骨骼就会在 Scene 视图中显示，如图 19-4 所示，同时属性窗口也会显示，如图 19-5 所示。

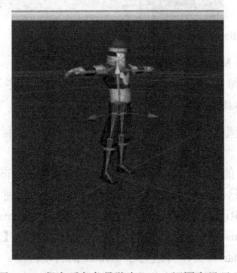 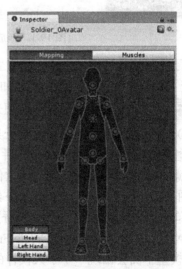

图 19-4　保存后角色骨骼在 Scene 视图中显示　　　图 19-5　属性窗中显示角色骨骼

可以看到在当前的图 19-4 中 Scene 视图：角色上绿色部分为骨骼，我们需要在属性窗口的【Mapping】界面编辑 Avatar 的骨骼位置。图中，圆形的图标代表角色资源中的骨骼，单击可以选中不同位置的骨骼。带有虚线的骨骼图标是"Optional Bone"，即可选的随机骨骼。实心的是骨骼是创建 Avatar 所必需的。

查看 Hierarchy 视图，我们可以非常清晰地看见模型的骨骼层次，每一块骨骼的命名都非常清楚，我们只需要将每一块骨骼按照命名放入 Mapping 界面的 Body 等选项中就可以了，在我们刚进入 Mapping 界面时如果骨骼位置不正确会显示红色而不是绿色，这个时候我们就需要检查一下是哪块骨骼出了问题，并修正骨骼的位置，直到全部显示绿色，即代表 Avatar 制作完成，如图 19-5 所示，Mapping 界面替身骨骼显示全部为绿色，每一块骨骼都是正确的，确认无误后单击【Inspector】→【Mapping】界面下方的【Apply】选项，然后单击【Done】按钮，即 Avatar 制作完成。

到这一步我们已经为这个模型做出了一个 Avatar，而同一个模型有好多个不同的动作，但是 Avatar 是可以通用的，所以我们可以全选其他的动作，然后统一改成"Humanoid"，在【Avatar Definition】中选择【Create From Other Avatar】选项，将我们已经做好的 Avatar 放入，然后单击【Apply】按钮。这样我们已经把做好的替身应用到所有的动作中了。

注意：这个是 Avatar 的选项。分为 Body（身体）、Head（头部）、Left Hand（左手）、Right Hand（右手）四个部分。每个部分分别有几个骨骼，我们需要做的事情，就是把我们准备好的人物身上的骨骼指定到这些部位。

（5）完成第 4 步的操作后回到【Scene】界面，在【Scene】界面中选中人物模型，此时发现【Inspector】中已经出现 Animator 组件。但此时 Animator 中的 Controller 的选项是 None。我们需要设置新的 Controller。

（6）在【Project】视图中新建一个文件夹，用来存放"Animator Controller"，然后单击【Create】下拉按钮，单击后选中【Animator Controller】选项，如图 19-6 所示。这样就可以创建新的"Animator Controller"并为其命名，然后双击即可进入 Animator 编辑界面，如图 19-7 所示。

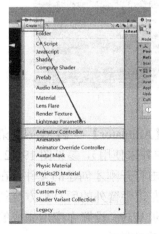
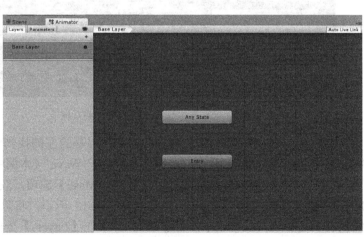

图 19-6 　【Create】下拉菜单　　　　　　　图 19-7 　Animator 编辑界面

在这个界面中我们需要完成动画状态机的配置。此时用户可以自己创建新的状态，比如右击选择【Create Stat】→【Empty】选项创建一个空的动画状态，将其命名为"Stand"，即站立状态，然后将模型的站立动画放入。通常一般模型的自带动画站立的命名为"Idle"，如果了解了 Idle 的含义这里我们可以不自行创建状态，直接找到这几个动作，在 Project 视图找到【Assets】→【Mecanim Warrior Anim Fre】→【Animations】选项，这几个动作就在目录下了。现在以"idle2"→"idle1"为例，我们来建立"idle2"→"idle1"的 Blend Tree。首先将表示静止状态的 idle2 动作拖入【Base Layer】中，此时 Unity 会自动建立"idle2"→"idle1"的关系。接下来拖入 idle1 动作，如图 19-8 所示，在 idle2 上右击在弹出的快捷菜单中选择【Make Transition】选项，如图 19-8 所示，然后选中 idle1 动作，会建立如图 19-9 所示的关系。然后用同样的办法建立 idle1 到 idle2 的关系，如图 19-10 所示。如果想删除某关系，可以在对应箭头上敲击键盘上的 Delete。

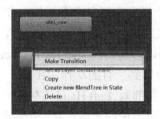 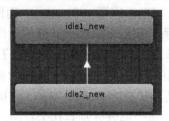 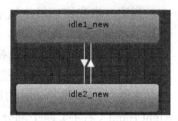

图 19-8 【Make Transition】选项　　图 19-9 建立"idle2"→"idle1"的关系　　图 19-10 建立"idle1"→"idle2"的关系

下面，建立完整的关系树，本例程资源最终需要建立的关系树如图 19-11 所示。

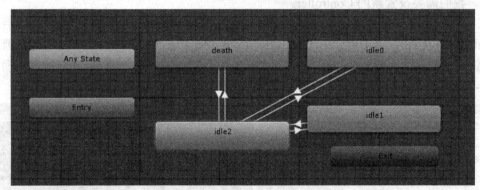

图 19-11 关系树

注意：如果进行局部动作的制作，需要在屏幕的左侧找到【Animator】→【Layers】菜单项，单击"+"号，创建新的 Layer 层，命名为"Wave"（本例中并未使用），参见图 19-12。

在【Project】中单击【Create】→【Avatar Mask】选项，双击打开刚才创建的文件，在【Inspector】栏目中打开【Humanoid】，如图 19-13 所示，将除左边手臂外的所有地方点红（绿色表示受影响，红色表示不受影响）。然后在【Layers】处的 Wave 设置中应用完成的 Avatar Mask 文件，按照上文介绍的方法设置挥手动作和静止动作的转换。

第 19 章 | Mecanim 动画系统

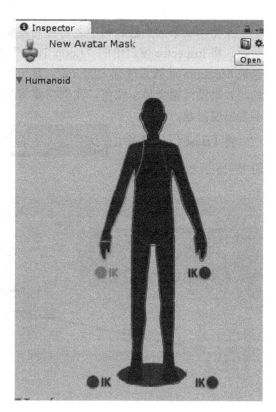

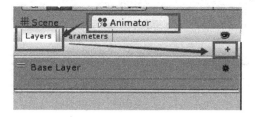

图 19-12　创建 Layer 层　　　　　　图 19-13　打开 Humanoid

以上我们已经简单的做完了一个类人角色的动画控制，在游戏中我们不可能只是将动画一个个按顺序播放，我们可能需要在播放这个动画的同时也播放另一个动画，这个时候我们就需要用到 Mecanim 动画系统的融和树技术，将不同的动画剪辑进行光滑合并。

（7）如果我们需要类似于跑步这类需要按不同程度组合所有动画的各个部分，来平滑混合多个动画，就需要用到混合树。接下来对动作 Run 创建混合树。

进入 Animator Controller 的编辑界面，在【Base Layer】的空白处右击，在弹出的快捷菜单中选择【Create State】→【From New Blend Tree】选项，如图 19-14 所示。创建了新的"Blend Tree"之后，在右侧【Inspector】下方的命名处将名称改为"Run"。在【Base Layer】中双击"Run"项，进入 Blend Tree 编辑界面，在 Inspector 界面中的 Motion 中将我们要融合的动画，添加进去。

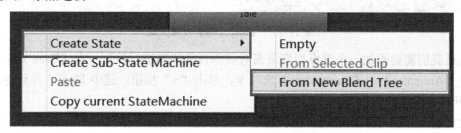

图 19-14　【From New Blend Tree】选项

235

在将动画添加到融和树中之前我们需要对要融合的动画进行一些操作，选中要融合的动画，将 Inspector 窗口中的"Loop Time"和"Loop Pose"旁边的单选框勾选，这个地方也是 Mecanim 动画系统强大的一点，是一个用来检测你选中的这个动画剪辑是否准确的工具，如果没问题会显示绿色，我们需要将这四个选项全部调整为绿色，代表动画在播放时不会出现问题。

将【Base Layer】中的项处于选中状态，在右侧【Inspector】中按照如图 19-15 所示进行设置。

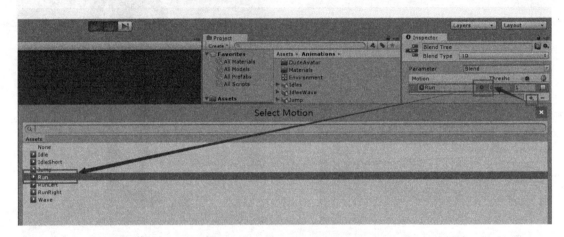

图 19-15　【Inspector】设置

依次添加 RunLeft、Run、Runright 后，勾选 Automate Threshold，设置完成后，如 19-16 所示。

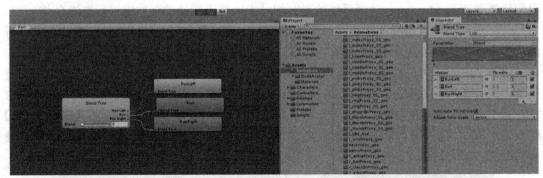

图 19-16　【Inspector】设置完成

然后我们需要添加一个浮点型变量来对状态树的状态进行控制。在【Base Layers】左侧选中【Animator】→【Paramaters】选项卡，单击"+"按钮，选中 Float，并且将变量命名为 Direction。

此时已经完成对 Run 的混合树设置，单击【Base Layer】按钮回到上层。

注意：第 8 步并没有在该资源中应用到，这里只做一个简单的讲解。

（8）回到【Base Layer】层。在【Animator】→【Paramaters】中建立若干 Bool 变量 idle2ToIdle1（如何建立变量请参照第 8 步的后半部分，建立哪些变量请参考 Script 脚本中的变量类型及名称）。然后在【Base Layer】中选中 idle2 到 idle1 的箭头，在【Inspector】中的【Conditions】中进行如图 19-17 所示的设置。变量是代码用于控制动作之间的过渡的。

（9）完成 Controller 的设置后，回到【Scene】，选中人物模型，将做好的 Controller 从【Project】拖入【Inspector】中，并参照如图 19-18 所示完成设置。

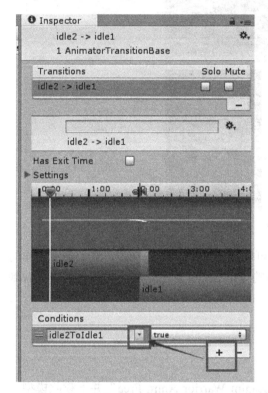 

图 19-17　对【Conditions】进行设置　　图 19-18　将 Controller 拖入【Inspector】中

（10）编写简单的代码来控制人物的 Controller，在第 10 步的【Inspector】中单击【Add Component】→【New Script】选项添加。在【Project】中双击刚建立的脚本文件进行编辑。或者直接在【Project】→【Assets】→【Mecanim Warrior Anim Fre】→【Script】中找到已经编辑好的脚本（需要在该脚本中自己添加刚制作的模型为控制对象）拖入即可。

（11）以上步骤完成后，就可以单击 ▶ ‖ ▶| 按钮进行测试了。

（12）很显然，测试结果并不与资源中本已经制作好的模型相同。人物的手里，少了一把刀，如果我们想带着这把刀的话，我们需要把这把刀设置成为左手的子物品。如图 19-19 所示，在【Project】中找到刀的模型拖入到【Hierarchy】表示人物右手的栏目中，然后在【Scene】中利用这个工具栏调整位置就可以了。

游戏程序设计基础

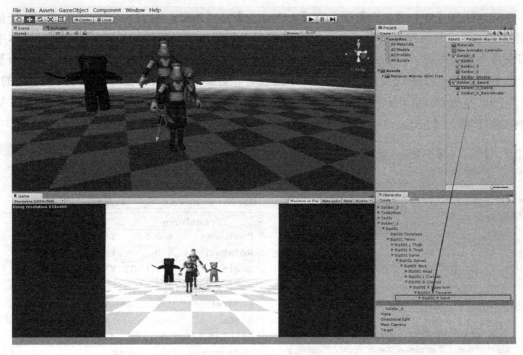

图 19-19　设置刀的属性

（13）如果有多个人物模型需要制作的话，可以使用 Retargeting 功能，将上文中制作的 Controller 文件和 Script 脚本文件拖入新的模型的【Inspector】中即可。此时测试即可看到 Retargeting 效果。

思考题

新建一个项目，在 Asset Store 中搜索"Mecanim Warrior Anim Free"并下载此模型，根据教材内容完成一个人形动画的复用。

第 20 章
游戏开发实例——奔跑的轮胎

本例中我们将利用 Unity 3D 实现一个简单的超车小游戏，需要的 Unity 版本是 Unity 5.0.2 或者以上版本和 Game.unitypakage 资源包，该资源包已经为大家准备好，用户只需要导入该资源包即可，方法为：选择【Assets】→【Import Package】→【Custom Package...】菜单项，需要注意该资源包的存放路径不能有中文字符否则会导入出错。

在制作之前，先让我们来看一下游戏效果，效果如图 20-1 所示。

图 20-1 游戏效果

下面我将从游戏规则、功能列表和开发详解这样三部分来介绍该游戏的制作。

1. 游戏规则

玩家必须在有限时间内进入通关大门才能获得胜利。游戏过程中，玩家可以加速，可以左右移动躲避汽车。途中碰到任何一辆车，或者在规定的时间内没有进入通关大门，游戏宣告失败。

2. 功能列表

了解了游戏规则，我们下一步需要做的就是编写游戏设计文件（即 Game Design Document，GDD），它是我们游戏的功能清单，帮助我们把游戏实现过程系统化，当我们

| 游戏程序设计基础 |

实现了一种功能后，就把它从清单中划掉。

以下是我们的 GDD 功能表：

（1）键盘控制玩家的移动。
（2）摄像机和玩家匹配。
（3）实现汽车的随机出现。
（4）实现汽车的随机乱道 AI。
（5）碰撞检测的实现。
（6）加入计时器。
（7）实现胜负逻辑。

3. 开发详解

首先，创建项目文件。

（1）打开 Unity，单击【New Project】菜单项，创建一个新项目，如图 20-2 所示，将新项目命名为"TyerGame"。

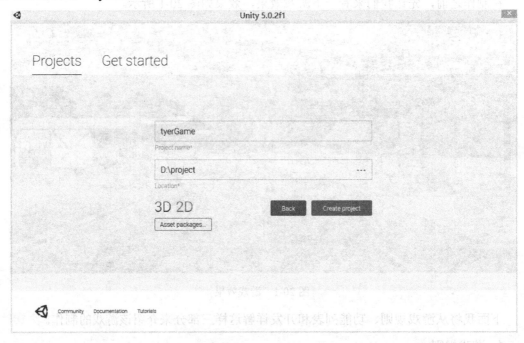

图 20-2　创建新项目

（2）选择好项目放置的路径，单击右下角的【Create project】按钮，进入工作界面。

（3）现在需要把场景和角色模型导入进来。选择菜单栏的【Assets】→【Import Package】→【Custom Package...】选项，找到本章节光盘中对应的 Game.unityPackag 打开，然后单击【Import】按钮全部导入。

（4）导入后在【Project】面板的"Assets"中会出现"Resources"文件夹，打开"Resources"文件夹并且进入"Scenes"文件夹中，出现如图 20-3 所示的"Game"场景文件，双击此图标进入游戏的开发场景。

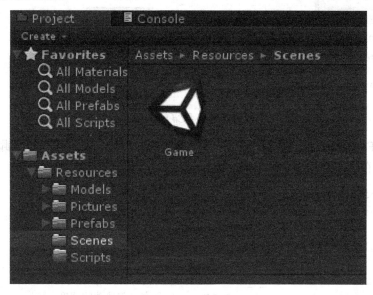

图 20-3 "Game" 场景文件

（5）游戏场景如图 20-4 所示，【Hierarchy】面板中是所有的游戏对象。我们可以通过双击对象在场景视图中找到它们。

图 20-4 游戏场景

下面我们按照功能表的次序，将其中的功能一一实现。

功能 1 的实现——键盘控制玩家的移动

（1）单击进入 Scripts 文件夹下，右击【Create】→【C# Script】选项，如图 20-5 所示。

| 游戏程序设计基础 |

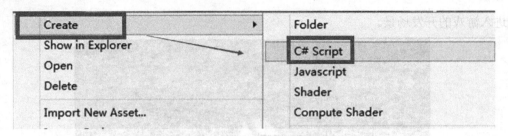

图 20-5　选择【C# Script】选项

（2）按【F2】快捷键，将脚本重命名为"PlayerScript"，双击打开并编辑脚本，编写代码如下，并保存。

```csharp
using UnityEngine;
using System.Collections;

public class PlayerScript : MonoBehaviour {

    private float speed_L_R = 0.1F; //玩家左右移动的速度
    private float speed_F = 0.1F;   //玩家向前移动的速度
    // Use this for initialization
    void Start () {
    }
    // Update is called once per frame
    void Update () {
        if(Input.GetKey (KeyCode.W))    //按下【W】键，向前运动
            transform.Translate(-Vector3.forward * speed_F);
        if(Input.GetKey (KeyCode.A))    //按下【A】键向左运动
            transform.Translate(-Vector3.left * speed_L_R);
        if(Input.GetKey (KeyCode.D))    //按下【D】键向右运动
            transform.Translate(-Vector3.right * speed_L_R);
    }
}
```

（3）保存后，将脚本用鼠标左键拖给对象 player，单击运行游戏。我们已经可以控制玩家的向前、向左、向右的移动了。为了便于观察，实现了玩家和摄像机的匹配后，再对玩家编写加速技能，现在可以划掉 GDD 功能 1 了。

功能 2 的实现——摄像机和玩家匹配

（1）选中 Main Camera，找到它的 Transform 组件，将 Rotation 的 X、Y、Z 值归零，如图 20-6 所示。

图 20-6　设置 Rotation 参数

(2) 在 Scripts 文件夹下创建一个新的 C# Script 文件,命名为"CameraScript",双击打开并编辑该脚本,编写代码如下:

```csharp
using UnityEngine;
using System.Collections;

public class CameraScript : MonoBehaviour {
    // Use this for initialization
    void Start () {
    }
    // Update is called once per frame
    void Update () {
        Transform caTransform;
        //获取玩家的世界坐标值
        caTransform = GameObject.Find ("player").GetComponent<Transform>();
        //摄像机的 x 值设置为 3
        float Camera_X = 3.0F;
        //摄像机的 y 值设定
        float Camera_Y = caTransform.position.y + 1.5F;
        //摄像机的 z 值设定
        float Camera_Z = caTransform.position.z - 5.0F;
        //重置摄像机的位置,使摄像机永远跟随玩家运动
        transform.position = new Vector3 (Camera_X,Camera_Y,Camera_Z);
    }
}
```

(3) 保存后将脚本用左键托给 Main Camera。现在运行游戏,可以看到摄像机已经可以跟随玩家移动了。但是新的问题来了,当我们一直往左或者一直往右移动玩家时,它就会离开摄像机的视角范围,所以我们打开脚本"PlayerScript",补充以下代码使得玩家不会跑出公路。

```csharp
//按下 A 键向左运动
if(Input.GetKey (KeyCode.A)&&transform.position.x > -0.7)
transform.Translate(-Vector3.left * speed_L_R);
//按下 D 键向右运动
if(Input.GetKey (KeyCode.D)&&transform.position.x < 6.8)
transform.Translate(-Vector3.right * speed_L_R);
```

(4) 保存并运行游戏,发现当玩家移动到公路边缘时,便不能再继续移动,如图 20-7 所示。

(5) 游戏完美运行。到此为止,摄像机匹配工作已经完成。我们可以骄傲地划掉 GDD 功能清单上的第 2 项了。

图 20-7 玩家移动到公路边缘

功能 3 的实现——汽车的随机出现

本功能的实现用到了预制物体——汽车。这里有两种汽车，我们需要让这两种车随机分布并出现在场景中，并且可以向前行驶。这部分中汽车将要作为刚体出现，并且需要加上盒子碰撞。

（1）在 Scripts 文件夹中创建 C# Script 文件，并且命名为"PreScript"，双击脚本打开并编辑。

（2）输入如下所示的代码：

```
using UnityEngine;
using System.Collections;

public class PreScript : MonoBehaviour {
    public int car_Number;         //汽车的数目
    public Rigidbody car01;        //表示第一辆车
    public Rigidbody car02;        //表示第二辆车
    private Rigidbody[] car;       //用来放置实例化后的汽车

    // Use this for initialization
    void Start () {
        int rand,choose,i;
        float z,x;
        car = new Rigidbody[car_Number];
        z = -90.0F;
        for (i=0; i<car_Number; i++) {
            rand = Random.Range(0,4);    //用来表示汽车的随机位置
            choose = Random.Range(0,2);  //用来表示汽车的随机种类
            x = rand * 2;
```

```
            if(choose == 0)  //实例化第一辆车
                car[i] = (Rigidbody)Instantiate (car01, new Vector3
(x,0.1F,z+=5), Quaternion.identity);
            Else            //实例化第二辆车
                car[i] = (Rigidbody)Instantiate (car02, new Vector3
(x,0.1F,z+=5), Quaternion.identity);
        }
    }
```

（3）保存后，在游戏中的【Hierarchy】面板右击，在弹出的快捷菜单中选择【Create Empty】选项，如图20-8所示，创建一个空游戏对象，创建后可以看到【Hierarchy】面板，如图20-9所示。

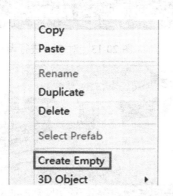

图20-8 【Create Empty】选项

图20-9【Hierarchy】面板

将"Pre Script"脚本拖曳到 GameObject 上，我们会发现它的下拉菜单下出现了三个变量。如图20-10所示。

（4）再回到【Project】面板，单击【All Prefabs】选项，出现 car01 和 car02 的预制物体，如图20-11所示，把这两个物体拖入场景中。

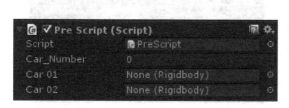

图20-10 "Pre Script"脚本下拉菜单

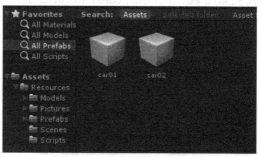

图20-11 car01 和 car02

（5）再到【Hierarchy】面板中选择 car01，然后在属性面板中单击【Add Component】→【Physics】→【Rigidbody】选项添加刚体如图20-12所示，然后用同样的方法添加 Box Collider。

（6）添加完毕后，到【Inspector】面板单击如图 20-13 所示 Edit Collider 左侧的 ，对 Box 进行调整，使它最终和车的轮廓一样大，如图 20-14 所示。

（7）将【Hierarchy】面板中的 car01 托到预制中的 car01，使预制的 car01 变成如图 20-15 所示的效果。然后用同样的方法实现 car02 的预制设定，这样的方法可以修改预制。

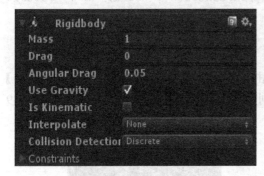
图 20-12　添加刚体

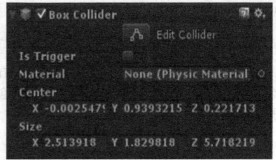
图 20-13　对 Box 进行调整

图 20-14　调整 Box 完成后效果

（8）然后我们把【Hierarchy】视图中的 car01 和 car02 删除，将预制中的 car01 和 car02 托到如图 20-16 所示的 car01 和 car02 上。

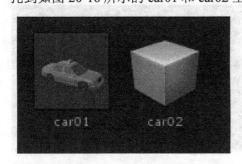
图 20-15　对 car01 进行预制设定

图 20-16　删除【Hierarchy】视图中的 car01 和 car02

（9）我们把如图 20-17 所示的 Car_Number 的值改置为 10，运行游戏会发现已经出现了 10 辆随机的车。我们可以控制着轮胎往前走，运行效果如图 20-18 所示。好了，功能 3 实现了，再划掉一项吧。

图 20-17 设置 Car_Number 的值

图 20-18 运行效果

功能 4 的实现——汽车的随机乱道 AI

（1）打开"Pre Script"脚本，补充该脚本的代码，产生汽车的前进和随机变动，补充完成后的代码如下：

```
using UnityEngine;
using System.Collections;

public class PreScript : MonoBehaviour {
    public int car_Number;          //汽车的数目
    public Rigidbody car01;         //表示第一辆车
    public Rigidbody car02;         //表示第二辆车
    private Rigidbody[] car;        //用来放置实例化后的汽车
    private int count_rand;
    private int rand_car;           //随机数
    public int rand_rate;           //汽车随机速率
    // Use this for initialization
    void Start () {
        int rand,choose,i;
        float z,x;
        count_rand = 0;
        car = new Rigidbody[car_Number];

        //汽车的初始位置
        z = -90.0F;
```

游戏程序设计基础

```
            for (i=0; i<car_Number; i++) {
                rand = Random.Range(0,4);     //用来表示汽车的随机位置
                choose = Random.Range(0,2);//用来表示汽车的随机种类
                x = rand * 2;
                if(choose == 0)
        //实例化第一辆车
                    car[i] = (Rigidbody)Instantiate (car01, new Vector3
(x,0.1F,z+=5), Quaternion.identity);
                Else
        //实例化第二辆车
                    car[i] = (Rigidbody)Instantiate (car02, new Vector3
(x,0.1F,z+=5), Quaternion.identity);
            }
        }
        // Update is called once per frame
        void Update () {
            int i;
            //游戏刷新累加器
            count_rand ++;
            //游戏每刷新 rand_rate 次产生一个随机数 rand_car,随机数 n=3,4,5,6,7,8;
            if (count_rand % rand_rate == 1)
                rand_car = Random.Range (3, 9);
            for(i=0;i<car_Number;i++){
                //汽车向正前方行驶
                car [i].transform.Translate (Vector3.forward * 0.1F);
                //根据随机数构造伪随机方法,实现汽车的三种状态:向左,向右,原地不动,汽车
默认为原地不动;
                if(0 == i*i%rand_car && car[i].position.x < 6)
                    car [i].transform.Translate (Vector3.right * 0.05F); //左
                if(1 == i*i%rand_car&& car[i].position.x > 0)
                    car [i].transform.Translate (Vector3.left * 0.05F); //右
            }
        }
    }
```

(2) 保存后,返回【Inspector】面板将【rand_rate】赋值为"40",运行游戏,汽车已经可以随机移动了。因为车前进的速度是"0.1F",是不是也应该让玩家以这个速度前进呢,然后"W"键实现的是加速。好吧,我们打开"PlayerScript"代码,修改代码,修改后如下:

```
        void Update () {
            //按下 W 键,速度为 0.3
            if (Input.GetKey (KeyCode.W))
                speed_F = 0.3F;
            //不按 W 键,速度为 0.1
            else
                speed_F = 0.1F;
```

```
            transform.Translate(-Vector3.forward * speed_F);
    if(Input.GetKey (KeyCode.A)&&transform.position.x > -0.7499)
        //按下 A 键向左运动
        transform.Translate(-Vector3.left * speed_L_R);
    if(Input.GetKey (KeyCode.D)&&transform.position.x < 6.9499)
        //按下 D 键向右运动
        transform.Translate(-Vector3.right * speed_L_R);
}
```

(3)保存后运行游戏，发现我们可以超车了。但是你会发现轮胎模型可以从汽车中穿过，这不符合科学规律，我们需要进一步调整，现在功能 4 也完成了。

功能 5 的实现——碰撞检测

(1)要想玩家能和汽车碰撞，首先轮胎要加上盒子碰撞。为了使轮胎能更准确地和地面接触，最好还要加上刚体组件，刚体会受重力影响，而使轮胎紧贴着地面。

(2)在【Hierarchy】面板中单击【Player】选项，在属性面板中单击【Add Component】选项，添加【Rigidbody】和【Box Collider】，单击 按钮调整 Box 的大小，使其和轮胎一样大，如图 20-19 所示。

(3)运行游戏，碰撞产生了。如果轮胎的正前方有一辆车，它就无法继续前进。

(4)我们在"PlayerScript"中编写一个 OnCollisionEnter()函数来检测碰撞，如果当前物体产生了一次碰撞，系统就会自动调用该函数，函数代码如下：

```
void OnCollisionEnter(Collision col){
        if (col.gameObject.tag == "car")
            Debug.Log("have collide it!");
}
```

该函数的意思是：如果被撞物体的标签是"car"的话，Unity 就会在左下角显示一个"have collide it!"提示，证明碰撞检测成功。

(5)现在我们需要做的是把所有的车都贴上"car"的标签。随便单击一个对象，然后单击属性面板中的【Tag】下拉菜单，选择【Add Tag】选项，如图 20-20 所示。

图 20-19　调整 Box 大小　　　　　　　　图 20-20　为所有的车贴标签

（6）点击"+"按钮，添加名为"car"的标签，如图 20-21 所示。

（7）然后打开"Pre Script"脚本，添加下面代码：

```
if(choose == 0)
           car[i] = (Rigidbody)Instantiate (car01, new Vector3
(x,0.1F,z+=5), Quaternion.identity);
      else
           car[i] = (Rigidbody)Instantiate (car02, new Vector3
(x,0.1F,z+=5), Quaternion.identity);
      //给每辆实例化的车贴上"car"的标签：
      car[i].tag = "car";
```

（8）保存后运行游戏，发现当玩家装上车的时候，系统就会在左下角提示"have collide it!"，如图 20-22 所示，我们的碰撞检测成功了。

图 20-21　添加"car"标签

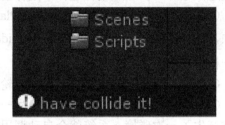
图 20-22　碰撞检测成功

功能 6 的实现——加入计时器

为了让玩家有足够的心理准备，我们要在游戏开始加上 3 秒的倒计时。在游戏开始以后，还要有倒计时给玩家施加压力。

（1）我们先要加一个开始按钮，单击后游戏开始。在 Script 文件夹下创建名为"UI Script"的 C#文件，打开然后输入以下代码：

```
using UnityEngine;
using System.Collections;
using UnityEngine.UI;

public class UIScript : MonoBehaviour {
    public Text downtime;    //显示游戏倒计时的文本对象
    public bool gameStart;   //是否开始游戏
    IEnumerator startTime(int n)
    {
        for (int i=n; i>=0; i--) {
            //将 int 型变量转换为 string 型赋值给倒计时文本;
            downtime.text = i.ToString();
            //等待一秒钟
```

```
            yield return new WaitForSeconds(1.0F);
        }
        //倒计时结束,倒计时文本清空
        downtime.text = null;
        //倒计时结束,游戏开始
        gameStart = true;
    }
    // Use this for initialization
    void Start () {
        //游戏还不能开始,等待倒计时结束
        gameStart = false;
        //调用迭代函数计时器
        StartCoroutine (startTime(3));
    }
}
```

（2）保存后，将"UI Script"文件托给 GameObject 对象，会在 GameObject 对象的属性面板中看到 UI Script 组件，如图 20-23 所示。

图 20-23 UI Script 组件

（3）在【Hierarchy】面板中右击，在弹出的快捷菜单中选择【UI】→【Text】选项，创建一个 Text 对象，按【F2】快捷键将其命名为"downtime01"，如图 20-24 所示。然后单击 GameObject 对象，将"downtime01"托到如图 20-25 所示的 Downtime 上。

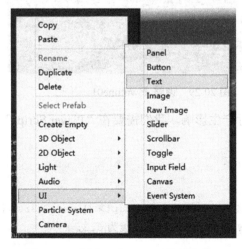

图 20-24 创建一个 Text 对象并命名　　　　图 20-25 将"downtime01"托到 Downtime 上

（4）在【Hierarchy】面板中单击【downtime01】选项，调节参数如图 20-26 和图 20-27 所示。

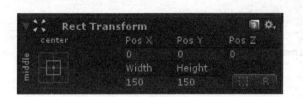
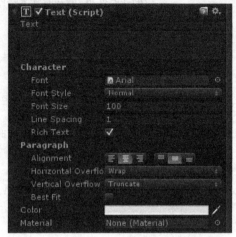

图 20-26　调节 downtime01 参数设置 1　　　　图 20-27　调节 downtime01 参数设置 02

（5）单击工具栏的调整按钮，如图 20-28 所示，然后选中 downtime01，拉动锚点与文本框匹配，这样可以使文本框与屏幕保持比例，拉动完成后如图 20-29 所示。

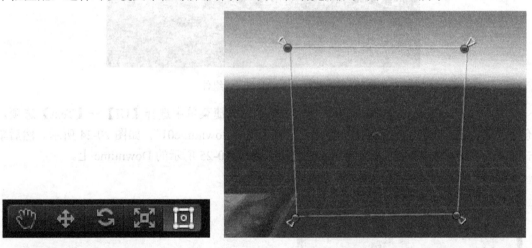

图 20-28　调整按钮　　　　　　　　图 20-29　调整 downtime01

（6）运行游戏发现倒计时并没有对游戏的运行产生影响，我们需要在"Player Script"脚本中添加限制。

```
void Update () {
    //如果游戏开始了,才运行以下内容
    if (GameObject.Find("GameObject").GetComponent<UIScript> ().gameStart) {
        if (Input.GetKey (KeyCode.W))    //按下 W 键,速度为 0.3;
            speed_F = 0.3F;
```

```
            else                       //不按W键,速度为0.1;
                speed_F = 0.1F;
        transform.Translate (-Vector3.forward * speed_F);
        if (Input.GetKey (KeyCode.A) && transform.position.x > -0.7)
            //按下A键向左运动
            transform.Translate (-Vector3.left * speed_L_R);
        if (Input.GetKey (KeyCode.D) && transform.position.x < 6.8)
            //按下D键向右运动
            transform.Translate (-Vector3.right * speed_L_R);
    }
}
```

(7) 在汽车脚本 "Pre Script" 中也加入这条逻辑：

```
void Update () {
    int i;
    //如果游戏开始了,才运行以下内容
    if (GameObject.Find ("GameObject").GetComponent<UIScript> ().gameStart) {
        //游戏刷新累加器
        count_rand ++;
        // 游戏每刷新 rand_rate 次产生一个随机数 rand_car,随机数n=3,4,5,6,7,8;
        if (count_rand % rand_rate == 1)
            rand_car = Random.Range (3, 9);
        for (i=0; i<car_Number; i++) {
            //汽车正前方行驶
            car [i].transform.Translate (Vector3.forward * 0.1F);
            //根据随机数构造伪随机方法,实现汽车的三种状态：向左,向右,原地不动
            if (0 == i * i % rand_car && car [i].position.x < 6)
                car [i].transform.Translate (Vector3.right * 0.05F); //左
            if (1 == i * i % rand_car && car [i].position.x > 0)
                car [i].transform.Translate (Vector3.left * 0.05F); //右
        }
    }
}
```

(8) 保存并运行，此时倒计时已经起作用了，如图20-30所示。

(9) 我们修正一下角色的位置，调整其【Transform】的值到合适，本例完成时参数如图20-31所示。

(10) 汽车初始位置如下：

图 20-30　倒计时

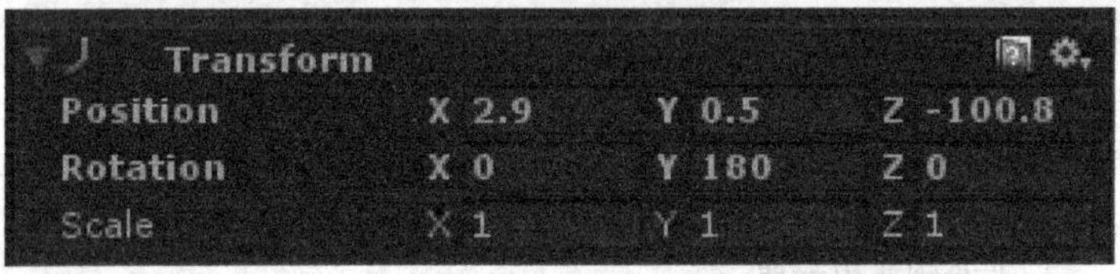

图 20-31　【Transform】参数调整

```
//汽车初始位置
z = -101.0F
```

下面我们将汽车的数量增加为"60"辆，如图20-32所示，然后运行游戏。

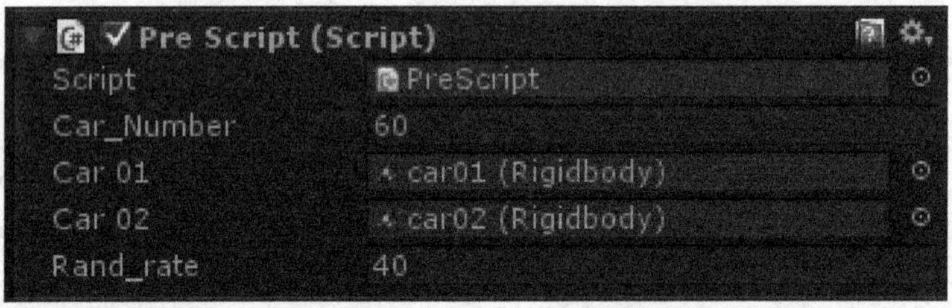

图 20-32　增加汽车数量

运行游戏，发现出现了一些错误现象，我们需要进行修正。当轮胎被碰撞后，会失去重心，行走不稳，该如何解决呢？我们需要在"PlayScript"中加上 Quaternion.LookRotation() 函数来自我平衡。

```
void Update () {
    //如果游戏开始了,才运行一下内容
    if (GameObject.Find ("GameObject").GetComponent<UIScript> ().gameStart) {
        if (Input.GetKey (KeyCode.W))  //按下 W 键,速度为 0.3;
```

```
                speed_F = 0.3F;
            else                    //不按 W 键,速度为 0.1;
                speed_F = 0.1F;
            transform.Translate (-Vector3.forward * speed_F);
            if (Input.GetKey (KeyCode.A) && transform.position.x > -0.7)
                //按下 A 键向左运动
                transform.Translate (-Vector3.left * speed_L_R);
            if (Input.GetKey (KeyCode.D) && transform.position.x < 6.8)
                //按下 D 键向右运动
                transform.Translate (-Vector3.right * speed_L_R);
                //限定角色的自转
            transform.rotation = Quaternion.LookRotation(Vector3.back,
Vector3.up);
        }
    }
```

这样,轮胎就能自我平衡了!

接下来,创建第二个倒计时,当 3 秒倒计时结束后,为玩家施加压力的倒计时出现了。

(11)直接在 Canvas 上单击鼠标右键,在弹出的快捷菜单中选择【UI】→【Text】选项,如图 20-33 所示,建立一个 Text,命名为"downtime02"。

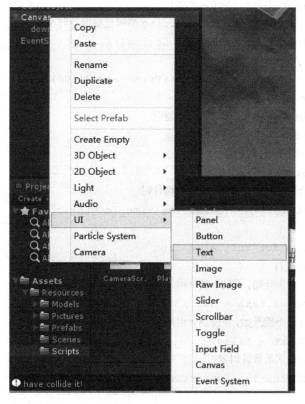

图 20-33 在 Canvas 上创建一个 Text

|游戏程序设计基础|

(12) 打开 "UI Script"，添加代码，添加后的代码如下：

```
public class UIScript : MonoBehaviour {
    public Text downtime;    //显示开始倒计时的文本对象
    public Text countdown;   //显示游戏中的倒计时
    public int time_length;  //游戏时间多长
    public bool gameStart;   //是否开始游戏
    IEnumerator countTime(int time)
    {
        for (int i=time; i>=0; i--) {
            int minutes = i/60;
            int seconds = i%60;
            countdown.text =    minutes.ToString("D2")+":"+seconds.ToString("D2");
            yield return new WaitForSeconds(1.0F);
        }
    }
    IEnumerator startTime(int n)
    {
        for (int i=n; i>=0; i--) {
            //将 int 型变量转换为 string 型赋值给倒计时文本;
            downtime.text = i.ToString();
            //等待一秒钟
            yield return new WaitForSeconds(1.0F);
        }
        //开始倒计时结束,倒计时文本清空
        downtime.text = null;
        //倒计时结束,游戏开始
        gameStart = true;
        //开始倒计时结束后,调用游戏倒计时
        StartCoroutine (countTime(time_length));
    }
    // Use this for initialization
    void Start () {
        //游戏还未开始,不显示倒计时
        countdown.text = null;
        //游戏还不能开始,等待倒计时结束
        gameStart = false;
        //调用迭代函数计时器
        StartCoroutine (startTime(3));
    }
}
```

256

(13) 将 downtime02 对象托到 Countdown 上,修改 Time_length=30,如图 20-34 所示。

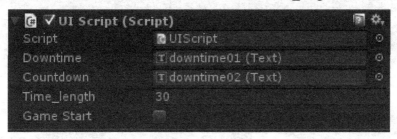

图 20-34　将 downtime02 对象拖到 Countdown 上并设置 Time_length

(14) 适当调节文本框的大小,移到左上角。调整 downtime02 的显示参数,如图 20-35 和图 20-36 所示。

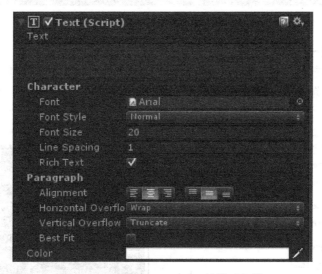

图 20-35　调整 downtime02 的显示参数

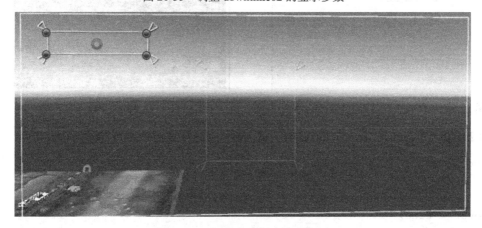

图 20-36　调整文本框大小和位置

(15) 运行游戏,效果如此完美,到此为止,游戏倒计时的工作完成了,如图 20-37 所示。

图 20-37 倒计时效果

功能 7 的实现——胜负逻辑

（1）首先把当前场景加入到【Build Settings】中，这样就可以调用它了。选择【File】→【Build Settings】菜单项，如图 20-38 所示，弹出如图 20-39 所示的界面，单击【Add Current】按钮添加场景。

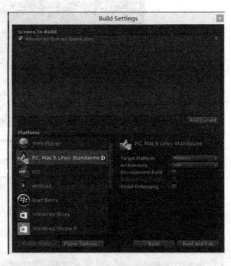

图 20-38 【File】→【Build Settings】菜单项　　图 20-39 "Build Settings"界面

（2）修改"Player Script"的代码，当碰到车的时候，游戏失败告终。

```
void OnCollisionEnter(Collision col){
    if (col.gameObject.tag == "car")
        GameObject.Find ("GameObject").GetComponent<UIScript> ().gameover = true;
}
```

（3）修改"UI Script"的代码，当倒计时结束时，游戏失败告终。

```
IEnumerator countTime(int time)
    {
        for (int i=time; i>=0; i--) {
            int minutes = i/60;
            int seconds = i%60;
            countdown.text = minutes.ToString("D2")+":"+seconds.ToString("D2");
            yield return new WaitForSeconds(1.0F);
        }
        gameover = true;
    }
```

(4) 修改 "Player Script" 代码,当轮胎进入大门时赢得游戏,并且给游戏的运行设置三个条件。

```
void Update () {
    //如果游戏开始了,才运行内容
    if    (GameObject.Find    ("GameObject").GetComponent<UIScript>().gameStart&&
        !GameObject.Find("GameObject").GetComponent<UIScript>().gamewin&&
        !GameObject.Find("GameObject").GetComponent<UIScript>().gameover){
        if(transform.position.z > 260)
        GameObject.Find ("GameObject").GetComponent<UIScript>().gamewin = true;
        ......
    }
```

(5) 同理,修改 "Pre Script" 的代码,也加入上面三个条件。
(6) 倒计时 "UI Script" 中当然也不例外。

```
IEnumerator countTime(int time)
    {
        for (int i=time; i>=0; i--) {
            if(gameStart&&!gamewin&&!gameover){
            int minutes = i/60;
            int seconds = i%60;
            countdown.text = minutes.ToString("D2")+":"+seconds.ToString("D2");
            yield return new WaitForSeconds(1.0F);
            }
        }
        gameover = true;
    }
```

(7) 最后在 "UI Script" 中补充代码如下:
```
void OnGUI(){
    float screenX = Screen.width / 2 - 50;
```

```
        float screenY = Screen.height / 2 - 40;
    //如果游戏失败
     if (gameover)
    //出现"重玩此关"按钮
     if (GUI.Button (new Rect (screenX, screenY, 100, 40), "重玩此关")) {
    //加载当前关卡
         Application.LoadLevel("Game");
     }
    //如果游戏取得胜利
     if (gamewin)
    //出现"恭喜胜利"按钮
     if (GUI.Button (new Rect (screenX, screenY, 100, 40), "恭喜胜利")) {
         Application.LoadLevel("Game");
     }
 }
```

（8）现在我们把车辆数目改为"50"，把时间改为"20"，运行游戏，看你是否能通关。我们还可以通过提高汽车和轮胎的速度，使游戏更加刺激。

到目前为止，我们的游戏基本完成，细节部分还需按照自己的要求不断调试，才能使游戏更加完善，最终效果如图 20-40 所示。

图 20-40　最终效果

思考题

用鼠标实现一个简单的商品展示效果，要求可以在场景中拖动物体实现旋转，并用鼠标滚轮实现缩放。

参 考 文 献

[1] 荣钦科技. Visual C++游戏编程基础. 北京：电子工业出版社，2005.
[2] 荣钦科技. Visual C++游戏设计. 北京：北京科海电子出版社，2003.
[3] 毛星云. Windows 游戏编程之从零开始. 北京：清华大学出版社，2013.
[4] 孙家广. 计算机图形学. 北京：清华大学出版社，2008.
[5] 路朝龙编著. Unity 权威指南[M]. 北京：中国青年出版社，2014.
[6] Unity Technologies 编. Unity 4.X 从入门到精通[M]. 北京：中国铁道出版社，2013.
[7] 吴亚峰，杜化美，于复兴等. Unity 游戏案例开发大全[M]. 北京：人民邮电出版社. 2015.
[8] 宣雨松编著. Unity 3D 游戏开发[M]. 北京：人民邮电出版社，2012.